信息技术基础

主 编 贾振刚 冯雪莲
副主编 孟庆云 代秀珍 夏永秋
        刘海燕 刘继英

北京理工大学出版社
BEIJING INSTITUTE OF TECHNOLOGY PRESS

版权专有　侵权必究

图书在版编目（CIP）数据

信息技术基础 / 贾振刚，冯雪莲主编 . —北京：北京理工大学出版社，2019.9（2021.9重印）
ISBN 978-7-5682-7515-6

Ⅰ. ①信… Ⅱ. ①贾… ②冯… Ⅲ. ①电子计算机 – 高等职业教育 – 教材
Ⅳ. ①TP3

中国版本图书馆 CIP 数据核字（2019）第 195337 号

出版发行 / 北京理工大学出版社有限责任公司
社　　址 / 北京市海淀区中关村南大街 5 号
邮　　编 / 100081
电　　话 /（010）68914775（总编室）
　　　　　（010）82562903（教材售后服务热线）
　　　　　（010）68944723（其他图书服务热线）
网　　址 / http://www.bitpress.com.cn
经　　销 / 全国各地新华书店
印　　刷 / 三河市天利华印刷装订有限公司
开　　本 / 787 毫米 × 1092 毫米　1/16
印　　张 / 18　　　　　　　　　　　　　　　责任编辑 / 钟　博
字　　数 / 425 千字　　　　　　　　　　　　文案编辑 / 钟　博
版　　次 / 2019 年 9 月第 1 版　2021 年 9 月第 3 次印刷　责任校对 / 周瑞红
定　　价 / 49.00 元　　　　　　　　　　　　责任印制 / 施胜娟

图书出现印装质量问题，请拨打售后服务热线，本社负责调换

前　言

随着计算机技术及互联网技术的迅速发展，职业院校对学生的信息化素养提出了更高的要求，信息技术基础课程作为高职院校必修的公共基础课，已经成为培养学生计算机操作技术和应用水平的重要方式。针对高职院校学生的特点及当前信息技术的发展，编者编写了这本书。本书可作为高职院校信息技术基础课程的教材。

本书采用项目教学模式，以当前的主流操作系统 Windows 7 和办公软件 Office 2010 为平台，结合实际应用，将信息技术基础知识和操作技能融入各个项目，通过精心设计的任务提高学生的实际动手能力和计算机操作水平。

本书共包含四个项目，每个项目又包含若干个典型的工作任务。项目 1 介绍了计算机的基础知识、计算机网络基础知识、物联网技术基础知识、云计算基础知识及大数据相关知识及应用范围；项目 2、项目 3 及项目 4 重点介绍了 Office 2010 办公系列软件中最常用的三个软件：Word 文字处理软件、Excel 表格处理软件及 PowerPoint 演示文稿，通过典型任务，详细讲解了各个软件的功能和操作技巧。

参加本书编写的都是高职院校从事一线教学且具有丰富教学经验的教师。本书由贾振刚、冯雪莲担任主编，由孟庆云、代秀珍、夏永秋、刘海燕、刘继英担任副主编。其中项目 1 由贾振刚和刘继英编写，项目 2 由冯雪莲和刘海燕编写，项目 3 由孟庆云和代秀珍编写，项目 4 由夏永秋编写。全书由贾振刚、冯雪莲负责统稿。

本书虽经多次讨论修改，但限于作者的水平，书中难免有疏漏和不妥之处，敬请广大读者和专家批评指正。

编　者
2018 年 11 月

目 录

项目一 信息技术基础知识 ··· 1
任务 1.1 计算机技术 ··· 2
任务 1.1.1 计算机系统的组成及技术指标 ·· 6
任务 1.1.2 应用软件的安装与卸载 ··· 13
任务 1.1.3 键盘的使用及文字录入 ··· 20
任务 1.2 计算机网络技术 ··· 25
任务 1.2.1 网络的硬件设备 ·· 25
任务 1.2.2 制作双绞线 ·· 29
任务 1.2.3 利用路由器组建家庭 Wi-Fi 环境 ··· 31
任务 1.2.4 局域网 TCP/IP 协议的配置 ·· 35
任务 1.2.5 Internet 应用 ·· 36
任务 1.3 物联网、云计算及大数据技术 ··· 41
任务 1.3.1 物联网技术 ·· 43
任务 1.3.2 云计算技术 ·· 52
任务 1.3.3 大数据技术 ·· 62
习题 ··· 66

项目二 Word 2010 文字处理软件 ·· 68
任务 2.1 个人简历的制作 ··· 68
任务 2.1.1 个人简历文本的输入 ·· 74
任务 2.1.2 个人简历的制作 ·· 75
任务 2.2 旅游海报 ·· 86
任务 2.2.1 海报的页面布局 ·· 87
任务 2.2.2 海报的制作 ·· 88
任务 2.3 毕业论文的排版制作 ·· 110
任务 2.3.1 封面的制作 ··· 115
任务 2.3.2 页面及样式的设置 ·· 115
任务 2.3.3 摘要、正文、参考文献及致谢的制作 ·· 116
任务 2.3.4 目录的制作 ··· 119
任务 2.4 送货单的制作 ··· 127
习题 ·· 150
实训 ·· 150

项目三 Excel 2010 电子表格入门与应用 ··· 152
任务 3.1 学生信息管理 ··· 153
任务 3.1.1 创建"学生管理工作簿" ·· 155

　　　　任务 3.1.2　编辑"学生管理工作簿" ……………………………………… 157
　　　　任务 3.1.3　录入学生基本信息 ………………………………………… 166
　　　　任务 3.1.4　编辑"学生基本信息表" …………………………………… 171
　　任务 3.2　"教职工薪金表"的数据处理 ……………………………………… 180
　　　　任务 3.2.1　使用公式计算保险金及应发工资 ………………………… 182
　　　　任务 3.2.2　使用函数计算其余各项 …………………………………… 184
　　任务 3.3　"五一促销计划表"的美化 ………………………………………… 192
　　任务 3.4　使用条件格式标识 5 月份的销售业绩 ……………………………… 202
　　任务 3.5　图表的创建与编辑 …………………………………………………… 210
　　　　任务 3.5.1　创建 2013 年和 2014 年员工业绩对照图 ………………… 212
　　　　任务 3.5.2　创建 2014 年产品销量比重图 …………………………… 215
　　　　任务 3.5.3　创建迷你图表现每个月业务员的业绩 …………………… 218
　　任务 3.6　学生基本信息表的数据分析和管理 ………………………………… 222
　　　　任务 3.6.1　学生基本信息的排序 ……………………………………… 222
　　　　任务 3.6.2　学生记录的筛选 …………………………………………… 225
　　　　任务 3.6.3　学生基本信息的分类汇总 ………………………………… 230
　　习题 ……………………………………………………………………………… 234
　　实训 ……………………………………………………………………………… 234
项目四　**PowerPoint 2010 演示文稿** …………………………………………… 240
　　任务 4.1　"大众汽车简介"演示文稿的制作 ………………………………… 240
　　　　任务 4.1.1　编辑演示文稿 ……………………………………………… 246
　　　　任务 4.1.2　设置幻灯片模板 …………………………………………… 253
　　　　任务 4.1.3　设置幻灯片切换效果 ……………………………………… 255
　　　　任务 4.1.4　为幻灯片插入添加媒体元素 ……………………………… 255
　　　　任务 4.1.5　为幻灯片中的对象设置超级链接 ………………………… 261
　　任务 4.2　"大众汽车简介"演示文稿的优化 ………………………………… 262
　　　　任务 4.2.1　为幻灯片中的对象设置动画效果 ………………………… 263
　　　　任务 4.2.2　设置幻灯片母版 …………………………………………… 266
　　　　任务 4.2.3　设置幻灯片切换效果 ……………………………………… 270
　　　　任务 4.2.4　设置并打印输出演示文稿中的幻灯片 …………………… 274
　　习题 ……………………………………………………………………………… 276
　　实训 ……………………………………………………………………………… 276

项目一
信息技术基础知识

项目描述

本项目通过信息和信息技术的相关概念引出信息处理的工具——计算机,并系统、详细地介绍了计算机的发展、分类、特点,数据在计算机中的表示与存储,计算机系统的组成、结构及应用;计算机网络的概念、发展、特点,双绞线的制作,家庭 Wi-Fi 的组建及路由器的配置,Internet 的应用;物联网技术、云计算技术及大数据技术的理论知识等。

本项目详细地介绍了计算机技术、计算机网络技术、物联网技术、云计算技术及大数据技术的概念、特点、分类、结构、核心技术及应用等。

教学目标

◇ 知识目标

(1) 理解信息和信息技术的相关概念;
(2) 掌握数据在计算机中的表示与存储;
(3) 掌握计算机系统的组成,熟悉主要硬件的性能指标;
(4) 熟悉键盘的组成及主要按键的功能;
(5) 了解计算机网络的基本知识和概念,熟悉常用的网络设备;
(6) 掌握宽带连接和家庭 Wi-Fi 的组建方法,熟悉路由器及用户终端的网络属性配置;
(7) 掌握 Internet 的基本知识及应用;
(8) 掌握电子邮件的应用;
(9) 理解物联网、云计算及大数据的概念、分类、特点及应用;
(10) 了解物联网、云计算及大数据的结构和关键技术。

◇ 能力目标

(1) 掌握数据在计算机中的表示方法及存储单位之间的换算关系;
(2) 掌握计算机硬件的识别及组装、软件的安装及卸载;
(3) 能够使用键盘进行文字录入;
(4) 能够使用网络硬件设备;
(5) 能够制作双绞线;
(6) 能够利用路由器组建家庭 Wi-Fi;
(7) 掌握 Internet 的应用及电子邮件的收发;
(8) 掌握物联网、云计算、大数据的应用。

任务 1.1　计算机技术

任务描述

了解信息技术的基本知识，计算机的发展、特点；熟悉计算机的外观和常用硬件；掌握应用软件的安装与卸载，能够熟练使用键盘进行文字录入。

任务分析

通过对信息、信息技术相关概念的了解，引出信息处理工具——计算机，了解计算机的发展、特点及分类，理解数据在计算机中的表示与存储，掌握计算机系统的组成及结构、硬件的识别及软件的安装，熟悉键盘的按键功能并熟练使用。

预备知识

1. 信息和信息技术的基本概念

1）信息

信息一般指包含于消息、情报、指令、数据、图像和信号等形式之中的新的知识和内容。信息由意义和符号组成，它是对客观世界中各种事物的变化和特征的反映，在现实生活中，人们总是在自觉和不自觉地接收、传递、存储和利用信息。

2）数据

数据种类繁多，如文字、图形、图像、声音、数字、档案记录等。在计算机中，为了描述、存储和处理事物，需要抽象出这些事物的特征并组成一个记录描述。例如：在档案管理中，由姓名、性别、年龄、出生年月等属性描述的记录就是数据。

数据和信息的联系和区别：数据是客观存在的一些符号，是信息的具体表现形式，是信息的载体；信息是对数据进行加工处理而抽象出来的逻辑意义。数据经过加工处理后，成为信息，信息必须通过数据才能传播。两者是相辅相成的。

3）信息技术

信息技术（Information Technology，IT）是用于管理和处理信息所采用的各种技术的总称。它主要是应用计算机技术和通信技术来设计、开发、安装和实施的信息系统及应用软件。它的核心和支撑技术是感测技术、通信技术、计算机智能处理技术和控制技术。

（1）感测技术。感测技术包括传感技术和测量技术。人类用眼、耳、鼻、舌等感觉器官捕获信息，感测技术就是人的感觉器官的延伸与拓展，使人类可以更好地从外部世界获得信息，如条码阅读器。

（2）通信技术。通信技术是人的神经系统的延伸与拓展，发挥着传递信息的功能。

（3）计算机智能处理技术。计算机智能处理技术包括计算机硬件技术、软件技术和人工神经网络技术等，是人的大脑功能的延伸与拓展，发挥着对信息进行处理的功能，能帮助人们更好地存储、检索、加工和再生信息。

（4）控制技术。控制技术是根据指令信息对外部事物的运动状态和方式实施控制的技术，可以看作效应器官功能的扩展和延伸，它能控制生产和生活中的许多状态。

感测、通信、计算机智能处理和控制四大信息技术是相辅相成的，而且相互融合。相对于其他三项技术，计算机智能处理技术处于较为基础和核心的位置。

目前，人们把通信技术、计算机智能处理技术和控制技术统称为 3C（Communication、Computer 和 Control）技术。3C 技术是信息技术的主体。

4）信息素养

信息素养是一种了解、搜集、评估和利用信息的知识结构，既需要有熟练的信息技术，也需要通过完善的调查方法、鉴别和推理来完成。信息素养是一种对信息社会的适应能力，是一种信息能力，信息技术是它的一种工具。

5）计算机文化

计算机文化是人类社会的生存方式因使用计算机而发生根本性变化而产生的一种崭新的文化形态；继语言的产生、文字的使用与印刷术的发明后，计算机文化是人类文化发明的第四个里程碑。

计算机文化代表一个新的时代文化，它将传统的"能写会算"的基本功提升到一个新的高度，具有读计算机的书、写计算机程序、取得计算机实际经验的能力成为新的计算机扫盲的基本要求，因此具有计算机信息处理能力是计算机文化的真正内涵。

6）计算思维

计算思维是运用计算机科学的基础概念进行问题求解、系统设计以及人类行为理解等涵盖计算机科学之广度的一系列思维活动。其应用领域如下：

（1）生物学。计算机科学的许多领域都渗透到生物学的应用研究中，包括数据库、人工智能、算法、图形学、软件工程、并行计算和网络技术等。例如：DNA 序列实际上是一种用 4 种字母表达的"语言"。

（2）脑科学。其是研究人脑结构与功能的综合性学科，以揭示人脑高级意识功能为宗旨，与心理学、人工智能、认知科学和创造学等有着交叉渗透。例如：美国神经生理学家进行了裂脑实验，提出了大脑两半球功能分工理解，他们认为左脑侧重于抽象思维，右脑侧重于形象思维。

（3）化学。计算思维应用于化学的内容包括化学中的数值计算、化学模拟、化学中的模式识别、化学数据库及检索、化学专家系统等。如基于非结构网格和分区并行算法，人们为了求解多组化学反应流动守恒方程组开发了单程序、多数据流形式的并行程序，对已有的预混可燃气体中高速飞行的弹丸的爆轰现象进行了有效的数值模拟。

（4）经济学。计算博弈论正在改变人们的思维方式。例如：囚徒困境是博弈论专家设计的典型示例，但是囚徒困境博弈模型可以用来描述两家企业的价格大战等许多经济现象。

（5）艺术。计算思维应用于艺术是科学与艺术相结合的一门新兴交叉学科，如将计算思维绘画、音乐、舞蹈、影视、广告、服装设计、图案设计、产品和建筑造型设计以及电子出版物等众多领域。

（6）其他领域。其他领域包括电子、土木、机械、航空航天等。计算机高阶项可以提高精度，进而降低重量、减少浪费并节省制造成本。例如：波音 777 飞机完全是采用计算机模拟测试的，而没有经过风洞测试。

2. 信息的处理工具——计算机

1）计算机的发展

按计算机所采用的电子元器件的不同，可将计算机的发展分成以下几代：

（1）第一代计算机（1946年——20世纪50年代后期）。第一台计算机于1946年2月14日在美国宾夕法尼亚大学研制成功，称为ENIAC。其主要特点是采用电子管作为基本元件，其体积大、功耗大、运算速度慢、存储容量小，使用机器语言和汇编语言来编写程序，主要用于军事和科研部门的科学计算。

（2）第二代计算机（20世纪50年代中期——20世纪60年代后期）。1955年，IBM公司研制开发了世界上第一台全晶体管计算机，标志着第二代计算机的诞生。其主要特点是采用晶体管作为开关元件，使计算机的可靠性得到提高，而且体积大大减小，运算速度加快，其外部设备和软件也越来越多，并且高级程序设计语言应运而生。

（3）第三代计算机（1964—1975年）。其主要特点是以集成电路作为基础元件，体积减小，功耗、价格等进一步降低，速度及可靠性有更大的提高，半导体存储器代替了磁芯存储器，运算速度每秒可达几十万~几百万次，操作系统日臻完善，这是微电子与计算机技术相结合的一大突破。

（4）第四代计算机（20世纪70年代至今）。其主要特点是采用大规模集成电路，运算速度达到百万~亿次，在系统结构方面，处理机系统、分布式系统、计算机网络的研究进展迅速；系统软件的发展实现了计算机运行的自动化、智能化。微型计算机是这一代计算机的产物，具有体积小、耗电少、价格低、性能高、可靠性好、使用方便等特点，使计算机的发展更为普及。

（5）未来计算机。其是对第四代计算机以后的各种未来型计算机的总称。它正在向智能计算机和神经网络计算机的方向发展，将突破之前计算机的结构模式，更注重逻辑推理和模拟人的"智能"。可以预言，新一代计算机的成功研制和应用，必将对人类社会的发展产生深远的影响。各国研究人员正在加紧研究开发新的计算机，如：

① 光计算机。光计算机利用光信号作为信息的传输媒体，又称为"光脑"。

② 量子计算机。量子计算机是指利用处于多现实态下的原子进行运算的计算机，它是一类遵循量子力学规律进行高速数学和逻辑运算、存储及量子信息处理的物理装置。当某个装置处理和计算的是量子信息，运行的是量子算法时，它就是量子计算机。

③ 生物计算机。生物计算机又称作仿生计算机，是以生物芯片取代在半导体硅片上集成数以万计的晶体管制成的计算机。它的主要原材料是生物工程技术产生的蛋白质分子，并以此作为生物芯片。生物芯片本身还具有并行处理的功能，其运算速度比当今最新一代的计算机快10万倍，能量消耗仅相当于普通计算机的十亿分之一，存储信息的空间仅占百亿亿分之一。

④ 纳米计算机。纳米计算机是指将纳米技术运用于计算机领域所研制出的一种新型计算机。应用纳米技术研制的计算机内存芯片，其体积不过数百个原子大小，相当于人的头发丝直径的千分之一。与传统的计算机相比，采用纳米技术生产芯片成本十分低廉，只需在实验室里将设计好的分子合在一起就可以造出芯片，大大降低了生产成本。

⑤ DNA计算机。DNA计算机是一种生物形式的计算机。它是利用DNA(脱氧核糖核酸)建立的一种完整的信息技术形式,以编码的DNA序列(通常意义上为计算机内存)为运算对象,通过分子生物学的运算操作解决复杂的数学难题。与传统的计算机相比,DNA计算机体积小,存储量大,运算快,耗能低,可以实现并行工作,提高了工作效率。

2)计算机的特点

计算机是一种高度自动化的信息处理设备。作为一种计算工具和信息处理设备,计算机具有以下特点:

(1)运算速度快。计算机的运算速度(或称处理速度)以每秒钟可执行多少百万条指令(MI/S)和多少亿条指令(BI/S)来衡量。

(2)计算精度高。数据在计算机内部是用二进制数编码的,数据的精度主要由表示这个数据的二进制码的位数决定。字长越长,计算机的计算精度越高。当所计算的数据的精度要求特别高时,可选择字长较长的计算机。

(3)记忆能力强。电子计算机的存储器类似于人的大脑,可以"记忆"(存储)大量的数据和计算机的程序。计算机的存储器可以存放原始数据、中间结果、程序指令等。用户不但可以随时存入数据,而且还可以随时取出数据。

(4)可靠的逻辑判断能力。具有可靠的逻辑判断能力是计算机的一个重要特点,是计算机能实现信息处理自动化的重要原因。逻辑判断能力使计算机不仅能对数值数据进行计算,也能对非数值数据进行处理,这使计算机广泛应用于非数值数据处理领域,如信息检索、图形识别以及各种多媒体应用。

(5)可靠性高,通用性强。由于采用了大规模和超大规模集成电路,计算机具有非常高的可靠性,可以连续无故障地运行几个月甚至几年。

3)计算机的类型及用途

计算机的类型及用途如表1-1所示。

表1-1 计算机的类型与用途

依据	类型	用途
处理对象	数字计算机	(1)科学计算(数值计算); (2)数据处理(信息处理); (3)自动控制; (4)计算机辅助设计(CAD)和辅助教学(CAI); (5)人工智能(AI)方面的研究和应用,包括专家系统(Expert System)和机器人(Robert); (6)通信和文字处理; (7)多媒体(Multimedia)技术应用; (8)网络技术与信息高速公路; (9)教育; (10)军事
处理对象	模拟计算机	:::
处理对象	数模混合计算机	:::
使用范围	通用计算机	:::
使用范围	专用计算机	:::
规模	巨型计算机	:::
规模	大/中型计算机	:::
规模	小型计算机	:::
规模	个人计算机	:::

3. 数据在计算机中的表示与存储

计算机中的数据是以二进制数的形式表示和存储的。

在计算机中应用二进制，可使电路设计和运算更加简便、可靠、逻辑性强。因为计算机是用电来驱动的，电路的开/关的状态可以用数字"0""1"来表示，这样计算机中所有信息的转换电路都可以用这种方式表示，也就是说计算机系统中数据的加工、存储与传输都可以用电信号的高/低电压来表示。若是采用十进制，则需要10种状态表示10个数码，实现起来比较困难。

信息的存储单位是位（bit）、字节（Byte，简写为B）、KB、MB、GB、TB、PB、EB、ZB、YB、NB。其关系如表1-2所示。

表1-2 数据存储单位之间的换算关系

数值换算	单位名称
1 024 B=1 KB	千字节（KiloByte）
1 024 KB=1 MB	兆字节（MegaByte）
1 024 MB=1 GB	吉字节（GigaByte）
1 024 GB=1 TB	太字节（TeraByte）
1 024 TB=1 PB	拍字节（PetaByte）
1 024 PB=1 EB	艾字节（ExaByte）
1 024 EB=1 ZB	皆字节（ZettaByte）
1 024 ZB=1 YB	佑字节（YottaByte）
1 024 YB=1 NB	诺字节（NonaByte）
1 024 NB=1 DB	刀字节（DoggaByte）

位（bit）：存放一位二进制数，即0或1，是最小的存储单位。

字节（Byte）：是计算机信息中用于描述存储容量和传输容量的一种计量单位，计算机是以字节为单位解释信息的，一个字节由8个二进制位组成。

字（word）：计算机处理数据时，一次存取、加工和传递的数据长度称为字。一个字通常由两个字节组成。

字长（word long）：中央处理器可以同时处理的数据长度称为字长。字长决定了CPU的寄存器和总线的数据宽度。现代计算机的字长有8位、16位、32位、64位几种。

任务 1.1.1 计算机系统的组成及技术指标

预备知识

1. 计算机系统的组成

计算机系统由硬件系统和软件系统两部分组成。硬件系统是指构成计算机的物理设备，即具有输入、存储、计算、控制和输出功能的实体部分；软件系统是指系统中的程序以及开发、使用和维护程序所需的所有文档的集合。硬件系统和软件系统是计算机系统中不可分离的两个部分，硬件系统和软件系统互为基础，协调一致，缺一不可。

计算机系统的结构如图1-1所示。

图1-1 计算机系统的结构

1）硬件系统

现代计算机的基本工作原理是由美籍匈牙利科学家冯·诺依曼于1946年首先提出来的。冯·诺依曼提出了存储程序和程序控制的原理，并确定了计算机硬件系统的五个基本部件——输入设备、输出设备、控制器、运算器和存储器，如图1-2所示。

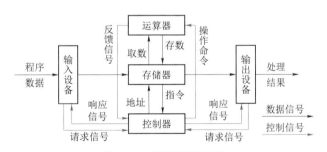

图1-2 计算机硬件系统

（1）硬件系统的工作原理。

首先由输入设备接收外界信息（程序和数据），控制器发出指令将数据送入存储器，然后向存储器发出取指令命令。在取指令命令下，程序指令逐条送入控制器。控制器对指令进行译码，并根据指令的操作要求，向存储器和运算器发出存数、取数命令和运算命令，经过运算器计算并把计算结果存在存储器内。最后在控制器发出的取数和输出命令的作用下，通过输出设备输出计算结果。

（2）硬件系统各部件的功能。

① 运算器：是进行算术运算及逻辑运算的部件，主要用来完成算术运算（+、−、×、÷）和逻辑运算（与、或、非、异或、移位、比较）等操作，并将运算的中间结果暂存在运算器内。

② 存储器：用来存放数据和程序。其可分为内存储器和外存储器，内存储器能直接和

中央处理器交换信息，也能和其他各个部件交换数据，并具有速度快和易丢失数据的特点；外存储器只能和内存储器交换数据，并具有存储容量大及不易丢失数据的特点。

③ 控制器：用来控制、指挥程序和数据的输入、运行及处理运算结果，是计算机的神经中枢。

④ 输入设备：接收用户输入的程序、数据、操作指令等，并转换为机器能识别的信息形式存放到内存。常见的输入设备有键盘、鼠标、扫描仪等。

⑤ 输出设备：将存放在内存储器中的程序运行结果，经转换后输出到输出介质上。常见的输出设备有显示器、打印机、绘图仪等。

2）软件系统

计算机软件系统包括系统软件和应用软件两大类。

（1）系统软件：是指控制和协调计算机及其外部设备，支持应用软件的开发和运行的软件。其主要功能是调度、监控和维护系统等。系统软件是用户和裸机的接口，主要包括：

① 操作系统，如 Windows、Linux 等；

② 各种语言处理程序，如机器语言、高级语言、编译程序、解释程序等；

③ 各种服务性程序，如机器的调试、故障检查和诊断程序、杀毒程序等；

④ 各种数据库管理系统，如 SQL Sever、Oracle 等。

（2）应用软件：是用户为解决各种实际问题而编制的计算机应用程序及有关资料。应用软件主要有以下几种：

① 用于科学计算方面的数学计算软件包、统计软件包；

② 文字处理软件，如 WPS、Word 等；

③ 图像处理软件，如 Photoshop、3DS MAX 等；

④ 各种财务管理软件、税务管理软件、工业控制软件、辅助教育软件等专用软件。

3）微型计算机的组成

微型计算机由主板、微处理器（CPU）、存储器、输入/输出接口电路组成。各功能部件之间通过总线有机地连接在一起，其中微处理器是整个微型计算机的核心部件。

微型计算机硬件结构中最重要的是总线（Bus）结构。它将信号线分成三大类，并归结为数据总线（Date Bus）、地址总线（Address Bus）和控制总线（Control Bus）。这适合计算机部件的模块化生产，促进了微型计算机的普及。

2. 计算机的主要技术指标

计算机的主要技术指标如表 1-3 所示。

表 1-3　计算机的主要技术指标

技术指标	概　念	联　系
字长	字长是指计算机在同一时间内处理的二进制数据的位数	在其他指标相同时，字长越长，计算机处理数据的速度就越快
运算速度	通常所说的计算机运算速度（平均运算速度）是指每秒钟所能执行的指令条数，单位是 MI/s（百万条指令/秒），这是衡量 CPU 速度的一个指标，也是衡量计算机性能的一项重要指标	主频越高，运算速度就越快

项目一 信息技术基础知识

续表

技术指标	概　念	联　系
主频	主频即时钟频率，是指CPU在单位时间内发出的脉冲数，它在很大程度上决定了计算机的运行速度。主频的单位是兆赫兹（MHz）。通常所说的某某CPU是多少兆赫的，这个"多少兆赫"就是CPU的主频	主频越大，计算机运行速度越快
内存容量	内存储器简称主存，是CPU可以直接访问的存储器。计算机的内存容量通常是指随机存储器（RAM）的容量，内存容量的大小反映了计算机即时存储信息的能力	一般而言，内存容量越大越有利于系统的运行
外存容量	外存容量通常是指硬盘容量（包括内置硬盘和移动硬盘）	外存容量越大，可存储的信息就越多
存取周期	存储器进行一次"读"或"写"操作所需的时间称为存储器的访问时间（或读写时间）。连续启动两次"读"或"写"操作所需间隔的最小时间，称为存取周期（或存储周期）	体现主存的速度（单位：ns），存取周期越小，存取速度越快，但价格也便随之上升

任务实施

下面以台式计算机为例，详细介绍计算机各硬件部件及其性能指标。

（1）机箱：分为卧式和立式两种。机箱的正面一般有电源开关、复位按钮、软盘驱动器接口、光盘驱动器接口、指示灯、USB接口等，如图1-3所示。

（a）　　　　　　　　　　（b）

图1-3　机箱

（a）立式；（b）卧式

（2）电源：为计算机的各个部件提供动力，稳定的电源是计算机各部件正常运行的保证。电源中一般都配有散热风扇，使电源内部的温度不会太高。电源的外观如图1-4所示。

（3）显示器：是计算机硬件必不可少的输出设备。常见的有阴极射线管显示器（CRT）和液晶显示器（LCD）两种，如图1-5所示。

其主要技术指标有屏幕尺寸、点距、分辨率、灰度、颜色深度及刷新频率。分辨率是屏幕能显示像素的数目，像素是可以显示的最小单位，分辨率越高，则像素越多，

图1-4　电源的外观

图 1-5 显示器
（a）CRT；（b）LCD

能显示的图形就越清晰。灰度是像素点亮度的级别数，在单色显示方式下，灰度的级数越多，图像层次越清晰。颜色深度是计算机中表示色彩的二进制位数。刷新频率是指每秒钟内屏幕画面刷新的次数，刷新频率越高，画面闪烁越小，通常是 75～90 Hz。

（4）主板：是计算机最重要的部件，其上安装了组成计算机的主要电路，具有各种插槽和接插件。计算机质量在很大程度上取决于主板质量，如图 1-6 所示。

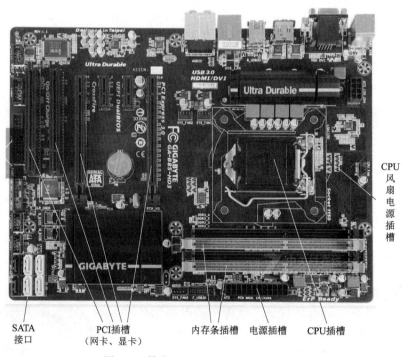

图 1-6 技嘉 GA-B85-HD3rev.1.x 主板

（5）CPU：是 Central Processing Unit 的缩写，即中央处理器，是计算机中最关键的部件，主要包括控制器和运算器两部分。Intel 酷睿 i7 CPU 如图 1-7 所示。

CPU 的主要性能指标如下：

① CPU 字长：一次并行处理的二进制数的位数。

图 1-7 Intel 酷睿 i7 CPU

② 位宽：与外部设备之间一次能够传递的数据位数。
③ x 位 CPU：通常用 CPU 字长和位宽来称呼 CPU。例如：Pentium CPU 字长是 32 位，位宽是 64 位，称为超 32 位 CPU。
④ CPU 外频：CPU 总线频率。
⑤ CPU 主频：CPU 内核电路的实际工作频率。
（6）存储器：是有记忆能力的部件，用来存储程序和数据，包括内存储器和外存储器。
① 内存储器直接和 CPU 相连，存放当前要运行的程序和数据，也称为主存储器，按功能分为随机存取存储器（Random Access Memory，RAM）、只读存储器（Read Only Memory，ROM）、高速缓存存储器（Cache）。
　a. 随机存取存储器：通常指计算机主存，其可以读出，也可以写入。断电后，存储内容立即消失，即具有易失性。
　b. 只读存储器：顾名思义，它的特点是只能读出原有的内容，不能由用户再写入新内容。关机断电后信息不会丢失，一般由厂家写入并进行固化，一般存放计算机系统管理程序。
　c. 高速缓冲存储器：是介于 CPU 和内存之间的一种可高速存取信息的芯片，用于解决它们之间的速度冲突问题。
② 外存储器又称辅助存储器，主要用于保存暂时不用，但又需长期保留的程序或数据，存储容量大，存放在外存储器中的程序必须调入内存储器才能运行。常见的外存储器有软盘、光盘、硬盘、磁带存储器、移动存储产品等。金士顿 ddr3 1 600 MHz（8 GB）内存条如图 1-8 所示。

图 1-8　金士顿 ddr3 1 600 MHz（8 GB）内存条

（7）硬盘：是计算机中主要的外存储器，是系统永久保存信息的随机存储设备，用于存放系统文件和用户的应用程序数据。
硬盘有机械硬盘（HDD，传统硬盘）、固态硬盘（SSD，新式硬盘）、混合硬盘（HHD，基于传统机械硬盘诞生的新硬盘）。机械硬盘具有存储容量大、存取速度快、可靠性高等优点；固态硬盘具有体积小、质量轻、启动快、无噪声等优点，以及成本高、容量小等缺点；混合硬盘结合闪存与硬盘的优势，完成 HDD+SSD 的工作——将小尺寸、经常访问的数据放在闪存上，而将大容量、不常访问的数据存储在磁盘上，显著提高了使用寿命和稳定性，同时成本不会大幅提高，如图 1-9 所示。
硬盘的性能指标主要有：
① 容量：存储数据和程序的大小，单位有兆字节（MB）、千兆字节（GB）或百万兆字节（TB），其换算式为：1 MB=1 024 KB，1 GB=1 024 MB，1 TB=1 024 GB。
② 转速（Rotational Speed 或 Spindle Speed）：是硬盘内电动机主轴的旋转速度，也就是硬盘盘片在 1 分钟内所能完成的最大转数。硬盘转速的单位为 r/min，即转/分钟。转速值越大，内部传输率就越快，访问时间就越短，硬盘的整体性能也就越好。

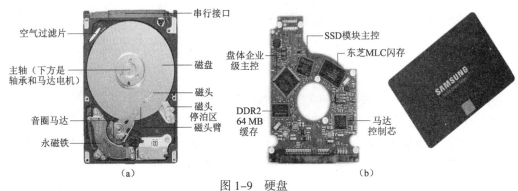

图 1-9 硬盘

（a）机械硬盘；（b）固态硬盘

（8）显卡、声卡、网卡。

① 显卡［图 1-10（a）］又称为视频卡、视频适配器、图形卡、图形适配器或显示适配器等。显示器的显示内容和显示质量的高低主要由显卡的性能决定。按结构形式的不同，显卡可分为独立显卡和集成显卡两种。

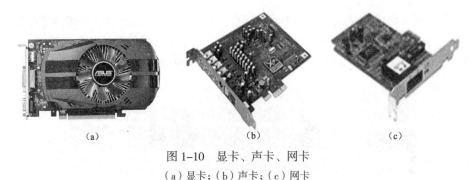

图 1-10 显卡、声卡、网卡

（a）显卡；（b）声卡；（c）网卡

② 声卡也叫音频卡，是多媒体技术中最基本的组成部分，一般为集成声卡，如图 1-10(b) 所示。

③ 网卡又称网络适配器，是局域网中最基本的部件之一，它是连接计算机与网络的硬件设备。无论是双绞线连接、同轴电缆连接还是光纤连接，都必须借助网卡才能实现数据的通信，如图 1-10（c）所示。

（9）光盘和光驱。

① 光盘是利用激光进行信息读写的圆盘，分为可读/写光盘和只读光盘两种，如图 1-11 所示。

② 光驱是一种只读的外部存储设备，光盘的读/写是靠光驱进行的，如图 1-12 所示。

图 1-11 光盘　　　　　　　　　　图 1-12 光驱

（10）打印机：是计算机的输出设备之一，用于将计算机处理结果打印在相关介质上，可分为针式打印机、喷墨打印机和激光打印机三种，如图 1-13 所示。

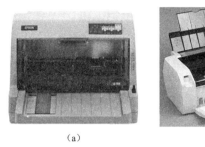
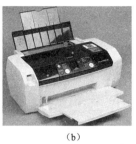

图 1-13　打印机

（a）针式打印机；（b）喷墨打印机；（c）激光打印机

任务 1.1.2　应用软件的安装与卸载

任务实施

下载软件可以对已下载的文件进行排序、分类等操作。此外，这类软件通常还可以帮助用户提高下载速度并在下载中断后从中断的位置恢复下载。大多数下载软件属于免费软件，有些甚至是开源软件，但也有一些是收费软件。常用的下载软件有迅雷、脱兔、快车、网络蚂蚁等。

1. 软件的下载

（1）以下载 Office 2010 软件为例来讲解。首先，打开百度网站，输入"2010 Office 软件下载"，弹出图 1-14 所示的界面。

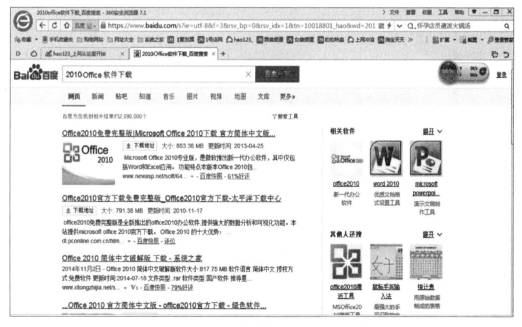

图 1-14　从百度网站查找 Office 2010 软件

（2）选择免费官方下载，进入图1-15所示的下载界面，单击"立即下载"按钮即可。

图1-15 Office 2010下载链接

2. 软件的安装

下面以Office 2010精简版为例演示该软件的具体安装步骤：

（1）如果是从网上下载Office 2010精简版，下载完毕后在文件包里找到可执行文件进行安装。

（2）如果是从光盘安装，可以直接运行安装包。具体操作步骤按照安装向导进行，如图1-16所示。

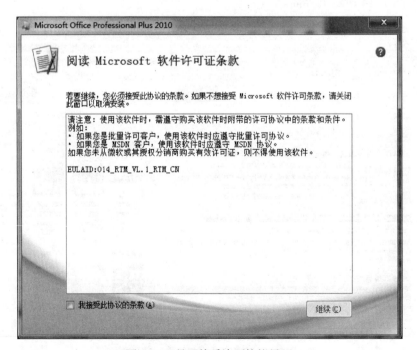

图1-16 是否接受许可协议界面

(3)如果选择升级安装,就会默认覆盖原来的版本;如果想保留原来的版本,就选择自定义安装,如图 1-17 所示。

图 1-17　选择升级安装或自定义安装

(4)在图 1-18 所示的界面中选择保留还是删除以前的版本,进入图 1-19 所示的安装界面。

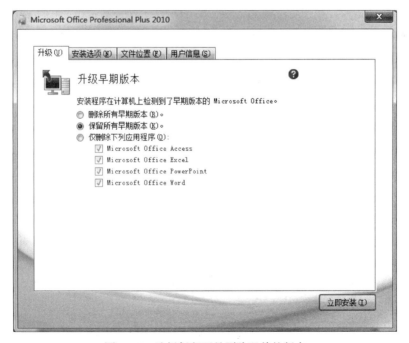

图 1-18　选择保留还是删除以前的版本

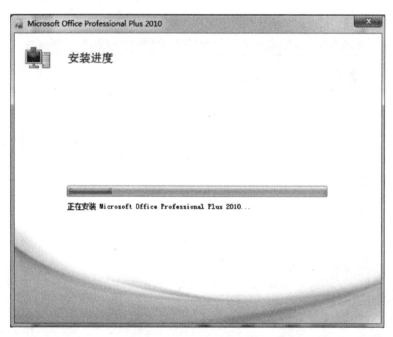

图 1-19　安装进度界面

（5）等待一段时间后，弹出图 1-20 所示的界面，安装完毕。单击"开始"菜单，选择"程序"→"Microsoft Office"→"Microsoft Word 2010"选项，如图 1-21 所示。

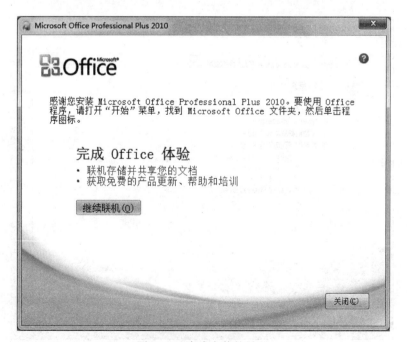

图 1-20　完成安装的界面

3. 软件的卸载

为了提高系统的运行速度或者节约硬盘空间，可卸载在一段时间内不再需要的软件。用户在安装软件时并非将所有安装文件都放置在一个文件夹里，可能有一部分文件被放到了其他文件夹，另外在安装软件时应用程序必须向操作系统注册，以及向菜单增加菜单项。因此，用户不能通过直接将该软件所在的文件夹删除的方法来卸载软件。下面介绍几种常用的软件卸载方式。

1）通过软件自带的卸载程序卸载软件

在软件的安装目录中，找到一个名为"Uninstall"或者以"Uninstall"开头的文件（有的软件会命名为"Unwise"），执行该程序后，按照步骤提示单击"下一步"按钮就会将软件彻底删除干净。

下面以卸载 ACDSee5 正式版为例，说明具体操作步骤：

单击"开始"菜单，选择"程序"→"ACDSee5"→"uninst"（uninstall 的缩写）选项，如图 1-22 所示。

图 1-21　打开 Office 2010 程序

图 1-22　从"开始"菜单卸载软件

2）从控制面板卸载软件

单击"开始"菜单，选择"控制面板"选项，打开"控制面板"窗口，选择程序（卸载程序图标），如图 1-23 所示。

选择"程序和功能"下的"卸载程序"选项，弹出图 1-24 所示窗口。

3）利用第三方工具卸载软件

从"开始"菜单卸载和从控制面板卸载这两种卸载方法应该是用户平时使用最多的、最简单的方法，但是其缺陷在于不能删除该软件对应的注册表键值。因此，这里推荐一种最新的卸载方式——通过第三方工具卸载。比较常用的第三方工具有"Windows 优化大师""完美卸载""360 安全卫士"等。下面简要地介绍利用"360 安全卫士"卸载软件的方法，如图 1-25 所示。

信息技术基础

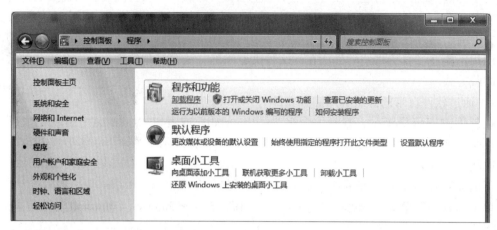

图 1-23 "控制面板"窗口

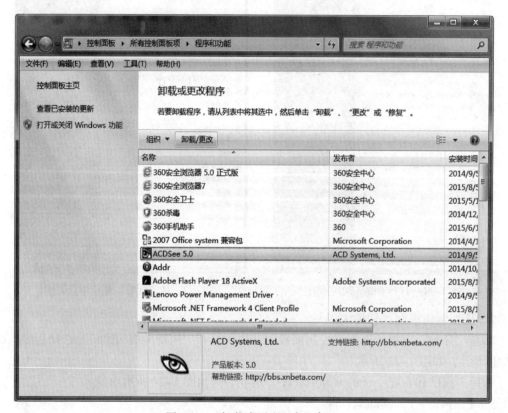

图 1-24 "卸载或更改程序"窗口

图 1-25 "360 安全卫士"主界面

打开"360 安全卫士"主界面，选择右下方的"软件管家"功能。单击"软件卸载"按钮，弹出图 1-26 所示的界面，选择要卸载的软件，单击"卸载"按钮即可。

图 1-26 "360 安全卫士"的"软件卸载"界面

任务 1.1.3　键盘的使用及文字录入

预备知识

1. 键盘的使用

键盘通常由功能键区、主键盘区、编辑键区、辅助键区和状态指示灯组成，如图1-27所示。

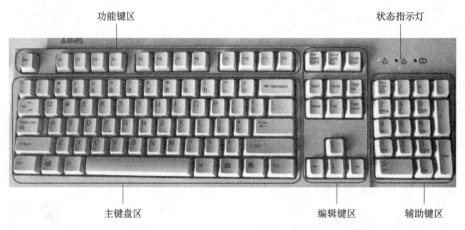

图1-27　键盘的构成

1）主键盘区

主键盘区是键盘的主要组成部分，是最常用的键盘区域，包括数字键、字母键、常用运算符以及标点符号键，此外还包括回车键、空格键、上挡键、大写字母锁定键、退格键，如图1-28所示。

图1-28　主键盘区

（1）数字键：有0～9共10个数字，按数字键可以输入相应的阿拉伯数字。

（2）字母键：有26个，输入英文字母或汉字编码时用，按字母键可以输入相应的小写英文字母。

（3）标点符号键：有21个，可以输入32个常用符号。

主键盘区的其他常用按键及功能如表1-4所示。

2）功能键区

功能键区位于键盘的最上端，由Esc、F1～F12这13个键组成。功能键区的主要按键及功能如表1-5所示。

表 1-4 主键盘区的其他常用按键及功能

键名	主要功能
Enter 键（回车键）	一般为确认输入的指令，在编辑文档时作为另起一行使用
Space 键（空格键）	按该键可产生一个字符的空格
Shift 键（上挡键）	按该键的同时再按某双字符键即可输入该键的上挡字符。该键共有 2 个
CapsLock 键（大写字母锁定键）	当没有按该键时，系统默认以小写字母输入，当按该键后，键盘第二个指示灯会亮起，这时输入字母为大写
Backspace 键（退格键）	在编辑文档时按该键，会删除光标所处位置的前一个字符
Ctrl 键（控制键）	该键一般不单独使用，与其他键配合起控制作用
Alt 键（转换键）	该键一般不单独使用，与其他键配合起转换作用
Tab 键（制表键或跳格键）	用来将光标向右跳动一定间隔

表 1-5 功能键区的主要按键及功能

键名	主要功能
Esc 键（返回键或取消键）	用于退出应用程序或取消操作命令
F1 ～ F12 键（功能键）	在不同程序中有不同的作用

3）编辑键区

编辑键区共有 13 个键，上面有 9 个，下面 4 个键为光标方向键。编辑键区的主要按键及功能如表 1-6 所示。

表 1-6 功能键区的主要按键及功能

键名	主要功能
Print Screen 键（屏幕拷贝键）	将屏幕的当前画面以位图形式保存在粘贴板中。若使用"Shift+Print Screen"组合键，则打印机将屏幕上显示的内容打印出来，如使用"Ctrl+Print Screen"组合键，则打印任何由键盘输入及屏幕显示的内容，直到再次使用该组合键
Scroll Lock 键（屏幕锁定键）	在阅读文档时，使用该键能非常方便地翻动页面。当屏幕处于滚动显示状态时，若按该键，则键盘右上角的"Scroll Lock"指示灯亮，屏幕停止滚动，再次按此键，屏幕再次滚动

续表

键名	主要功能
Pause Break 键（强行终止键）	按此键可暂停屏幕的滚动，按"Ctrl+Pause Break"组合键，可以中止程序的执行
Insert 键（插入键）	在文档编辑时，用于切换插入和改写状态
Delete 键（删除键）	按该键，将删除光标所在位置的字符
Home 键（行首键）	按该键，光标将移动到当前行的开头位置
End 键（行尾键）	按该键，光标将移动到当前行的末尾位置
Page Up 键（向上翻页键）	按该键，屏幕向上翻一页
Page Down 键（向下翻页键）	按该键，屏幕向后翻一页
"→""←""↑""↓"键（光标移动键）	分别按该4个键，光标将向箭头所指方向移动

4）辅助键区

辅助键区通常也叫作小键盘，用来进行输入数据等操作，在小键盘区上，大多数都是上下挡键，它们一般具有双重功能：一是代表数字键，二是代表编辑键。小键盘区的转换开关键是 Num Lock 键。辅助键区的主要按键及功能如表 1-7 所示。

表 1-7　辅助键区的主要按键及功能

键名	主要功能
Num Lock 键（数字锁定键）	按此键，键盘右上方的"Num Lock"指示灯亮，小键盘输入的是数字。再按此键，指示灯灭，小键盘无法使用

5）状态指示灯

状态指示灯位于键盘的右上方，由"CapsLock""ScrollLock""Num Lock"三个指示灯组成。

2. 文字录入

中、英文输入法的切换方式有以下两种。

1）使用鼠标选择输入法

单击任务栏右下角的"输入法指示器"按钮，选择录入文字时要使用的输入法，如图 1-29 所示。

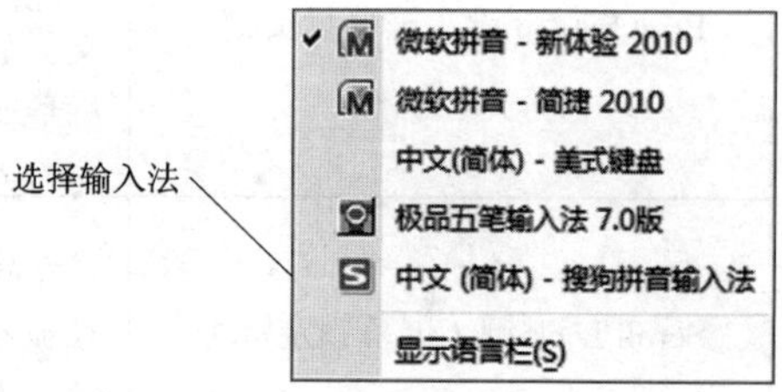

2）使用组合键选择输入法

（1）"Ctrl+Shift"组合键：在多种输入法之间轮流切换。

图 1-29　使用鼠标选择输入法

（2）“Ctrl+Space”组合键：在中、英文输入法之间切换。

（3）“Shift+Space”组合键：在全角、半角之间切换。

（4）“Ctrl+.”组合键：在中、英文标点符号之间切换。

3. 软键盘的使用

使用软键盘可以快速输入一些符号，如数学符号、标点符号、数学序号等。

例如，使用软键盘输入图 1–30 所示内容。

《》 『』 … ∨ “ ” 【】 〔〕 {} | 、

Ⅷ Ⅺ ① ㈥ ⑵ ⒂ Ⅻ ⒈ ⒛ ㈨

ū ā ó é ì ī ǔ ǐ

± ÷ ∫ ∞ ∥ ∠ ≌ √ ≤ ≠

百 ￥ ＄ ‰ 九 拾 毫 ¤ ℃ ￡

┣ ├ ┐ ─ ┝ ┷ ┴ ╋ ╋ ┿

● ◎ ☆ § 〓 ＃ | ＼ ＠ ＾ ＆

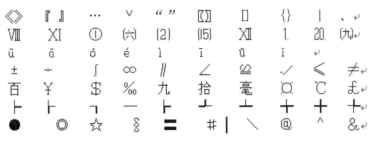

图 1–30　输入符号效果

各种输入方法都有软键盘，这里介绍较常用的搜狗输入法软键盘的使用方法及操作步骤：

（1）单击搜狗输入法自定义状态栏中的软键盘图标，在弹出的菜单列表中选择“特殊符号”选项，如图 1–31 所示。

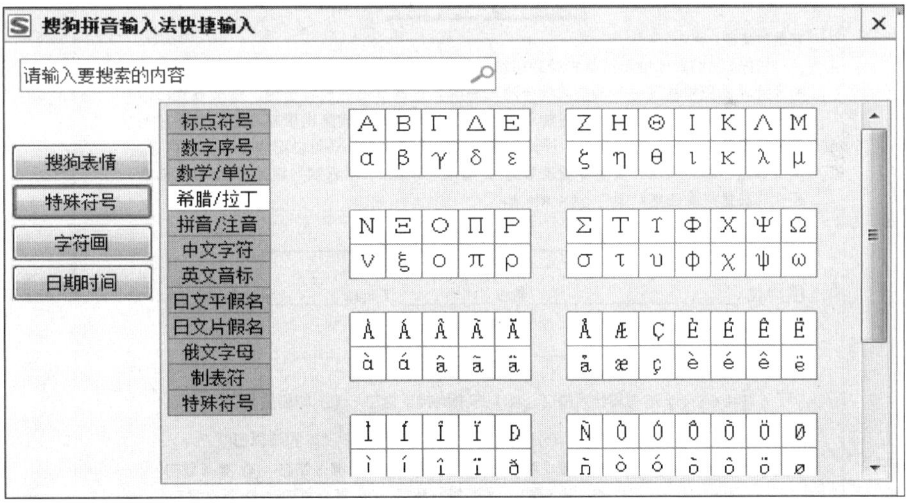

图 1–31　搜狗拼音输入法快捷输入（1）

分别选择“标点符号”“数字序号”“数学 / 单位”“特殊符号”等选项进行输入，输入完毕单击右上角的 × 按钮，关闭软键盘。

（2）用鼠标右键单击搜狗输入法自定义状态栏中的软键盘图标，在弹出的菜单列表中选择“软键盘”选项，选择相应的符号列表。例如：选择“数字序号”选项，输入相应符号后，关闭软键盘。如图 1–32 所示。

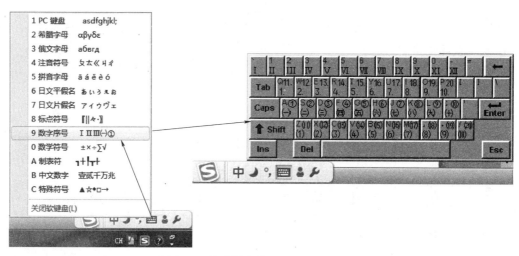

图 1-32　搜狗拼音输入法快捷输入（2）

任务实施

在 Word 中录入图 1-33 所示的内容。

读者评书表

尊敬的读者：

您好！我们真诚地希望继续得到您的支持，把您对《计算机应用基础——案例教程》和《计算机应用基础——典型实训与测试题解》这两本书的内容选题、章节设置、印刷质量等方面的意见和想法及时告诉我们。您可以对高等教育出版社出版的书籍（当然最好是最新书籍）的内容进行评论，提出您的看法，另外还可以对今后书籍的内容、风格等提出您的建议！请多多发表意见（“喜欢”填☑，“不喜欢”填☒）！您的建议将有可能获得“最佳建议奖” ★★★★★

姓名________年龄______职业________性别________

单位______________电话________E-mail________

通讯地址____________________邮编________

☞ 书籍项目：(1) 本书写作风格□　(2) 本书编排质量□　(3) 印刷质量□
(4) 案例教程□　(5) 应用篇□　(6) 测试篇□　(7) 实验篇□

☞ 《案例教程》的章节：(1) 第 1 章□　(2) 第 2 章□　(3) 第 3 章□　(4) 第 4 章□
(5) 第 5 章□　(6) 第 6 章□　(7) 第 7 章□　(8) 第 8 章□

☞ 《典型实训与测试题解》的章节：(1) 实训篇□　(2) 测试篇□　(3) 实验篇□
(4) Word 部分□　(5) Excel 部分□　(6) 其他部分□

------------------------ ✂ ------------------------

☞ 此表复印有效，请寄：✉（100029）北京市朝阳区惠新东街 4 号高等教育出版社收。

☎ 029-33152018（本书主编）　　📠 010-58556017

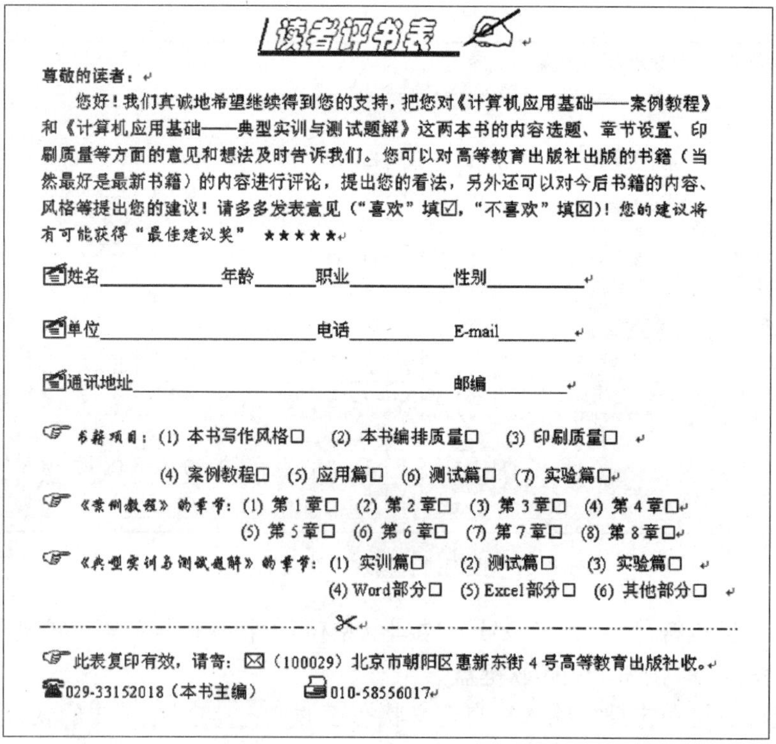

图 1-33　文字录入素材

项目一 信息技术基础知识

任务 1.2 计算机网络技术

任务描述

计算机的发展使网络成为人们生活中不可缺少的一部分，家庭办公、家庭上网已成趋势，其中，Wi-Fi 技术是目前使用最广泛的无线联网方式。Wi-Fi 是无线保真（Wireless-Fidelity）的缩写，可以简单地理解为无线上网。几乎所有智能手机、平板电脑和笔记本电脑都支持无线上网，它是当今使用最广泛的一种无线网络传输技术。

家庭网络（Home Network）是融合家庭控制网络和多媒体信息网络于一体的家庭信息化平台，是在家庭范围内实现信息设备、通信设备、娱乐设备、家用电器、自动化设备等设备互联和管理，以及数据和多媒体信息共享的系统。

任务分析

在家庭网络中除了计算机终端外，还有一些网络硬件设备是组建计算机网络所必需的。本任务主要介绍网络中所用到的网络设备。

任务 1.2.1 网络的硬件设备

预备知识

1. 计算机网络的定义

计算机网络是指将不同物理位置的具有独立功能的多台计算机及其外部设备，通过网络传输介质连接起来，在网络操作系统、网络管理软件及网络通信协议的管理和协调下，实现资源共享和信息传递的计算机系统。

2. 网络传输介质

网络传输介质是指在网络中传输信息的载体，常用的网络传输介质分为有线传输介质和无线传输介质两大类。

1）有线传输介质

有线传输介质是两个通信设备之间实现的物理连接部分，它能将信号从一方传输到另一方，主要有双绞线、同轴电缆和光纤。双绞线和同轴电缆传输电信号，光纤传输光信号，如图 1-34 所示。

2）无线传输介质

在计算机网络中，无线传输介质可以突破有线网络的限制，利用空间电磁波实现站点之间的通信，可以为广大用户提供移动通信。最常用的无线传输介质有无线电波、微波和红外线。

不同的传输介质，其特性各不相同。它们的不同特性对网络中数据通信质量和通信速度有较大影响。

3. 网络协议

网络协议即网络中（包括互联网）传递、管理信息的一些规范。如同人与人之间相互交流需要遵循一定的规矩一样，计算机之间的通信也需要遵守一定的规则，这些规则就称为网络协议。不同的计算机之间必须使用相同的网络协议才能进行通信。因此，网络协议就是计算机网络中为进行数据交换而建立的规则、标准或约定的集合。

- 25 -

 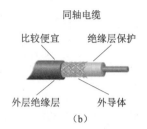 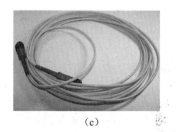

图 1-34　双绞线、同轴电缆、光纤
（a）双绞线；（b）同轴电缆；（c）光纤

网络协议是网络上所有设备（网络服务器、计算机及交换机、路由器、防火墙等）之间通信规则的集合，它规定了通信时信息必须采用的格式和这些格式的意义。Internet 上的计算机使用的是 TCP/IP 协议。

4. 网络拓扑结构

计算机网络拓扑（Computer Network Topology）是指由计算机组成的网络之间设备的分布情况以及连接状态。把它们画在图上就是拓扑图。构成网络的拓扑结构有很多种，网络拓扑结构是指用传输媒体连接各种设备的物理布局，也就是用什么方式把网络中的计算机等设备连接起来。拓扑图给出了网络服务器、工作站的网络配置和相互间的连接方式，主要有星型拓扑结构、总线型拓扑结构、环型拓扑结构、混合拓扑结构等。

1）星型拓扑结构

星型拓扑结构由中央节点和通过点到点通信链路接到中央节点的各个站点组成。中央节点执行集中式通信控制策略，因此中央节点相当复杂，而各个站点的通信处理负担都很小。星型网络采用的交换方式有电路交换和报文交换，尤以电路交换最为普遍。这种结构一旦建立了通道连接，就可以无延迟地在连通的两个站点之间传送数据。目前流行的专用交换机 PBX（Private Branch exchange）就是星型拓扑结构的典型实例，如图 1-35 所示。

2）总线型拓扑结构

总线型拓扑结构采用一个信道作为传输媒介，所有站点都通过相应的硬件接口直接连到这一公共传输媒介上，该公共传输媒介即称为总线。任何一个站点发送的信号都沿着传输媒介传播，而且能被所有其他站点接收，如图 1-36 所示。

3）环型拓扑结构

环型拓扑网络由站点和连接站点的链路组成一个闭合环。每个站点能够接收从一条链路传来的数据，并以同样的速率串行地把该数据沿环送到另一端链路上。这种链路可以是单向的，也可以是双向的，如图 1-37 所示。

4）混合拓扑结构

混合拓扑结构是由星型拓扑结构和总线型拓扑结构结合在一起形成网络结构，这样的拓扑结构能满足较大网络的拓展，解决星型网络在传输距离上的局限，而同时又解决了总线型网络在连接用户数量方面的限制。这种拓扑结构兼顾星型拓扑与总线型拓扑结构的优点，如图 1-38 所示。

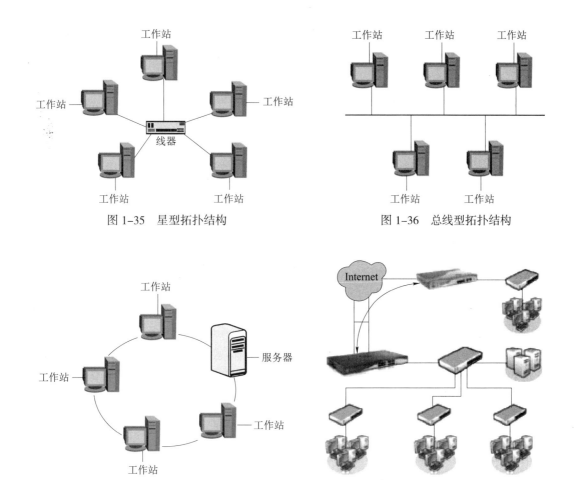

图 1-35　星型拓扑结构　　　　　　　　图 1-36　总线型拓扑结构

图 1-37　环型拓扑结构　　　　　　　　图 1-38　混合拓扑结构

5．IP 地址及域名系统

1）IP 地址

IP 是 Internet Protocol 的缩写，意思是"网络之间互联的协议"，也就是为计算机网络相互连接进行通信而设计的协议。在 Internet 中，它是能使连接到网上的所有计算机网络实现相互通信的一套规则，规定了计算机在 Internet 上进行通信时应当遵守的规则。任何厂家生产的计算机系统，只要遵守 IP 协议就可以与 Internet 互连互通。正是因为有了 IP 协议，Internet 才得以迅速发展，成为世界上最大的、最开放的计算机通信网络。因此，IP 协议也可以叫作"因特网协议"。

IP 地址（IPV4）是一个 32 位的二进制数，通常被分割为 4 组 8 位二进制数，用"点分十进制"表示成"a.b.c.d"的形式，其中，a，b，c，d 都是 0～255 之间的十进制整数。例如：点分十进制数 IP 地址 192.168.2.1，实际上是 32 位二进制数 11000000.10101000.00000010.00000001。

2）域名系统

域名系统（Domain Name System，DNS）是在 Internet 上解决网上机器命名的一种系统。

就像拜访朋友要先知道朋友家的地址一样，当一台主机要访问另外一台主机时，必须首先获知其地址，TCP/IP 中的 IP 地址由 4 段以"."分开的数字组成，记起来不如名字那么方便，所以就采用了域名系统来管理名字和 IP 地址的对应关系。

虽然 Internet 上的节点都可以用 IP 地址唯一标识，并且可以通过 IP 地址访问，但即使将 32 位的二进制 IP 地址写成 4 个 0～255 的十进制数形式也依然太长、太难记，因此，人们发明了域名（Domain Name），域名可将一个 IP 地址关联到一组有意义的字符上去。用户访问一个网站的时候，既可以输入该网站的 IP 地址，也可以输入其域名，对访问而言，两者是等价的。例如：微软公司的 Web 服务器的 IP 地址是 207.46.230.229，其对应的域名是 www.microsoft.com，不管用户在浏览器中输入的是 IP 地址还是域名，都可以访问其 Web 服务器。

任务实施

1. 认识网卡

网卡（Network Interface Card，NIC）也叫网络接口卡或网络适配器，是计算机与网络的实体连接器件。其功能是控制计算机与线缆之间数据的流动，并将计算机上的数据传到网络上。

网卡具有对网络发送数据、控制数据、接收并转换数据的功能。有线连接的计算机需要安装以太网卡，接口为 RJ-45 接口，如图 1-39 所示。笔记本计算机通常内置无线网卡。如果台式计算机也想使用无线方式连接，可使用外置的 USB 接口无线网卡，如图 1-40 所示。

图 1-39　网卡

图 1-40　外置的 USB 接口无线网卡

2. 认识集线器和交换机

（1）集线器（HUB）。集线器是工作在 OSI 开放式互联参考模型的第一层的设备。它具有多个端口，用于将主机连接到网络。集线器是一种简单的设备，不具备解码网络主机之间所发送消息的电子元器件。它无法确定哪台主机应获取特定的消息。一个集线器只从一个端口接收电子信号，然后在所有其他端口重新生成（或重复）同一消息并发出。集线器如图 1-41 所示。

（2）交换机（Switch）。交换机也称为交换式集线器。它是工作在 OSI 开放式互联参考模型的第二层的设备。它是一种基于MAC地址（网卡的硬件地址）识别，且能够在通信系统中完成信息交换功能的设备。交换机如图1-42所示。

图1-41 集线器

图1-42 交换机

以太网交换机像集线器一样，交换机也可将多台主机连接到网络。但与集线器不同的是，交换机可以转发消息到特定的主机。当一台主机发送消息到交换机上的另一台主机时，交换机将接收并解码帧，以读取消息的物理（MAC）地址部分。

（3）交换机和集线器的区别。从工作现象看，交换机和集线器都是通过多端口连接Internet的设备，可以将多个用户通过网络以星型拓扑结构连接起来，共享资源或交流数据，但它们的工作状态却完全不同。

① OSI体系结构上的区别：集线器属于OSI的第一层（物理层）设备，而交换机属于OSI的第二层（数据链路层）设备。

② 数据传输方式上的区别：利用集线器连接的局域网叫作共享式局域网，所有用户共享带宽，采用半双工模式工作，在同一时刻只能有两个端口传送数据，集线器的工作机理是广播，以广播的形式将信包发送给其余的所有端口；利用交换机连接的局域网叫作交换式局域网，交换机供给每个用户专用的信息通道，每个端口都有独占的带宽，这样在速率上对于每个端口来说就有了根本的保障。

3. 认识路由器

路由器（Router）是工作在OSI开放式互联参考模型的第三层的设备，路由器是根据网络层地址（IP地址）寻找路径的。Internet就是由分布于全世界许多不同规模的路由器连接起来的。路由器是连接Internet中各局域网、广域网的设备，路由器会根据信道的情况自动选择和设定路由，以最佳路径，按前后顺序发送信号。锐捷网络RG-RSR20-04路由器如图1-43所示。

图1-43 锐捷网络RG-RSR20-04路由器

任务1.2.2 制作双绞线

任务实施

（1）用双绞线网线钳把双绞线的一端剪齐，然后把剪齐的一端插入网线钳用于剥线的缺口中。顶住网线钳后面的挡位，稍微握紧网线钳慢慢旋转一圈，让刀口划开双绞线的保护胶皮并剥除外皮，如图1-44所示。

注意：网线钳挡位离剥线刀口长度通常恰好为水晶头长度，这样可以有效避免剥线过长或过短。如果剥线过长往往会因为网线不能被水晶头卡住而容易松动，如果剥线过短则会造成水晶头插针不能跟双绞线完好接触。

图 1-44 剥线

（2）剥除外包皮后会看到双绞线的 4 对芯线，可以看到每对芯线的颜色各不相同。将绞在一起的芯线分开，按照 T568B 的线序：白橙、橙、白绿、蓝、白蓝、绿、白棕、棕的颜色一字排列，并用网线钳将线的顶端剪齐，如图 1-45 所示。

T568A 线序为：白绿、绿、白橙、蓝、白蓝、橙、白棕、棕；

T568B 线序为：白橙、橙、白绿、蓝、白蓝、绿、白棕、棕。

两种做法的差别就是将白橙（白绿）和橙（绿）互换而已。

按照上述线序排列的每条芯线分别对应 RJ-45 插头的 1、2、3、4、5、6、7、8 针脚，如图 1-46 所示。

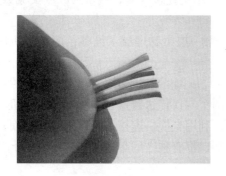

图 1-45 排列芯线

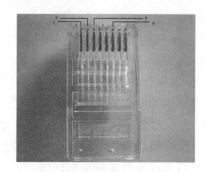

图 1-46 RJ-45 插头的针脚顺序

（3）使 RJ-45 插头的弹簧卡朝下，然后将正确排列的双绞线插入 RJ-45 插头中。在插的时候一定要将各条芯线都插到底部。由于 RJ-45 插头是透明的，因此可以观察到每条芯线插入的位置，如图 1-47 所示。

（4）将插入双绞线的 RJ-45 插头插入网线钳的压线插槽，用力压下网线钳的手柄，使 RJ-45 插头的针脚都能接触到双绞线的芯线，如图 1-48 所示。

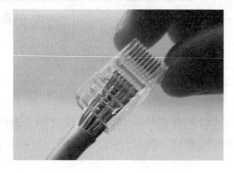

图 1-47 将双绞线插入 RJ-45 插头

图 1-48 将 RJ-45 插头插入压线插槽

（5）在完成双绞线一端的制作工作后，按照相同的方法制作另一端即可。注意：双绞线两端的芯线排列顺序要完全一致，如图1-49所示。

（6）在完成双绞线的制作后，使用网线测试仪对网线进行测试。将双绞线的两端分别插入网线测试仪的RJ-45接口，并接通测试仪电源。如果测试仪上的8个绿色指示灯都顺利闪过，说明制作成功。如果其中某个指示灯未闪烁，则说明插头中存在断路或者接触不良的现象。此时应再次对网线两端的RJ-45插头用力压一次并重新测试，如果依然不能通过测试，则只能重新制作，如图1-50所示。

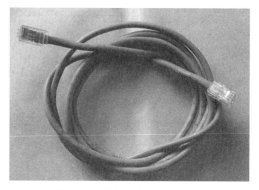

图1-49 制作完成的双绞线

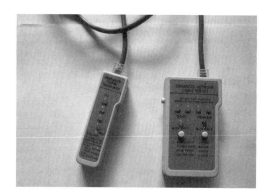

图1-50 使用测试仪测试网线

任务1.2.3 利用路由器组建家庭Wi-Fi环境

任务实施

1. 网络硬件的连接

（1）从路由器的LAN口接一根网线到计算机，如图1-51所示。

（2）给路由器接上电源，如图1-52所示。

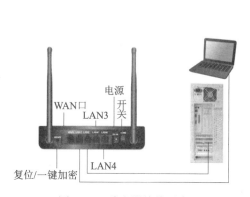

图1-51 路由器接线示意

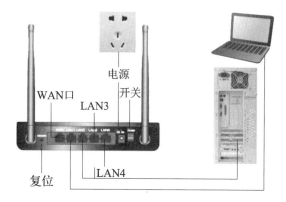

图1-52 给路由器接上电源

（3）如果用PPPoE（ADSL拨号）的方式上网，即网络运营商提供一个账号和密码，则从ADSL调制解调器接一根网线出来，接到路由器的WAN口。

如果用DHCP（自动获取IP）的方式上网，只需直接把网线接到路由器的WAN口上即可。

如果用Static（固定IP）的方式上网，即网络运营商提供IP地址、子网掩码、默认网关、DNS地址等，将网线接到路由器的WAN口即可，如图1-53所示。

（4）在都连接好以后，查看指示灯的状态，如图1-54所示。

2. 无线路由器的设置

（1）在连接好硬件后，打开浏览器，输入路由器的IP地址，路由器的IP地址一般是192.168.1.1。然后输入相应的账号和密码，一般账号和密码都是admin，如图1-55所示。

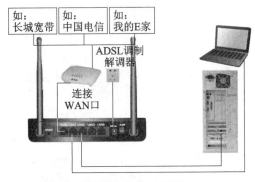

图1-53 将网线接到路由器的WAN口

指示灯名称		说明
POWER	常亮	表示电源供电正常
WLAN	闪烁	表示无线信号正常
WLAN	闪烁	表示正常传送或接收数据
LAN	常亮	表示局域网（LAN）正常连机
(1/2/3/4)	闪烁	表示正在传送或接收数据

图1-54 路由器指示灯状态

图1-55 输入路由器账号和密码

（2）进入操作界面，单击"设置向导"按钮进入设置向导界面，如图1-56所示。

"设置向导"对话框如图1-57所示。

（3）单击"下一步"按钮，进入上网方式设置界面，可以看到有3种上网方式可选择。如果是直接在网络运营商，如电信、联通等处申请的宽带，就选"PPPoE"选项，如图1-58所示。

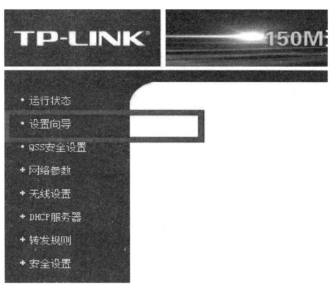

图1-56 单击"设置向导"按钮

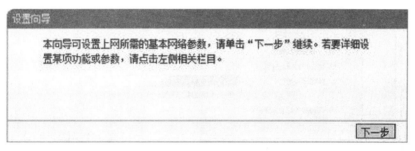

图1-57 "设置向导"对话框

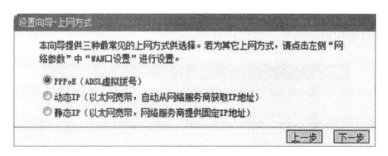

图1-58 选择PPPoE

（4）选择"PPPoE"选项后，弹出图1-59所示的对话框，分别输入"上网账号"和"上网口令"。

（5）单击"下一步"按钮进入"设置向导–无线设置"对话框。在此对话框可以看到"信道""模式""SSID""无线安全选项"等内容。一般地，"SSID"就是在连接Wi-Fi时所看到的名字；"模式"大多用"11bgn mixed"，"无线安全选项"选择"WPA-PSK/WPA2-PSK"，如图1-60所示。

图1-59 输入"上网账号"和"上网口令"

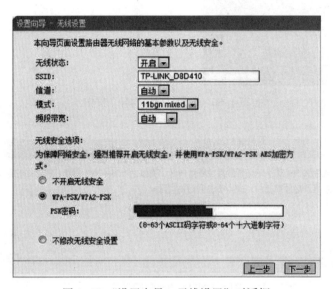

图1-60 "设置向导-无线设置"对话框

（6）单击"下一步"按钮，完成设置。单击"完成"按钮，如图1-61所示，路由器会自动重启，在重启成功后会弹出连接成功界面。

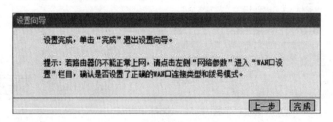

图1-61 路由器设置完成界面

3. 常用无线终端设备连接Wi-Fi

1）智能手机和平板电脑连接Wi-Fi

（1）单击"设置"图标，打开系统菜单界面，选择"WLAN"选项进入无线网络设置界面，单击"开"按钮，手机和平板电脑会自动搜索附近可连接的Wi-Fi。

（2）选择要连接的Wi-Fi，输入正确的密码，即可自动连接到Wi-Fi。连接成功一次，系统会自动保存该 Wi-Fi 数据，下次在该 Wi-Fi 范围内，只要 WLAN 是开启的，就可自动连接到 Wi-Fi。

2）笔记本电脑连接 Wi-Fi

（1）确定无线网卡是打开的（大部分笔记本电脑都安装有内置无线网卡）。

（2）单击无线网络图标，显示 Wi-Fi 列表，单击需要连接的 Wi-Fi 名称，再单击"连接"按钮，输入网络安全密钥。输入正确后，笔记本电脑将自动连接到所选无线网络，连接成功。

任务 1.2.4 局域网 TCP/IP 协议的配置

任务实施

（1）选择"开始"→"控制面板"→"网络和 Internet"选项，进入"网络和共享中心"界面，如图 1-62 所示。在左边菜单列表中选择"更改适配器设置"选项。

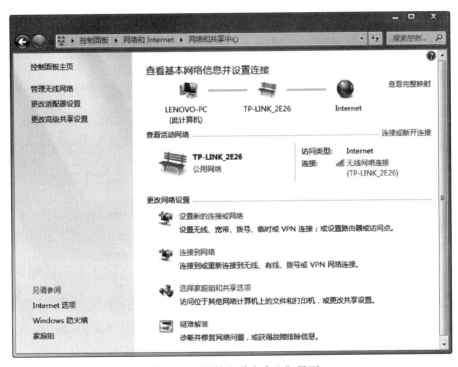

图 1-62 "网络和共享中心"界面

（2）选择需要连接网络的方式，如果使用有线连接，就选择"本地连接"选项，如果使用无线连接，就选择"无线网络连接"选项。下面以无线连接为例来讲解，如图 1-63 所示。

（3）单击"属性"按钮，弹出图 1-64 所示对话框。勾选"Internet 协议版本 4"选项，然后单击"属性"按钮。在弹出的图 1-65 所示对话框中点选"自动获得 IP 地址"选项，单击"确定"按钮退出即可。

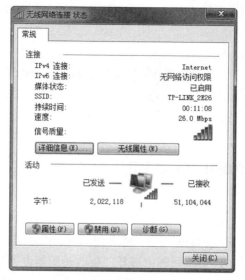

图 1-63　网络连接状态

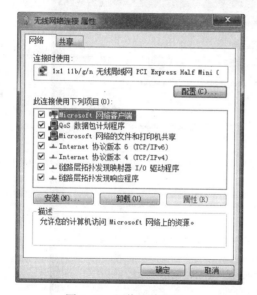

图 1-64　网络连接属性

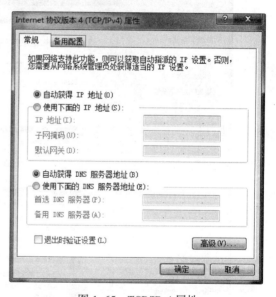

图 1-65　TCP/IPv4 属性

任务 1.2.5　Internet 应用

任务实施

1. 浏览器的使用及设置

Internet Explorer 浏览器简称 IE 浏览器，是微软公司设计开发的一个功能强大的 Web 浏览器。用户将计算机连接到 Internet 即可使用 IE 浏览器，并从 Web 服务器上搜索需要的信息、浏览网页、收发电子邮件等。

1）IE 浏览器的窗口组成

IE 浏览器的窗口组成如图 1-66 所示。

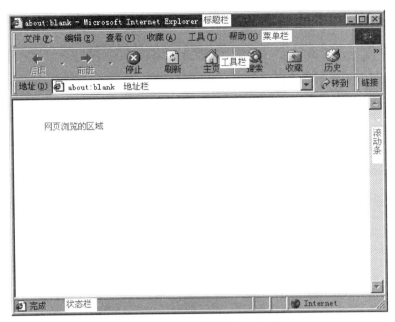

图 1-66 IE 浏览器的窗口组成

(1) 标题栏：显示浏览器当前正在访问网页的标题。
(2) 菜单栏：包含了在使用浏览器浏览时能选择的各项命令。
(3) 工具栏：包括一些常用的按钮，如前后翻页键、停止键等。
(4) 地址栏：可输入要浏览的网页地址。
(5) 网页区：显示当前正在访问的网页的内容。
(6) 状态栏：显示浏览器下载网页的实际工作状态。

2) IE 浏览器的常用按钮和工具

(1) 后退按钮：返回上一级网页。
(2) 刷新按钮：重新打开当前页面。
(3) 主页按钮：打开默认主页。
(4) 收藏夹：记录经常浏览的网址，以便快速定位。
(5) 工具：提供一些上网的工具，以方便操作。

3) 主页及其他设置

在 IE 浏览器窗口中选择"工具"菜单中的"Internet 选项"选项（或者用鼠标右键单击 IE 浏览器图标，选择"属性"选项），打开"Internet 选项"对话框，如图 1-67 所示。在此对话框中可以进行设置主页、删除临时文件、清除历史记录等操作。

4) 浏览网页

双击桌面上的 IE 浏览器图标，打开 IE 浏览器。在地址栏中输入"www.sohu.com"，打开"搜狐"首页。

5) 地址收藏

单击"收藏"菜单中的"添加到收藏夹"命令，打开"添加收藏"对话框，新建一个文件夹，即可将网址收藏到文件夹中保存，如图 1-68 所示。

图 1-67 "Internet 选项"对话框

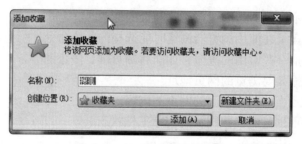

图 1-68 "添加收藏"对话框

6）使用搜索引擎

在 Internet 上有一类专门用来帮助用户查找信息的网站，称为搜索引擎，如"百度"和"360 搜索"。下面

以在"百度"中搜索"计算机应用基础"为例来讲解如何使用搜索引擎。

（1）打开 IE 浏览器，在地址栏中输入"百度"网址"www.baidu.com"，弹出图 1-69 所示的"百度"搜索引擎界面。

图 1-69 "百度"搜索引擎界面

（2）在搜索文本框中输入关键字"计算机应用基础"，单击"百度一下"按钮，可看到包含关键字"计算机应用基础"的多条网页信息的链接，如图 1-70 所示。

项目一 信息技术基础知识

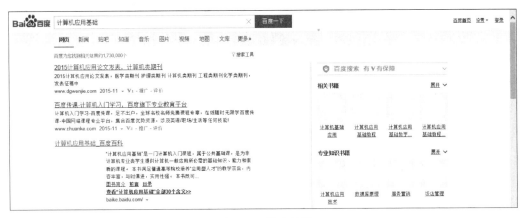

图 1-70 搜索结果

7）保存文本

单击"计算机应用基础"链接，打开"百度百科"页面，复制所需要的资料，然后新建一个 Word 文档，将复制的内容粘贴到文档中。保存文件名为"计算机应用基础"。

8）保存图片

在网页中选择一张图片，单击鼠标右键，在弹出的快捷菜单中选择"图片另存为"命令，在弹出的对话框中指定保存在"我的文档"中，单击"保存"按钮。

9）资源下载

网上会提供一些免费的软件或资料供用户下载，只要单击相应的下载链接即可下载需要的软件或资料。

如果计算机中装有其他下载文件的工具软件，如迅雷等。当单击链接时，下载工具软件会自动启动并进行下载。

2．收发电子邮件

电子邮件（E-mail）是一种用电子手段提供信息交换的通信方式，是 Internet 应用较广的服务。这些信息可以是文字、图像、声音等各种形式的内容，通过网络的电子邮件系统，以廉价、方便、快捷的方式与世界上任何一个角落的网络用户联系。

1）申请免费邮箱

（1）登录网站 www.126.com，如图 1-71 所示，单击"注册"按钮，进入邮箱注册页面。

（2）创建一个新的邮箱地址，在"用户名"框中输入用户名，在输入用户名之前，要参阅该网站的用户名命名规则，这个用户名就是邮箱账号，"用户名@126.com"就是邮箱地址，如图 1-72 所示。

图 1-71 邮箱注册页面　　　　　　　　图 1-72 创建一个新的邮箱地址

（3）填写用户资料，包括设置邮箱密码、进行密码保护设置、填写个人资料等。网页中带有"*"号的项目一般为必填的项目，其他为可选项目，如图1-73所示。

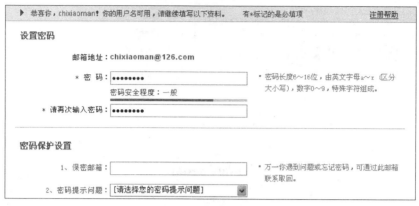

图1-73　填写用户资料

2）发邮件

（1）登录邮箱。进入电子邮箱所在的网站，利用已经注册的账号、密码登录自己的邮箱，进入邮箱主页面，如图1-74所示。

图1-74　登录邮箱

（2）撰写邮件，如图1-75所示。

（3）发送邮件。在邮件撰写完成之后，确定是否加入个性签名，若要加入个性签名，可单击图1-75所示界面中的"签名"按钮，在下拉列表中选择一款签名，或者重新设置签名，之后单击"发送"按钮，出现"邮件发送成功"页面，确认邮件已发送。

项目一 信息技术基础知识

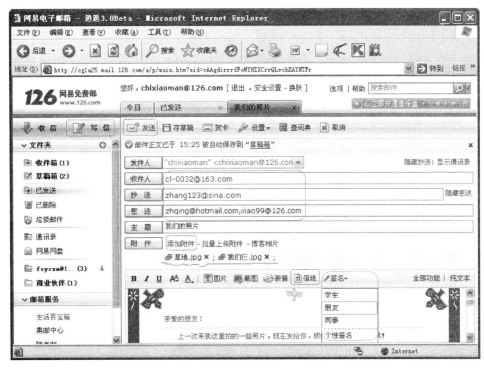

图 1-75 撰写邮件

3）收邮件

（1）登录邮箱后，单击"收信"或者"收件箱"按钮打开收件箱界面，如图 1-76 所示。

（2）双击邮件列表中的收件人名称或邮件主题，就可以打开该邮件进行阅读。邮件正文可以直接阅读，附件需要单击"下载附件"按钮下载到本地进行阅读。

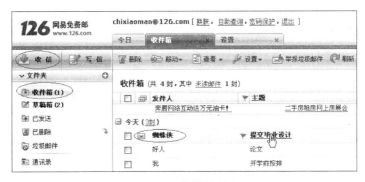

图 1-76 收件箱界面

任务 1.3 物联网、云计算及大数据技术

有人说，目前的信息技术时代是 ABC 时代，即人工智能（A）、大数据（B）和云计算（C）；又有人说，现在信息技术已经进入"云物移大智"时代，其中，"云"是云计算；"物"是物联网；"移"是移动互联；"大"是大数据；"智"是智慧城市或智慧地球。物联网

对应于互联网的感觉和运动神经系统。云计算是互联网的核心硬件层和核心软件层的集合，也是互联网中枢神经系统萌芽。大数据代表了互联网的信息层，是互联网智慧和意识产生的基础。云计算（Cloud Computing）是资源的池化与按需使用；大数据（Big Data）是海量数据的高效处理。云计算作为计算资源的底层，支撑着上层的大数据处理。由此可见，云计算和大数据技术是目前信息技术的主流基础设施，其与物联网、移动互联及人工智能是一种相互依存、共生共存的关系，如图1-77所示。

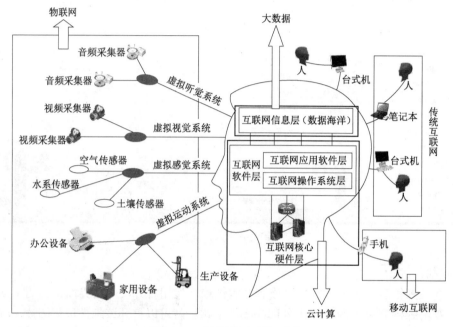

图1-77 "云物移大智"时代

物联网、云计算及大数据的关系如下：

物联网、云计算和大数据三者互为基础，物联网产生大数据，大数据需要云计算。物联网在将物品和互联网连接起来，进行信息交换和通信，在实现智能化识别、定位、跟踪、监控和管理的过程中产生大量数据，云计算解决万物互联带来的大量数据，所以三者互为基础，又相互促进。不那么严格地说，三者可以看作一个整体，相互发展，相互促进。

整体来看，未来的趋势是，云计算作为计算资源的底层，支撑着上层的大数据处理，而大数据的发展趋势是实时交互式的查询和分析能力，如图1-78所示。

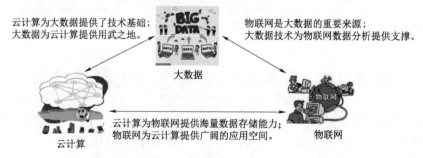

图1-78 物联网、云计算、大数据之间的关系

任务描述

物联网的传感器与云计算的大数据相结合,一个提供感应,另一个提供反应,人们在大数据的挖掘下便利地生活、工作。物联网与云计算的融合,以物联网、云计算的创新应用为载体,对人们的衣食住行和公共安全领域进行智能防护。本任务详细地介绍了物联网、云计算及大数据技术的相关理论知识。

任务分析

通过对物联网、云计算、大数据的概念、分类及特点的掌握,理解物联网、云计算、大数据的结构和核心技术,从而了解物联网、云计算、大数据的应用,激发学生通过这些应用创造出更多的产品,以提高学生的协作能力和创新能力。

任务 1.3.1 物联网技术

物联网是新一代信息技术的重要组成部分,也是信息化时代的重要发展阶段。物联网是互联网的应用拓展,应用创新是物联网发展的核心,以用户体验为核心的创新是物联网发展的灵魂。有人曾风趣地说:连上互联网,我就是世界的中心,给我一个IP地址,我能漫游世界!接入物联网,我就是世界的眼睛,给我一个RFID,我能掌握世界。

1. 物联网的概念、发展及部署方式

1)物联网的概念

物联网的英文名称为 "The Internet of Things",由该名称可见,物联网就是"物物相连的互联网"。其内涵包含两方面意思:一是物联网的核心和基础仍是互联网,是在互联网基础之上延伸的一种网络;二是其用户端延伸和扩展到了任何物品和物品之间,进行信息交换和通信。

目前较为公认的物联网的定义是:通过射频识别(RFID)装置、红外感应器、全球定位系统、激光扫描器等信息传感设备,按约定的协议,通过各种局域网、接入网、互联网将物与物、人与物、人与人连接起来,进行信息交换与通信,以实现智能化识别、定位、跟踪、监控和管理的一种信息网络。

当每个而不是每种物品能够被唯一标识后,利用识别、通信和计算等技术,在互联网的基础上构建的连接各种物品的网络,就是人们常说的物联网,如图1-79所示。

物联网中的"物"要满足以下条件才能够被纳入物联网的范围:

(1)要有相应信息的接收器;
(2)要有数据传输通路;
(3)要有一定的存储功能;
(4)要有CPU;
(5)要有操作系统;
(6)要有专门的应用程序;
(7)要有数据发送器;
(8)遵循物联网的通信协议;
(9)在世界网络中有可被识别的唯一编号。

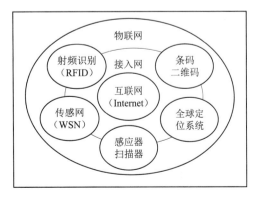

图 1-79 物联网基本理论模型

信息技术基础

物联网概念这几年可谓炙手可热，物联网家电也风生水起。从狭义上讲，物联网家电是指应用物联网技术的家电产品。从广义上讲，物联网家电是指能够与互联网连接，通过互联网对其进行控制、管理的家电产品，并且家电产品本身与电网、使用者、处置的物品等能够实现物物相连，通过智慧的方式，实现人们所追求的低碳、健康、舒适、便捷的生活方式。因此，物联网就是各行各业的智能化。

与传统的互联网相比，物联网具有以下鲜明的特征：

（1）全面感知：利用射频识别技术、传感器、二维码及其他各种感知设备随时随地采集各种动态对象，全面感知世界。物联网是以感知为前提，实现人与人、人与物、物与物全面互联的网络。

（2）可靠传输：利用以太网、无线网、移动网将感知的信息进行实时的传送。

（3）智能控制：对物体实现智能化的控制和管理，真正实现了人与物的沟通。

2）物联网的发展

物联网最早可以追溯到 1990 年施乐公司生产的网络可乐贩售机（Networked Coke Machine）。

1999 年，美国麻省理工学院建立了"自动识别中心"（Auto-ID Center），提出"万物皆可通过网络互联"，阐明了物联网的基本含义。早期的物联网是依托射频识别技术的物流网络，随着技术和应用的发展，物联网的内涵发生了较大变化。这也是 2003 年掀起第一轮华夏物联网热潮的基础。

2005 年，国际电信联盟（ITU）正式称"物联网"为"The Internet of things"，并发表了年终报告《ITU 互联网报告 2005：物联网》。报告指出，无所不在的物联网通信时代即将来临，世界上所有的物体，从轮胎到牙刷、从房屋到纸巾都可以通过 Internet 主动进行交换。射频识别技术、传感器技术、纳米技术、智能嵌入技术得到了更加广泛的应用。

2008 年，国际电信联盟对泛在传感器网络阐述为通过传感器、执行器、射频识别技术等对物理世界进行感知和标识，感知的信息依靠网络进行传输和互联，存储和处理信息后，实现各种具体的应用。

2009 年 1 月，IBM 首席执行官彭明盛与美国奥巴马总统参加美国工商界领袖"圆桌会议"，提出"智慧地球"的概念。"智慧地球"就是把感应器嵌入和装备到电网、铁路、桥梁、隧道、公路、建筑、供水系统、大坝、油气管道等各种物体中，并且被普遍连接，形成所谓"物联网"。

2009 年 6 月，欧盟制定了"欧洲物联网行动计划"，该计划涵盖了物联网架构、硬件、软件与算法、标识技术、通信技术、网络技术、网络发现、数据与信号处理技术、知识发现与搜索引擎技术、关系网络管理技术、电能存储技术、安全与隐私保护技术、标准化等关键技术，对物联网的未来发展以及重点研究领域给出了明确的路线图。

2009 年 8 月 7 日，温家宝总理在无锡考察时提出加快中国传感网发展，建立中国的传感信息中心（"感知中国"中心），如图 1-80 所示。

2010 年 3 月 5 日，物联网被首次写入政府工作报告，物联网发展进入国家层面的视野，中国的"物联网元年"开始。

物联网的概念是一个"中国制造"的概念，它的覆盖范围与时俱进，物联网已经被贴上"中国式"标签。

3）物联网的部署方式

私有物联网（Private IoT）：一般面向单一机构内部提供服务；

公有物联网（Public IoT）：基于互联网向公众或大型用户群体提供服务；

图 1-80 物联网"感知中国"架构

社区物联网（Community IoT）：向一个关联的社区或机构群体（如一个城市政府下属的各委办局，如公安局、交通局、环保局、城管局等）提供服务；

混合物联网（Hybrid IoT）：是上述的两种或以上的物联网的组合，但后台有统一运维实体。

以上四种部署方式示意如图 1-81 所示。

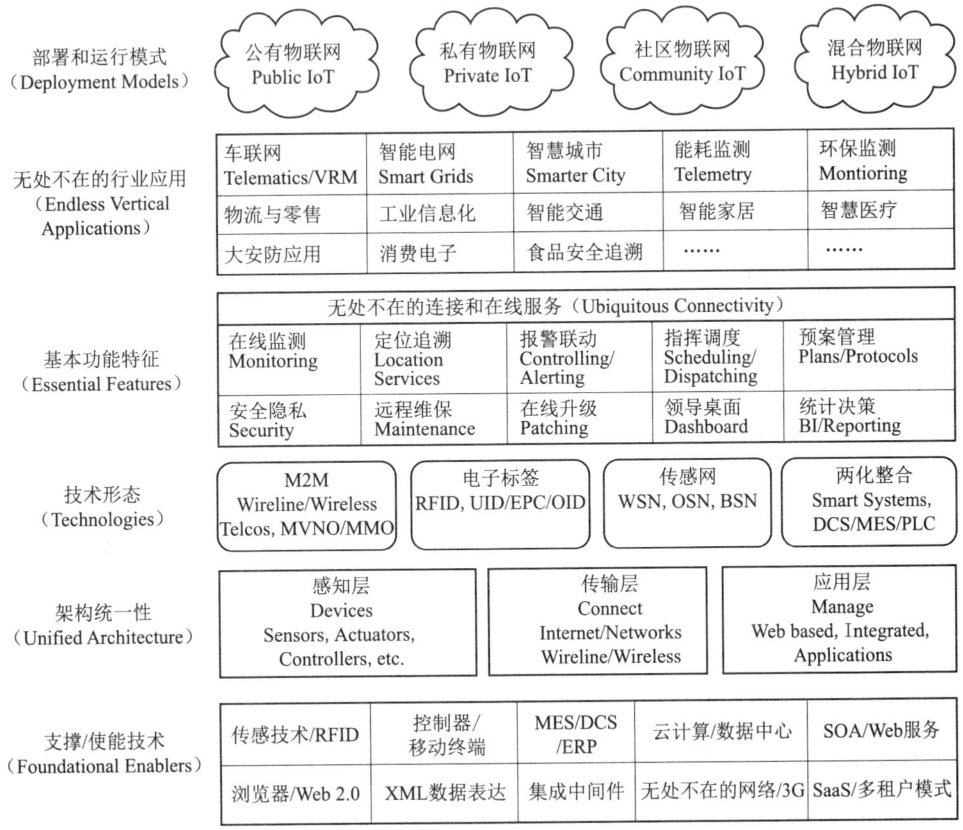

图 1-81 物联网四大部署方式示意

2. 物联网的结构及关键技术

物联网的最终目的是建立一个满足人们的生产、生活需要以及对资源、信息更高需求的综合平台，管理跨组织、跨管理域的各种资源和异构设备，为上层应用提供全面的资源共享接口，实现分布式资源的有效集成，提供各种数据的智能计算、信息及时共享以及决策辅助分析等，如图1-82所示。

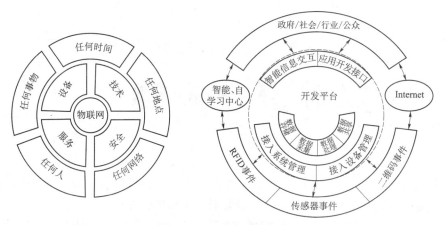

图 1-82　物联网结构体系

图1-82所示的物联网结构体系的功能如下：

（1）接入设备、接入系统：包含RFID事件、传感器事件、二维码事件等，通过Internet、无线网、移动网实现通信。

（2）在物联网结构体系中重要的开发平台即智能信息交互平台和应用开发接口平台，具有如下功能：

第一，进行终端管理，可以实时监控网络和终端的运营状况，精确表述故障原因；进行接入系统管理，对接入系统的开放问题、接入问题、资源共享问题进行管理。

第二，作为数据中心，进行数据采集、数据处理、数据存储、数据共享、信息智能交互。

第三，跟开发中间件结合，提供一个面向应用的开放环境，开发人员只需要调API就可以进行开发，最终降低开发的难度，提高开发的效率。

这个平台还可以起到网关的作用，以简化终端和应用的接入。

（3）Internet：系统联系的桥梁。

（4）智能、自学习中心：控制系统的上、下层及中间环节的智能联系，使物物连接具有人人连接的特性，保证物联网的智能特性。

（5）上层应用：本着服务政府、社会、行业和公众的目的，把整个社会以物联网的形式组织起来。

1）物联网结构体系

根据物联网具有的感知、传输和智能三个基本特征，物联网的结构体系可分为三层，即感知层、网络层和应用层，如图1-80所示。

（1）感知层：由各种传感器以及传感器网关构成，包括二氧化氮浓度传感器、温度传感器、湿度传感器、二维码标签、RFID标签、读写器、摄像头、GPS等感知终端。其作用相当于人的眼、耳、鼻、喉和皮肤等神经末梢，其主要功能是识别物体，采集信息。感知层是物联网全面感知的基础。

（2）网络层：也叫传输层，主要功能是直接通过现有互联网（IPv4/IPv6 网络）、移动通信网（如 GSM、TD-SCDMA、WCDMA、CDMA2000、无线接入网、无线局域网等）、卫星通信网等基础网络设施，对来自感知层的信息进行接入和传输。网络层是物联网成为普遍服务的前提，重点是接入网络和业务支撑平台。

（3）应用层：是物联网和用户（人、组织和其他系统）的接口，与行业需求结合，实现物联网的智能应用即利用计算机技术，及时地对海量数据进行信息控制，真正达到了人与物的沟通、物与物的沟通。应用层是物联网的智能中枢。

2）物联网技术体系

（1）物联网应用中的三项关键技术：

① 传感器技术：这也是计算机应用中的关键技术。到目前为止，绝大部分计算机处理的都是数字信号。自从有计算机以来，只有传感器把模拟信号转换成数字信号，计算机才能处理。

② 射频识别技术：这也是一种传感器技术，是融合了无线射频技术和嵌入式技术为一体的综合技术，在自动识别、物品物流管理中有着广阔的应用前景。

③ 嵌入式系统技术：这是综合了计算机软/硬件、传感器技术、集成电路技术、电子应用技术为一体的复杂技术。经过几十年的演变，以嵌入式系统为特征的智能终端产品随处可见。嵌入式系统正在改变着人们的生活，推动着工业生产以及国防工业的发展。

如果把物联网用人体作一个简单比喻，传感器相当于人的眼睛、鼻子、皮肤等感官，网络就是用来传递信息的神经系统，嵌入式系统则是人的大脑，在接收到信息后要进行分类处理。这个例子很形象地描述了传感器、嵌入式系统在物联网中的位置与作用。

（2）物联网应用中的关键领域：射频识别、传感网、M2M、两化融合。

（3）根据实质用途，可以将物联网的应用归结为以下两种基本模式：

① 对象的智能标签。通过 NFC、二维码、射频识别等技术标识特定的对象，用于区分对象个体，例如在生活中人们使用的各种智能卡，以及条码标签的基本用途就是获得对象的识别信息；此外智能标签还可以用于获得对象物品所包含的扩展信息，例如智能卡上的余额、二维码中所包含的网址和名称等。

② 对象的智能控制。物联网基于云计算平台和智能网络，可以依据传感器网络用获取的数据进行决策，改变对象的行为，进行控制和反馈，例如根据光线的强弱调整路灯的亮度、根据车辆的流量自动调整红绿灯间隔等。

物联网实际应用的开展需要各行各业的参与，并且需要国家政府的主导以及相关法规、政策的扶助，其具有规模性、广泛参与性、管理性、技术性、物的属性等特征。其中，技术上的问题是物联网最为关键的问题。物联网不同层次技术分类如表 1-8 所示。

表 1-8　物联网不同层次技术分类

层次	技术介绍
应用层	数据库技术、数据挖掘技术（大数据技术）、云计算技术、人工智能、专家系统等
网络层	无线通信技术（Zigbee、蓝牙）、接入网技术（GPRS、3G、4G、Wi-Fi）、互联网等，如图 1-83 所示
感知层	二维码技术、传感器技术、射频识别技术、红外感知技术、定位技术、嵌入式技术、无线通信技术（Zigbee、蓝牙）等，如图 1-84 所示

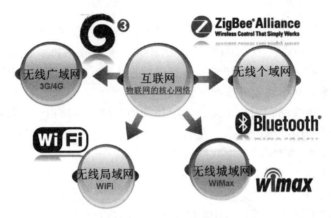

图 1-83 物联网网络层技术

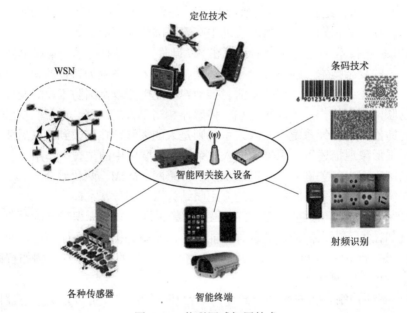

图 1-84 物联网感知层技术

3. 物联网的应用

物联网已经广泛应用于智能交通、智慧医疗、智能家居、环保监测、智能安防、智能物流、智能电网、智慧农业、智能工业等领域，对国民经济与社会发展起到了重要的推动作用，如图 1-85 所示。

应用案例如下：

1）物联网技术在物流领域的应用

智能物流是指货物从供应者向需求者的智能移动过程，包括智能运输，智能仓储，智能配送，智能包装，智能装卸以及智能信息的获取、加工和处理等多项基本活动，为供方提供最大化的利润，为需方提供最佳的服务，同时也消耗最少的自然资源和社会资源，最大限度地保护好生态环境，从而形成完备的智能社会物流管理体系。

基于射频识别技术的集装箱管理系统如图 1-86 所示。

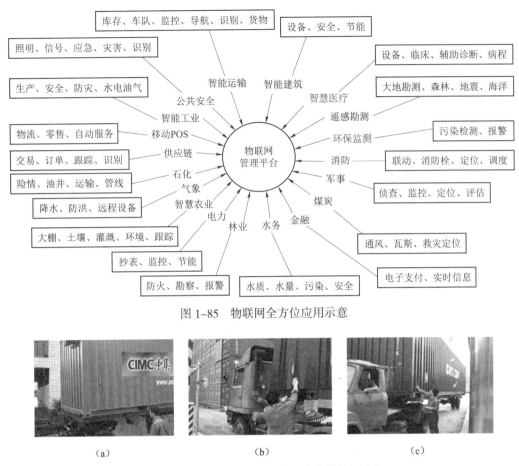

图 1-85 物联网全方位应用示意

图 1-86 基于射频识别技术的集装箱管理系统
（a）集装箱出厂；（b）集装箱进堆厂；（c）集装箱出堆厂

2）物联网技术在家居领域的应用

智能家居是利用先进的计算机技术、网络通信技术、综合布线技术，依照人体工程学原理，融合个性需求，将与家居生活有关的各个子系统如安防、灯光控制、窗帘控制、煤气阀控制、信息家电、场景联动、地板采暖等有机地结合在一起，通过网络化综合智能控制和管理，实现"以人为本"的全新家居生活体验，如图 1-87 所示。

图 1-87 智能家居

一套典型的智能家居系统应具有安全监控、背景音乐、远程收费、家电控制、家居商务和办公、家庭医疗保健和监护、信息服务以及网络教育等功能特点。

3）物联网技术在交通领域的应用

智能交通系统（Intelligent Transportation System，ITS）是一种集信息技术、人工智能、电子控制、地理信息、全球定位、影像、计算机处理、有线/无线通信等多种技术于一体的交通运输管理系统，能对各种运输方式进行现代化、科学化的智能管理。

（1）智能交通涉及的领域。

① 智能交通信号控制系统；

② 交通流信息的采集、处理、分析、发布系统；

③ 公交智能调度系统；

④ 停车诱导系统；

⑤ 出租车智能指挥调度系统；

⑥ 综合信息平台（货运调度系统、物流信息系统等）。

（2）智能交通系统的作用。

① 通过人、车、路的和谐、密切配合来提高交通运输效率，缓解交通阻塞，提高路网通过能力，减少交通事故，降低能源消耗，减轻环境污染。

② 实现公共交通工具全程追踪和溯源，保证运输的安全，最终实现政府的数字化调度管理与城市交通资源优化配置运行职能。

③ 实现对城市公共交通、轨道交通等重要设备的准确标识，实现管理的透明化，为保障运输、交通设施设备安全提供法律依据。

④ 实现对车辆运营全程的追踪，提高事故防控能力和水平，增强实时调度监控和应急事件处理能力，促进交通运输持续健康发展。

智能交通系统的典型应用是车联网。

4）物联网技术在智慧城市建设中的应用

智慧城市在广义上指城市信息化，即通过建设宽带多媒体信息网络、地理信息系统等基础设施平台，整合城市信息资源，建立电子政务、电子商务、劳动社会保险等信息化社区，逐步实现城市国民经济和社会的信息化，使城市在信息化时代的竞争中立于不败之地。智慧城市将人与人之间的P2P通信扩展到了机器与机器之间的M2M通信。"通信网＋互联网＋物联网"构成了智慧城市的基础通信网络。

智慧城市的建设并没有统一的标准，但主要包括以下项目：

（1）智慧公共服务；

（2）智慧安居服务；

（3）智慧教育文化服务；

（4）智慧健康保障体系；

（5）智慧交通；

（6）智慧安全防控系统。

智慧城市的典型案例是智慧宁波、智慧上海、智慧深圳、智慧南京。

5）物联网技术在其他领域的应用

（1）在医疗监管中的应用（如图1-88所示）

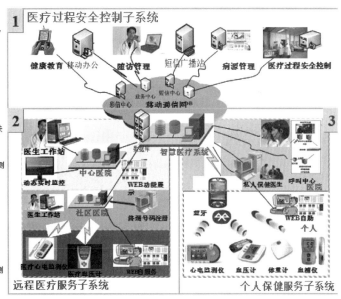

图1-88 物联网在医疗监管中的应用

　　智慧医疗是利用先进的物联网技术、计算机技术及信息技术等实现医疗信息的智能化采集、转换、存储、传输和处理，及各项医疗业务流程的数字化运作，从而实现患者与医务人员、医疗机构、医疗设备之间的互动，逐步达到医疗信息化。

　　阿里巴巴集团对智慧医疗极为重视，创建了阿里健康和医疗云服务。阿里巴巴集团表示：以后的医院将是百姓的医院，在未来搭建的整个阿里健康生态系统，将以支付宝为核心，而挂号、缴费、查询、取号、诊前服务都将通过支付宝操作完成。在整个过程中，医院只需要负责治疗和诊断，其他一切操作都交由支付宝完成，而且可以通过支付宝对医院和医生进行评价。

　　物联网在智慧医疗中起着非常重要的作用，它将各种医疗设备有效地连接起来，形成了一个巨大的网络，实现了对物体信息的采集、传输和处理。物联网在智慧医疗领域的应用很多，主要包括以下三个方面：

　　① 远程医疗。人们不用去医院，在家里就可以实现诊疗。通过物联网技术可以获取患者的健康信息，并将信息传送给医院的医生，医生可以对患者进行虚拟会诊，为患者完成病历分析、病情诊断，进一步确定治疗方案。这对解决医院看病难，排队时间长问题有着很大的帮助，让处在偏远地区的百姓也能享受优质的医疗资源。

　　② 医院物资管理。当医院的设施设备装置物联网卡后，利用物联网可以实时了解医疗设备的使用情况以及药品信息，并将信息传输给物联网管理平台，通过平台就可以实现对医疗设备和药品的管理和监控。物联网技术应用于医院物资管理可以有效提高医院工作效率，降低医院管理难度。

　　③ 移动医疗设备。常见的智能健康手环就是一种移动医疗设备，并且已经得到了应用。中景元物联云与医院合作推出的智能健康手环，使用中景元物联网方案，采集心率、

步数、睡眠质量、位置等信息,并实时同步和推送,还具有异常心率报警、喝水提醒等功能。

(2)在食品安全——牲畜溯源中的应用

从 2003 年开始,中国开始将先进的射频识别技术运用于现代化的动物养殖加工企业,开发出了 RFID 实时生产监控管理系统。例如:给放养的牲畜中的每一只羊都贴上一个二维码,这个二维码会一直保持到超市出售的肉品上,消费者可通过手机扫描二维码,了解牲畜的成长历史,确保食品安全。我国已有 10 亿存栏动物贴上了这种二维码,如图 1-89 所示。

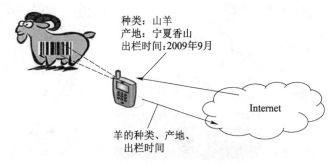

图 1-89　物联网在食品安全中的应用

任务 1.3.2　云计算技术

1. 云计算的概念、分类及特点

1)云计算的背景

云计算(Cloud Computing)是继 20 世纪 80 年代大型计算机到客户端 – 服务器的大转变之后的又一个巨变。云计算的出现并非偶然,1961 年,人工智能之父麦肯锡在一次会议上提出了"效用计算"这个概念,其核心借鉴了电厂模式,具体目标是整合分散在各地的服务器、存储系统以及应用程序来共享给多个用户,即把计算能力作为一种像水、电一样的公用事业提供给用户,这成为云计算思想的起源。在 20 世纪 80 年代的网格计算(Grid Computing)、20 世纪 90 年代的公用计算、21 世纪初的虚拟化技术、面向服务的架构(Service Oriented Architecture,SOA)、SaaS 应用的支撑下,云计算作为一种新兴的资源使用和交付模式逐渐为学界和产业界所认知。中国物联网校企联盟评价云计算为"信息时代商业模式上的创新"。继个人计算机变革、互联网变革之后,云计算被看作第三次 IT 浪潮,成为中国战略性新兴产业的重要组成部分。

云计算是在 2007 年第三季度才诞生的新名词,但仅过了半年多,其受到关注的程度就超过了网格计算,如图 1-90 所示。

云计算是分布式计算(Distributed Computing)、并行计算(Parallel Computing)、效用计算(Utility Computing)、网络存储(Network Storage Technologies)、虚拟化(Virtualization)、负载均衡(Load Balance)、热备份冗余(High Available)等传统计算机技术和网络技术发展融合的产物。云计算的发展是需求推动、技术进步以及商业模式共同作用的结果。它是目前主流的信息基础设施,其成功不仅在于技术上的更新,更重要的是其商业计算模式的创新,如图 1-91 所示。

项目一　信息技术基础知识

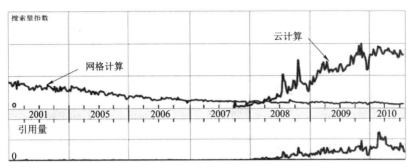

图 1-90　云计算和网格计算在谷歌中的搜索趋势

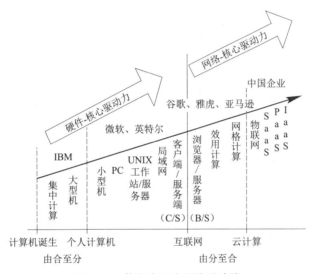

图 1-91　信息产业发展演进路线

2）云计算的概念

美国国家标准与技术研究院（NIST）定义：云计算是一种按使用量付费的模式，这种模式提供可用的、便捷的、按需的网络访问，进入可配置的计算资源共享池（资源包括网络、服务器、应用软件和服务），这些资源能够被快速提供，只需投入很少的管理工作，或与服务供应商进行很少的交互。

狭义的云计算指 IT 基础设施的交付和使用模式，即通过网络以按需、易扩展的方式获得所需资源；广义的云计算指服务的交付和使用模式，即通过网络以按需、易扩展的方式获得所需服务。它意味着计算能力也可作为一种商品通过互联网进行流通。

云计算最初的目标是对资源进行管理，管理的对象主要是计算资源、网络资源、存储资源。

云计算的最终目标是将计算、服务和存储作为一种公共设施提供给公众，使人们能够像使用水、电、煤气和电话那样使用计算机资源。它所秉承的核心理念是"按需服务"，就像人们使用水、电、天然气一样。具体表现为：用户的手机、电脑、笔记本等统称为"端"，网络的服务称为"云"。可以从"端"通过"云"（网络）获得强大的计算能力、数据处理能力及其他能力。每个"端"也可以为整个"云"贡献自己的计算能力，即云计算，如图1-92所示。

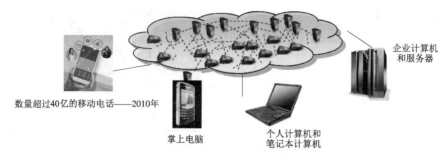

图1-92 云计算示意

云计算经常与网格计算、效用计算、自主计算混淆。

（1）网格计算：分布式计算的一种，是由一群松散耦合的计算机组成的一个超级虚拟计算机，常用来执行一些大型任务；

（2）效用计算：IT资源的一种打包和计费方式，比如按照计算、存储分别计量费用，像传统的电力等公共设施一样；

（3）自主计算：具有自我管理功能的计算机系统。

事实上，许多云计算部署都依赖于计算机集群（但与网格的组成、体系结构、目的、工作方式大相径庭），也吸收了自主计算和效用计算的特点。云计算的发展路线如图1-93所示。

3）云计算的判断依据

云计算平台需具备以下五大基本特征，缺一不可。它们是判断真"云"和伪"云"的依据。

（1）实现了IT资源按需自助服务。云计算平台为客户提供自助化的资源服务，用户无须同提供商交互就可自动得到自助的计算资源能力。同时云计算平台为客户提供一定的应用服务目录，客户可采用自助方式选择满足自身需求的服务项目和内容。云计算使IT产业由技术服务时代转为自助服务时代，推动IT产业又一次飞跃。

（2）实现了广泛网络接入。云计算的组件和整体架构由网络连接在一起并存在于网络中，同时通过网络向用户提供服务。这意味着用户可以在全球各地随时、随地、随心、随意地使用IT服务。这极大地提升了用户工作的灵活性和经营工作效率。

（3）实现了资源池化和透明化。云计算平台先建好一个资源池，当用户需要资源的时候可直接在资源池中提取。对云服务的提供者而言，各种底层资源（计算、储存、网络、资源逻辑等）的异构性（如果存在某种异构性）被屏蔽，边界被打破，所有资源可以被统一管理和调度，成为

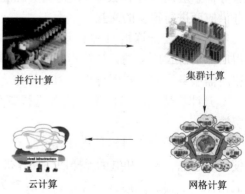

图1-93 云计算的发展路线

资源池，从而为用户提供按需服务。

（4）实现了资源弹性伸缩和资源配置动态化。这是指资源能够快速地供应和释放。根据消费者的需求动态划分或释放不同的物理和虚拟资源，当增加一个需求时，可通过增加可用的资源进行匹配，实现资源的快速弹性提供。用户不再使用这部分资源时，可释放这些资源。云计算平台为客户提供的这种能力是无限的，实现了IT资源利用的可扩展性。

（5）实现了可量化服务。云计算服务不仅可以由IT部门提供，也可以由第三方云计算服务商提供。如果由第三方云计算服务商提供服务，则需要有计费的功能。在提供服务的过程中，针对客户不同的服务需求，通过计量的方法自动控制和优化资源配置，即资源的使用可被监测和控制，这是一种即付即用的服务模式，例如：按使用小时计费，按服务器CPU个数、占用的存储空间、网络的带宽等综合计费，当然也可以采用包时、包天、包月的套餐模式进行计量。

4）云计算的分类

（1）从部署模式上，云计算可分为私有云、公有云和混合云，其特征如表1-9所示。

表1-9 私有云、公有云、混合云的特征

类型	特征
公共云	（1）一般由大型IT服务商利用自己的云基础架构，向所有用户提供云计算服务； （2）用户可以通过互联网访问公共云中的服务，但不能长期独占； （3）云端提供的服务具有通用性
私有云	（1）组织机构自己搭建云基础架构，面向组织机构内部或特定客户； （2）组织机构对自己的云计算平台具有自主权，可以根据自己的需求进行自主创新； （3）云端提供的服务具有针对性
混合云	（1）组织机构同时混合使用公共云和私有云； （2）组织机构对私有云具有自主权，但对公共云没有自主权； （3）组织机构可以在公共云提供的通用服务的基础上，运用自己的私有云开发具有针对自己需求的混合云

私有云是企业利用自有或租用的基础设施资源自建的云，是企业在自家院子里建的，给自己用的云。有些企业称它为"专有云"，名字不同，但含义基本相同。例如：VMware后来除了虚拟化，也推出了云计算的产品，并且在私有云市场取得很大利润。

公有云是出租给公众的大型的基础设施的云，只要付费就能够使用，如AWS（即亚马逊的公有云）、国内的阿里云、腾讯云、网易云等。

混合云就是在使用公有云的同时还使用私有云，即公有云与私有云协同使用。

（2）从服务类型上，可把云计算分为软件即服务（SaaS）、开发平台即服务（PaaS）和基础设施即服务（IaaS）三种，如图1-94所示。

在云计算服务层次结构中，各层次对应的相关云产品有：虚拟化层对应硬件即服务，结合PaaS提供硬件服务，包括服务器集群及硬件检测等服务；基础设施层对应基础设施即服务，如Amazon Ec2、IBM Blue Cloud、Sun Grid；平台层对应开发平台即服务，如IBM IT Factory、Google APPEngine、Force.com；应用层对应软件即服务，如Google APPS、SoftWare+Services。

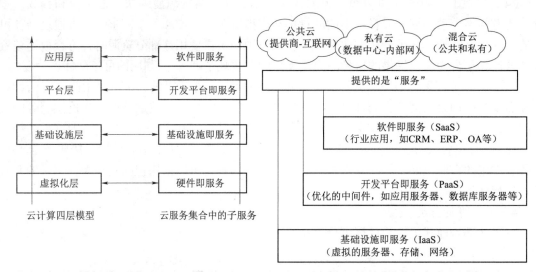

图 1-94 云计算的分层及分类

消费者通过 Internet 可以从完善的计算机基础设施获得服务。这类服务称为基础设施即服务（IaaS）。基于 Internet 的服务（如存储和数据库）是 IaaS 的一部分。Internet 上其他类型的服务包括开发平台即服务（PaaS）和软件即服务（SaaS）。PaaS 提供了用户可以访问的完整或部分的应用程序，SaaS 则提供了完整的可直接使用的应用程序，比如通过 Internet 管理企业资源，如图 1-95 所示。

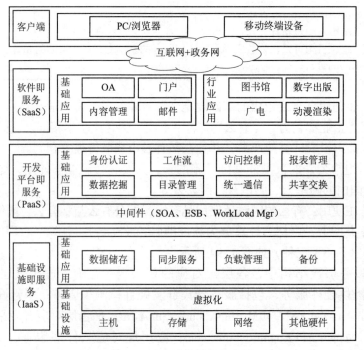

图 1-95 云计算的服务应用

① 基础设施即服务（IaaS），是指消费者通过 Internet 可以从完善的计算机基础设施获得服务，是出租处理能力、存储空间、网络容量等基本计算资源的一种服务模式，例如硬件服务器租用。

② 开发平台即服务（PaaS），是指将软件研发的平台作为一种服务，以 SaaS 的模式提交给用户。它是为客户开发应用程序，提供可部署云环境的一种服务模式。因此，PaaS 也是 SaaS 模式的一种应用。PaaS 的出现可以加快 SaaS 的发展，尤其是加快 SaaS 应用的开发速度，例如软件的个性化定制开发。

③ 软件即服务（SaaS），是一种通过 Internet 提供软件的模式，用户无须购买软件，而是向提供商租用基于 Web 的软件来管理企业经营活动，例如浏览器、阳光云服务器等。

5）云计算的特点

从研究现状上看，云计算具有以下特点：

（1）超大规模。"云"具有相当的规模，谷歌云计算已经拥有 100 多万台服务器，亚马逊、IBM、微软、阿里巴巴等公司的云均拥有几十万台服务器。企业私有云一般拥有数百或上千台服务器。"云"能赋予用户前所未有的计算能力。

（2）虚拟化。云计算支持用户在任意位置、使用各种终端获取应用服务。用户所请求的资源来自云，而不是固定的、有形的实体。用户只需要一台笔记本或者一个手机，就可以通过网络服务实现所需要的一切，甚至包括超级计算能力。

（3）弹性计算。其是指 IT 资源供给可弹性伸缩。在用户需要时提供给用户，在用户不需要时马上回收释放。

（4）高可扩展性。"云"的规模可以动态伸缩，以满足应用和用户规模增长的需要。

（5）极其廉价。由于"云"的特殊容错措施，可以采用极其廉价的节点来构成"云"，"云"的自动化集中式管理使大量企业无须负担日益高昂的数据中心管理成本，"云"的通用性使资源的利用率较之传统系统大幅提升，因此用户可以充分享受"云"的低成本优势，例如只要花费几百美元、几天时间就能完成以前需要花费数万美元、数月时间才能完成的任务。

（6）高可靠性。"云"使用了数据多副本容错、计算结点同构可互换等措施来保障服务的高可靠性，使用云计算比使用本地计算机可靠。

（7）计算不针对特定的应用。在"云"的支撑下可以构造出千变万化的应用，同一个"云"可以同时支撑不同的应用运行。

（8）按需服务。"云"是一个庞大的资源池，可以按需购买；"云"可以像自来水、电、煤气那样计费。

2. 云计算的结构及核心技术

（1）云计算的基本原理是使计算分布在大量的分布式计算机，而非本地计算机或远程服务器中，企业数据中心的运行与互联网更相似。这使企业能够将资源切换到需要的应用上，根据需求访问计算机和存储系统，如图 1-96 和图 1-97 所示。

（2）云用户端：提供云用户请求服务的交互界面，也是用户使用云的入口，用户通过 Web 浏览器可以注册、登录及定制服务。

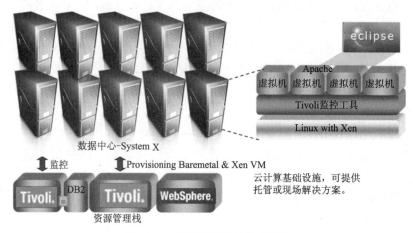

图 1-96　云计算体系的物理结构

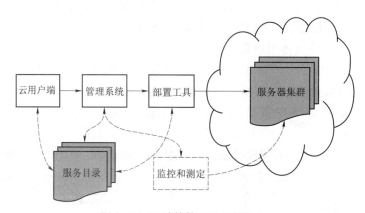

图 1-97　云计算体系的逻辑结构

（3）服务目录：云用户在取得相应的权限后可以选择定制的服务列表，也可以对已有服务进行退订操作，在云用户端界面以相应的图标或列表展示相关服务。

（4）管理系统和部署工具：提供管理和服务，能管理云用户，能对用户的授权、认证、登录进行管理，并可以管理可用计算资源和服务，接收用户发送的请求，根据用户请求转发相应的程序，智能地部署资源和应用，动态部署、配置和回收资源。

（5）监控和测定：监控和计量云系统资源的使用情况，以便作出迅速反应，完成结点同步配置、负载均衡配置和资源监控，确保资源能顺利分配给合适的用户。

（6）服务器集群：虚拟的或物理的服务器，由管理系统进行高并发量的用户请求处理、大运算量计算处理、用户 Web 应用服务，云数据存储时采用相应数据切割算法，采用并行方式上传和下载大容量数据。

用户可以通过云用户端从列表中选择所需的服务，其请求通过管理系统调度相应的资源，并通过部署工具分发请求、配置 Web 应用。

云计算技术层次结构分为物理资源层、资源虚拟化层、管理中间件层和 SOA（面向服务的体系结构）构建层 4 层，如图 1-98 所示。

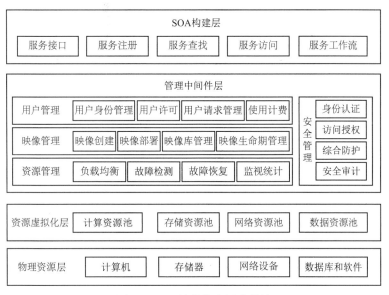

图 1-98 云计算技术层次结构

（1）物理资源层：包括计算机、存储器、网络设备、数据库和软件。

（2）资源虚拟化层：将大量相同类型的资源构成同构或接近同构的资源池，如计算资源池、数据资源池等。资源池的构建更多是物理资源的集成和管理工作，例如研究在一个标准集装箱的空间如何装下 2 000 个服务器、解决散热和故障节点替换的问题并降低能耗。

（3）管理中间件层：负责对云计算的资源进行管理，并对众多应用任务进行调度，使资源能够高效、安全地为应用提供服务。计算的管理中间件负责资源管理、映象管理、用户管理和安全管理等工作。具体功能如下：

① 资源管理负责均衡地使用云资源节点，检测节点的故障，并对资源的使用情况进行监视统计；

② 映象管理负责执行用户或应用提交的任务，包括映象创建、映象部署、映象库管理、映象生命周期管理等；

③ 用户管理是实现云计算商业模式的一个必不可少的环节，包括提供用户交互接口、管理和识别用户身份、创建用户程序的执行环境、对用户的使用进行计费等；

④ 安全管理保障云计算设施的整体安全，包括身份认证、访问授权、综合防护和安全审计等。

（4）SOA 构建层：将云计算能力封装成标准的 Web 服务，并纳入 SOA 体系进行管理和使用，包括服务注册、服务查找、服务访问等。

管理中间件层和资源虚拟化层是云计算技术的关键部分，SOA 构建层的功能更多依靠外部设施提供。

云计算的核心技术主要包括六个方面，分别是：虚拟化技术、分布式数据存储技术、大规模数据管理技术、编程模式技术、信息安全技术、云计算平台管理技术。

（1）虚拟化技术：重要的核心技术之一，它为云计算服务提供基础架构层面的支撑，是

ICT服务快速走向云计算的最主要的驱动力。

（2）分布式数据存储技术：将数据存储在不同的物理设备中，摆脱了硬件设备的现实，同时扩展性更好，能够更加快速、高效地处理海量数据，更好地响应用户需求的变化。

（3）大规模数据管理技术：云计算不仅要保证数据的存储和访问，还要能够对海量数据进行特定的检索和分析。数据管理技术必须能够高效地管理大量的数据。

（4）编程模式技术：云计算旨在通过网络把强大的服务器计算资源方便地分发到终端用户，同时保证高效、简捷、快速的用户体验。在这个过程中，编程模式的选择至关重要。

（5）信息安全技术：在云计算体系中，安全涉及很多层面，包括网络安全、服务器安全、软件安全、系统安全等。

（6）云计算平台管理技术：需要具有高效调配大量服务器资源，使其更好地协同工作的能力，以方便地部署和开通新业务，快速地发现并且恢复系统故障，通过自动化、智能化手段实现大规模系统的可靠运营。

3．云应用

云应用是云计算概念的子集，是云计算技术在应用层的体现。云应用跟云计算最大的不同在于，云计算作为一种宏观技术发展概念而存在，而云应用则是直接面对客户解决实际问题的产品，如图1-99所示。

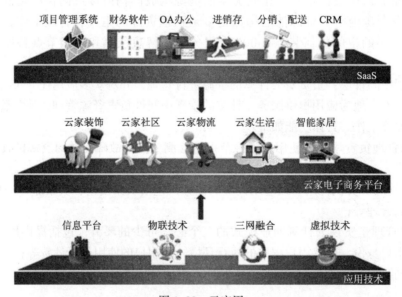

图1-99　云应用

云应用的工作原理是把传统软件"本地安装、本地运算"的使用方式变为"即取即用"的服务，通过互联网或局域网连接并操控远程服务器集群，完成业务逻辑或运算任务。云应用的主要载体为互联网技术，以瘦客户端（Thin Client）或智能客户端（Smart Client）的展现形式，其界面实质上是HTML5、JavaScript或Flash等技术的集成。云应用不但可以帮助用户降低IT成本，更能大大提高工作效率，因此传统软件向云应用转型的革新浪潮已经不可阻挡。

1）云物联

物联网是物物相连的互联网。这有两层意思：第一，物联网的核心和基础仍然是互联网，是在互联网基础上延伸和扩展的网络；第二，其用户端延伸和扩展到了任何物品与物品之间，进行信息交换和通信。

随着物联网业务量的增加，对数据存储和计算量的需求将带来对云计算能力的要求：在物联网的初级阶段采用从计算中心到数据中心的技术，PoP 即可满足需求；在物联网高级阶段，需要虚拟化云计算技术、SOA 技术等的结合实现互联网的泛在服务——TaaS（everyTHING as a Service）。

2）云安全

云安全（Cloud Security）是从云计算演变而来的新名词。云安全的策略构想是：使用者越多，每个使用者就越安全。因为如此庞大的用户群，足以覆盖互联网的每个角落，只要某个网站被挂马或某个新木马病毒出现，就会立刻被截获。

云安全通过网状的大量客户端对网络中软件行为的异常进行监测，获取互联网中木马、恶意程序的最新信息，推送到服务器端进行自动分析和处理，再把病毒和木马的解决方案分发到每个客户端。

3）云存储

云存储是在云计算的概念上延伸和发展出来的一个新概念，是指通过集群应用、网格技术或分布式文件系统等功能，将网络中大量各种不同类型的存储设备通过应用软件集合起来协同工作，共同对外提供数据存储和业务访问功能的一个系统。当云计算系统运算和处理的核心是大量数据的存储和管理时，云计算系统中就需要配置大量的存储设备，那么云计算系统就转变成为一个云存储系统，所以云存储是一个以数据存储和管理为核心的云计算系统。

4）云游戏

云游戏是以云计算为基础的游戏方式，在云游戏的运行模式下，所有游戏都在服务器端运行，并将渲染完毕后的游戏画面压缩后通过网络传送给用户。在客户端，用户的游戏设备不需要任何高端处理器和显卡，只需要基本的视频解压能力就可以了。

5）私有云

私有云是将云基础设施与软/硬件资源创建在防火墙内，以供机构或企业内各部门共享数据中心的资源。创建私有云，除了硬件资源外，一般还有云设备软件。

6）云会议

云会议是基于云计算技术的一种高效、便捷、低成本的会议形式。使用者只需要通过互联网界面，进行简单易用的操作，便可快速高效地与全球各地团队及客户同步分享语音、数据文件及视频，而会议中数据的传输、处理等复杂技术由云会议服务商帮助使用者进行操作。

目前国内云会议主要集中在以 SaaS 模式为主题的服务内容，包括电话、网络、视频等服务形式。云会议是视频会议与云计算的完美结合，带来了最便捷的远程会议体验。"及时语移动云电话会议"系统，是云计算技术与移动互联网技术的完美融合，通过移动终端进行简单的操作，提供随时随地高效召集和管理会议的服务，如图 1-100 所示。

图 1-100 "及时语移动云电话会议"系统

7）云教育

云教育（Cloud Computing Education，CCEDU）打破了传统的教育信息化边界，推出了全新的教育信息化概念，集教学、管理、学习、娱乐、分享、互动交流于一体，让教育部门、学校、教师、学生、家长及其他教育工作者等不同身份的人群，可以在同一个平台上，根据权限去完成不同的工作。

云教育的应用包括：建设大规模共享教育资源库、构建新型图书馆、打造教学科研"云"环境、创建网络学习平台、实现网络写作办公等，如图 1-101 所示。

图 1-101 云教育

8）云社交

云社交（Cloud Social）是一种物联网、云计算和移动互联网交互应用的虚拟社交应用模式，以"资源分享关系图谱"为目的，进而开展网络社交。云社交的主要特征就是把大量的社会资源统一、整合和评测，构成一个资源有效池向用户提供按需服务。参与分享的用户越多，能够创造的利用价值就越大。

任务 1.3.3　大数据技术

1. 大数据的概念、特性及分类

1）大数据的概念

大数据（Big Data）是指无法在一定时间范围内用常规软件工具进行捕捉、管理和处理的数据集合，是需要新处理模式才能具有更强的决策力、洞察发现力和流程优化能力的海量、高增长率和多样化的信息资产。

大数据指的是这样一种现象：一个公司日常运营所生成和积累的用户行为数据"增长如此之快，以至于难以使用现有的数据库管理工具来驾驭，困难存在于数据的获取、存储、检索、共享、分析和可视化等方面"。这些数据量如此之大，已经难以用 GB 或 TB 为单位来衡量，而是以 PB、EB 或 ZB 为计量单位，所以称为大数据，如图 1-102 所示。

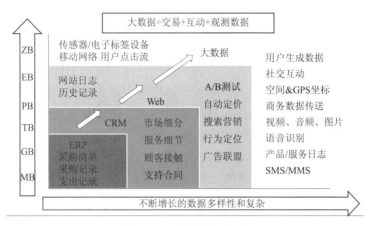

图 1-102　大数据的发展

2）大数据的特性

大数据具有 4 V 特性，即 Volume（量大）、Velocity（获取速度快）、Variety（数据类型多样）、Value（有深度价值）。

大数据技术的战略意义在于对这些含有意义的数据进行专业化处理。换而言之，如果把大数据比作一种产业，那么这种产业实现盈利的关键在于提高数据的加工能力，通过加工实现数据的增值。

大数据风靡全球的核心在于一切以数据说话。其实数据一直都在，只不过记录数据的方式在变化。大数据的发展阶段如下：

第一个阶段：在 IT 技术诞生之前，人们用书本等记录数据，采集数据的手段单一，生产数据的工作效率低，分享不便捷，导致数据单一、量少。这个时期数据的特点是量少、价值密度高。

第二个阶段：IT 技术出现后，人们把工作数据和个人数据记录到服务器中，这就是数据的信息化，如银行的业务系统、企业的 OA 系统等。这时数据呈现出业务性特点。

第三个阶段：互联网出现后，开始出现分享的文档、图片、视频等数据。这时数据开始出现量大、多样、价值密度低等特点。

第四个阶段：物联网的兴起带来了大量的、高速的物联数据，移动互联网带来了大量的语音、图片、视频等多样性的数据，这个阶段的数据真正具备了 4 V 特性。

3）大数据的分类

大数据可分为三种类型：

（1）结构化数据：具有固定格式和有限长度的数据，属于二维逻辑表（关系型），即先有结构，再有数据。

（2）非结构化数据：不定长、无固定格式的数据。

（3）半结构化数据：具有一定的结构性。

2. 大数据的核心技术

大数据的核心技术是分布式存储和分布式处理。

1）分布式存储

分布式存储是通过网络使用每台计算机上的磁盘空间，并将这些分散的存储资源构成一个虚拟的存储设备，而数据则分散地存储在网络中的每台计算机中。

2）分布式处理

分布式处理将不同地点的，或具有不同功能的，或拥有不同数据的多台计算机通过通信网络连接起来，在控制系统的统一管理下，协调地完成大规模信息处理任务。其最重要的技术基础是 MapReduce。MapReduce 最早是由谷歌公司研究提出的一种面向大规模数据处理的并行计算模型和方法，是一种编程模型，用于海量数据的并行运算，大数据系统架构如图 1-103 所示。

要使大数据技术落地，需要解决的主要问题为：面对的具体领域数据如何采集？多源、多维数据如何 ETL[抽取（Extract）、转换（Transform）、加载（Load）]？如何进行数据清洗？如何应对大规模（离线、在线、流式计算）数据的处理与分析？计算结果如何可视化展示？

大数据技术的不同层面及功能如表 1-10 所示，大数据技术的计算模式及其代表产品见表 1-11。

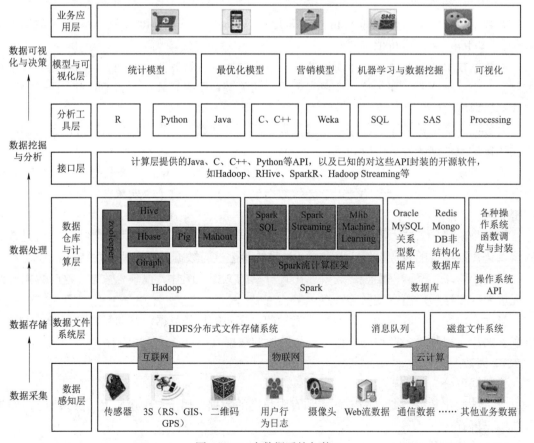

图 1-103 大数据系统架构

表 1-10 大数据技术的不同层面及功能

技术层面	功 能
数据采集	利用 ETL 工具将分布的、异构数据源中的数据如关系数据、平面数据文件等，抽取到临时中间层后进行清洗、转换、集成，最后加载到数据仓库或数据集中，成为联机分析处理、数据挖掘的基础；也可以把实时采集的数据作为流计算系统的输入，进行实时处理和分析
数据存储和管理	利用分布式文件系统、数据仓库、关系数据库、NoSQL 数据库、云数据库等，实现对结构化、半结构化和非结构化海量数据的存储和管理
数据处理与分析	利用分布式并行编程模型和计算框架，结合机器学习和数据挖掘算法，实现对海量数据的处理和分析；对分析结果进行可视化呈现，帮助人们更好地理解和分析数据
数据隐私和安全	在从大数据中挖掘潜在的巨大商业价值和学术价值的同时，构建隐私数据保护体系和数据安全体系，有效地保护个人隐私和数据安全

表 1-11 大数据的计算模式及其代表产品

大数据计算模式	解决问题	代表产品
批处理计算	针对大规模数据的批量处理	MapReduce、Spark 等
流计算	针对流数据的实时计算	Storm、S4、Flume、Streams、Puma、DStream、Super Mario、银河流数据处理平台等
图计算	针对大数据图结构数据的处理	Pregel、GraphX、Giraph、PowerGraph、Hama、GoldenOrb 等
查询分析计算	针对大规模数据的存储管理和查询分析	Dremel、Hive、Cassandra、Impala 等

3. 大数据的应用

大数据无处不在，在金融、汽车、零售、餐饮、电信、能源、政务、医疗、体育、娱乐等各行各业都有大数据的身影。

大数据产业是指一切与支撑大数据组织管理和价值发现相关的企业经济活动的集合，如图 1-104 和表 1-12 所示。

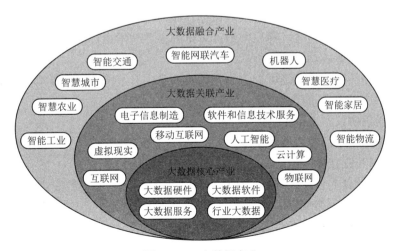

图 1-104 大数据产业

表 1-12 大数据产业

产业链环节	包含内容
IT 基础设施层	包括提供硬件、软件、网络等基础设施以及提供咨询、规划和系统集成服务的企业，比如提供数据中心解决方案的 IBM、惠普和戴尔等，提供存储解决方案的 EMC，提供虚拟化管理软件的微软、思杰、SUN、Redhat 等
数据源层	大数据生态圈里的数据提供者，是生物大数据（生物信息学领域的各类研究机构）、交通大数据（交通主管部门）、医疗大数据（各大医院、体检机构）、政务大数据（政府部门）、电商大数据（淘宝、天猫、苏宁云商、京东等电商）、社交网络大数据（微博、微信、人人网等）、搜索引擎大数据（百度、谷歌等）等各种数据的来源
数据管理层	包括数据抽取、转换、存储和管理等服务的各类企业或产品，比如分布式文件系统（如 Hadoop 的 HDFS 和谷歌的 GFS）、ETL 工具（Informatica、Datastage、Kettle 等）、数据库和数据仓库（Oracle、MySQL、SQLServer、HBase、GreenPlum 等）
数据分析层	包括提供分布式计算、数据挖掘、统计分析等服务的各类企业或产品，比如分布式计算框架 MapReduce、统计分析软件 SPSS 和 SAS、数据挖掘工具 Weka、数据可视化工具 Tableau、BI 工具（MicroStrategy、Cognos、BO）等
数据平台层	包括提供数据分享平台、数据分析平台、数据租售平台等服务的企业或产品，比如阿里巴巴、中国电信、百度等
数据应用层	提供智能交通、智慧医疗、智能物流、智能电网等行业应用的企业、机构或政府部门，比如交通主管部门、各大医疗机构、国家电网等

习 题

1. 什么是信息？什么是信息技术？什么是信息素养？
2. 信息技术的主要支撑技术有哪些？
3. 写出数据在计算机中的表示方法及数据存储常用单位之间的换算关系。
4. 简述计算机系统的组成。写出微型计算机的主要技术指标。
5. 简述计算机网络的功能。
6. 计算机网络按照覆盖范围可分为哪几种？网络中有线传输介质有哪些？
7. 简述网络中 IP 地址的含义。
8. 什么是通信协议？Internet 使用的通信协议是什么？
9. 简述网卡的作用、集线器和交换机的区别。
10. 什么是 Wi-Fi 技术？
11. 什么是云计算？云计算具有什么特点？
12. 简述云计算的分类及应用。
13. 云计算的主要核心技术有哪些？
14. 什么是大数据？大数据的 4V 特性是什么？

15. 简述大数据的类型以及大数据的两大核心技术。
16. 什么是物联网？物联网的四种部署方式是什么？
17. 物联网的三大核心技术是什么？写出两个具体的物联网应用案例。
18. ［拓展题］设想一个物联网应用系统，画出其结构体系图。

项目二
Word 2010 文字处理软件

项目描述

  Word 2010 中文版是微软公司开发的文字处理软件，是 Office 2010 套装软件的重要组成部分，是目前世界范围内使用较多的文字处理软件之一，它具有强大的文字处理、图文混排及表格处理功能，具有友好的用户界面、强大的文本编辑及文档处理功能，为用户提供了直观、简单的操作环境，使用户能够轻松、方便地完成工作。

  本项目通过 4 个任务，详细地介绍了 Word 2010 的各项常用功能，包括文本编辑、图文混排、长文档处理及表格处理等功能。

教学目标

◇**知识目标**

  （1）掌握 Word 2010 文档的基本操作；
  （2）掌握 Word 2010 文本的编辑及格式化；
  （3）掌握 Word 2010 的图文混排功能；
  （4）掌握 Word 2010 的页面布局及排版功能；
  （5）掌握 Word 2010 的表格处理功能。

◇**能力目标**

  （1）能够使用 Word 2010 制作一般的文档；
  （2）能够使用 Word 2010 进行报刊的编辑和排版；
  （3）能够使用 Word 2010 进行长文档的编辑和排版；
  （4）能够使用 Word 2010 制作常用的表格。

任务 2.1　个人简历的制作

任务描述

  使用 Word 2010 制作图 2-1 所示的个人简历。

任务分析

  个人简历是大学生就业时常用的文档，本任务完成简单个人简历的制作。本任务所涉及的知识点包括：文本的输入与编辑、文本及段落格式的设置及文档的打印等。

项目二　Word 2010 文字处理软件

图 2-1　个人简历效果

预备知识

1. Word 2010 的启动与退出

1）Word 2010 的启动

Word 2010 的启动有多种方法，下面介绍两种比较常用的方法。

（1）从"开始"菜单启动。单击"开始"菜单，选择"所有程序"→"Microsoft Office"→"Microsoft Office Word 2010"菜单项，即可启动中文版 Word 2010 应用程序。

（2）通过双击桌面上的快捷图标启动。在桌面上将鼠标移动到 Word 2010 快捷图标上，直接双击即可。

2）Word 2010 的退出

常用的退出 Word 2010 的方法如下：

（1）使用菜单命令。单击"文件"菜单，选择"退出"命令，即可退出 Word 2010 应用程序。

（2）使用"关闭"按钮。在 Word 应用程序标题栏的最右侧有一个"关闭"按钮，单击此按钮也可退出 Word 2010 应用程序。

2. Word 2010 的工作界面

启动 Word 2010 后，屏幕上就会出现 Word 2010 的工作界面，如图 2-2 所示。Word 2010 的工作界面包括六大部分，从上到下依次为：标题栏、菜单按钮、选项卡标签、功能区、工作区和状态栏。

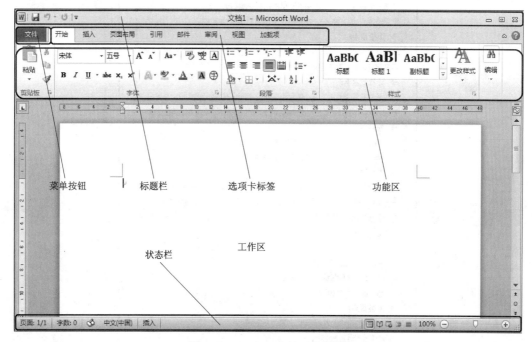

图 2-2　Word 2010 的工作界面

1）标题栏

标题栏位于工作界面的最上方，其主要功能是显示当前编辑的文档名和当前使用的应用程序名。标题栏包括：控制菜单按钮、快速访问工具栏、正在编辑的文档名、应用程序名、最小化按钮、最大化（还原）按钮和关闭按钮。

2）菜单按钮

菜单按钮位于标题栏下方，主要包括一些对 Word 文档进行操作的命令。

3）选项卡标签

选项卡标签包括"开始""插入""页面布局""引用""邮件""审阅""视图"及"加载项"等 8 个选项卡，单击不同的选项卡在下面的功能区中就会出现相应的工具按钮。

4）功能区

功能区与选项卡标签相对应，单击选项卡标签功能区会出现相应的按钮，功能区中的按钮几乎包含了 Word 的全部功能。

5）工作区

工作区即 Word 2010 的文档窗口，是 Word 2010 工作界面的主要组成部分，主要用于文档的输入、编辑等操作，包括：编辑区、标尺、滚动条。

（1）编辑区：用于文本的输入、编辑等操作。

（2）标尺：包括水平标尺和垂直标尺，它们为用户显示当前页面设置、段落缩进等状态。可以直接使用标尺进行编排段落，改变页边距，调整上、下边界，设置页眉页脚区等操作。

（3）滚动条：包括水平滚动条和垂直滚动条，用来对文档进行定位。

6）状态栏

状态栏位于工作界面的最下方，显示当前文档的页码、字数、插入/改写、拼写检查等状态提示、视图按钮及显示比例调整。

3. Word 2010 功能区简介

单击选项卡标签会出现与之对应的功能区按钮，每个功能区又根据功能的不同分成若干个组，各个功能区的简介如下。

1）"开始"功能区

该功能区包括"剪贴板""字体""段落""样式"和"编辑"5 个分组。该功能区主要用于帮助用户对 Word 2010 文档进行文字编辑和格式设置，是用户最常用的功能区。

2）"插入"功能区

该功能区包括"页""表格""插图""链接""页眉和页脚""文本""符号"7 个分组。该功能区主要用于在 Word 2010 文档中插入各种元素。

3）"页面布局"功能区

该功能区包括"主题""页面设置""稿纸""页面背景""段落""排列"6 个分组。该功能区主要用于设置 Word 2010 文档页面样式。

4）"引用"功能区

该功能区包括"目录""脚注""引文与书目""题注""索引"和"引文目录"6 个分组。该功能区主要用于实现在 Word 2010 文档中插入目录等比较高级的功能。

5）"邮件"功能区

该功能区包括"创建""开始邮件合并""编写和插入域""预览结果"和"完成"5 个分组。该功能区的作用比较专一，专门用于在 Word 2010 文档中进行邮件合并方面的操作。

6）"审阅"功能区

该功能区包括"校对""语言""中文简繁转换""批注""修订""更改""比较"和"保护"8 个分组。该功能区主要用于对 Word 2010 文档进行校对和修订等操作，适用于多人协作处理 Word 2010 长文档。

7）"视图"功能区

该功能区包括"文档视图""显示""显示比例""窗口"和"宏"5 个分组。该功能区主要用于帮助用户设置 Word 2010 操作窗口的视图类型，以方便操作。

8）"加载项"功能区

该功能区包括"菜单命令"一个分组，加载项是可以为 Word 2010 安装的附加属性，如自定义的工具栏或其他命令扩展。"加载项"功能区可以在 Word 2010 中添加或删除加载项。未激活的 Word 2010 中没有该功能区。

4. Word 2010 中的视图模式

Word 2010 提供了 5 种不同的文档显示方式，以便帮助用户更好地工作。视图模式的切换可以使用"视图"选项卡或状态栏上的视图按钮。

（1）页面视图。页面视图是文档编辑中最常用的一种视图，可以编辑文档中的所有对象、调整边界、编辑页眉/页脚等。在该视图下，文档的显示效果与最终打印出来的效果相同。

（2）阅读版式视图。阅读版式视图以图书的分栏样式显示 Word 2010 文档，"文件"按钮、功能区等窗口元素被隐藏起来。在阅读版式视图中，用户还可以单击"工具"按钮选择各种阅读工具。此视图可以增加文档的可读性，特别适合用户查阅文档。

（3）Web 版式视图。Web 版式视图以网页的形式显示文档的内容，适用于发送电子邮件和创建网页。

（4）大纲视图。大纲视图主要用于显示标题的层级结构，并可以方便地折叠和展开各种层级的文档。在这种视图下，可以看到文档标题的层次关系，对于编写大纲和显示长文档非常方便。

（5）草稿。草稿是一种简化的页面布局，取消了页面边距、分栏、页眉/页脚和图片等元素，仅显示标题和正文，是最节省计算机系统硬件资源的视图方式，最适合文本的录入。在此视图下，页与页之间用单虚线（分页符）隔开，节与节之间用双虚线（分节符）隔开。

5. Word 2010 文档的创建

在启动 Word 2010 应用程序的同时会自动创建名为"文档1"的新文件，Word 2010 文档的扩展名为".docx"。还可以单击"文件"菜单按钮，选择"新建"命令，如图 2-3 所示，可以看到"可用模板"和"Office.com 模板"，选择其中的"空白文档"，然后单击右侧的"创建"按钮，就可以创建一个空白文档。还可以使用 Word 2010 提供的模板创建形式多样的文档。

图 2-3　新建窗口

6. Word 2010 文档的打开

要对已经存在的文档进行编辑、修改等操作,首先应该打开该文档。打开文档的方法为:选择"文件"菜单,执行"打开"命令,弹出图 2-4 所示的"打开"对话框。在左侧选择要打开文档所在的位置,找到要打开的文档后,单击右下方的"打开"按钮即可。

图 2-4 "打开"对话框

7. Word 2010 文档的保存

用户编辑和排版的文档只是存储在计算机的随机存储器里,关机或突然断电都会造成信息丢失。因此,在工作过程中应随时保存文档。保存文档的方式分为"保存"和"另存为"两种。

1)保存

单击快捷工具栏上的"保存"按钮或选择"文件"菜单,执行"保存"命令。

对于一个从未保存过的新文档而言,"保存"和"另存为"没有区别,都是打开"另存为"对话框,如图 2-5 所示,用户可选择文档要保存的位置、名称及保存的类型。

如果是一个已经保存过的文档,当执行"保存"命令时,Word 会自动将其按原来的名称保存在原来的位置。

2)另存为

如果想将文档用不同的文件名保存或保存到不同的位置上,可以选择"文件"菜单,执行"另存为"命令,Word 2010 将打开"另存为"对话框。

(1)保存位置:在对话框的左侧选择要保存的位置。

(2)文件名:在此下拉列表框中可以输入文档的名称,如果不输入扩展名,系统默认为 Word 2010 文档,并自动加上扩展名".docx"。

图 2-5 "另存为"对话框

（3）保存类型：在 Word 2010 中编辑的文档可以以多种类型进行存储，如网页、文档模板、Word 其他版本文档类型等。

8. Word 2010 文档的关闭

如果在 Word 2010 中同时打开多个文档进行编辑，系统可能会因为内存大量损耗而性能降低，这时可以关闭一些文档来提高 Word 2010 的性能。选择"文件"菜单，执行"关闭"命令即可关闭 Word 2010 文档。

任务 2.1.1　个人简历文本的输入

预备知识

输入文本是 Word 2010 的一项基本操作。在处理文本之前，必须首先输入文本。在创建一个新的 Word 2010 文档之后，在文档窗口就会出现一个闪烁的竖条（光标），这就是插入点，它表示键入文本的起始位置。在任何时候用户从键盘上输入的信息或用命令插入的对象总是出现在光标所在的位置。

任务实施

将光标定位在页面的起始处，输入个人简历中的文本，如图 2-6 所示。具体输入方法如下。

1. 文字的输入

英文和数字可以直接从键盘输入，如果要输入汉字，可以切换到汉字输入法状态。当输入到每行的结尾时，Word 2010 会自动换行。输完一个段落，可以按回车键换行，段落结尾处会插入一个段落标记。

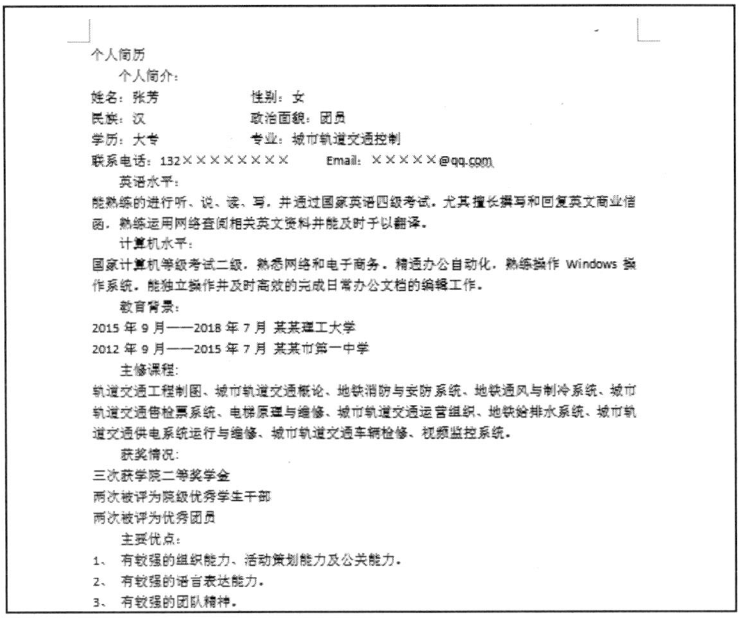

个人简历

个人简介：

姓名：张芳　　　　　　性别：女

民族：汉　　　　　　　政治面貌：团员

学历：大专　　　　　　专业：城市轨道交通控制

联系电话：132××××××××　　Email：×××××@qq.com

英语水平：

能熟练的进行听、说、读、写，并通过国家英语四级考试。尤其擅长撰写和回复英文商业信函。熟练运用网络查阅相关英文资料并能及时予以翻译。

计算机水平：

国家计算机等级考试二级，熟悉网络和电子商务。精通办公自动化，熟练操作 Windows 操作系统。能独立操作并及时高效的完成日常办公文档的编辑工作。

教育背景：

2015 年 9 月——2018 年 7 月 某某理工大学

2012 年 9 月——2015 年 7 月 某某市第一中学

主修课程：

轨道交通工程制图、城市轨道交通概论、地铁消防与安防系统、地铁通风与制冷系统、城市轨道交通售检票系统、电梯原理与维修、城市轨道交通运营组织、地铁给排水系统、城市轨道交通供电系统运行与维修、城市轨道交通车辆检修、视频监控系统。

获奖情况：

三次获学院二等奖学金

两次被评为院级优秀学生干部

两次被评为优秀团员

主要优点：

1、 有较强的组织能力、活动策划能力及公关能力。

2、 有较强的语言表达能力。

3、 有较强的团队精神。

图 2–6　个人简历的文本内容

2. 标点符号的输入

在中文输入法状态下，常用中文标点符号与键盘符号的对应关系如表 2–1 所示。

表 2–1　常用中文标点符号与键盘符号的对应关系

中文标点符号	键盘符号	中文标点符号	键盘符号
。（句号）	.	，（逗号）	,
；（分号）	;	、（顿号）	\
《》（书名号）	<>	：（冒号）	:
……（省略号）	^	？（问号）	?
！（感叹号）	!	“”（双引号）	“”
‘’（单引号）	‘’	——（破折号）	_
·（间隔号）	@	—（连接号）	&

任务 2.1.2　个人简历的制作

预备知识

1. 文本的选择

在编辑文档时，首先选中要编辑的文本。选中的文本会以反白的方式显示。选中文本的方法如下：

（1）选择一个英文单词或中文词语：在文字上双击鼠标。

（2）选择一个句子：按住 Ctrl 键，再单击鼠标。

(3)选择一行:将鼠标移到该行的最左面,鼠标指针显示为向右上的箭头形状时,单击鼠标即可选中该行。

(4)选择多行:在要选中的起始行的最左面单击鼠标并拖动到结束行即可选中多行文本。

(5)选择一个段落:在此段文字上快速地单击3次鼠标左键。

(6)选择整个文档:单击"开始"选项卡,在功能区的编辑组中,单击"选择"按钮,在下拉列表中选择"全选"选项,如图2-7所示,或按"Ctrl+A"组合键即可选择整个文档。

图2-7 "选择"按钮

(7)选择任意文本:在要选择的文本上拖动鼠标。

(8)取消选中的文本:在任意位置单击鼠标。

(9)用键盘进行选择:按"Shift+方向"组合键。

2. 移动、复制和删除文本

在编辑文档时,可能要经过反复的修改,在此过程中,最常用的基本操作有移动、复制和删除。

1)移动和复制文本

在编辑文档时,用户经常需要将文档的一部分内容移动或复制到另一个地方,避免重复输入,提高工作效率。移动和复制文本的方法如下:

(1)使用鼠标拖动来移动和复制文本。当用户在同一文档中进行短距离的移动和复制时,可使用拖动的方法,拖动方法不会用到"剪贴板"。操作步骤如下:

① 选中要移动或复制的文本。

② 若要移动,则将鼠标指针移到被选中的文本,按住鼠标左键拖动文本,移到新的位置松开鼠标即可;若要复制文本,则先按住Ctrl键,然后用鼠标拖动到指定的位置。

(2)通过"剪贴板"进行移动和复制。

① 选中要移动或复制的文本。

② 若要移动文本,则单击"开始"选项卡,在功能区的"剪贴板"分组中单击"剪切"按钮,或按"Ctrl+X"组合键,或在被选文字上单击鼠标右键,在弹出的快捷菜单中执行"剪切"命令,所选文本被放入"剪贴板"中;若要复制文本,在"剪贴板"分组中单击"复制"按钮,或按"Ctrl+C"组合键,或在被选文字上单击鼠标右键,在弹出的快捷菜单中选择"复制"命令,所选文本就被放入"剪贴板"中。

③ 将鼠标定位到新的位置。

④ 单击"剪贴板"分组中的"粘贴"按钮,如图2-8所示,或按"Ctrl+V"组合键,

或在插入文本的位置单击鼠标右键，在弹出的快捷菜单中执行"粘贴"命令，即可完成文本的移动或复制。

图 2-8 "剪贴板"分组

2）删除文本

在文本的输入过程中，难免会出现错误的输入，用 Back Space 键可删除插入点前面的字符；使用 Delete 键可删除插入点后面的字符。

要删除选中的对象，按 Back Space 键和 Delete 键均可。

3. 撤销、恢复和重复操作

在编辑文档的过程中，可能会出现操作错误，例如误删除了一段文字。Word 2010 提供了非常有用的撤销、恢复重复操作功能。

1）撤销操作

撤销操作可以取消前一步或多步的操作，方法如下：

单击"快速访问工具栏"中的"撤销"按钮或按"Ctrl+Z"组合键。

2）恢复和重复操作

恢复操作是恢复最近一次被撤销的操作，重复操作可以重复上一次的操作，"重复键入"按钮和"恢复键入"按钮位于 Word 2010 文档窗口"快速访问工具栏"的相同位置。当用户进行编辑而未进行撤销键入操作时，则显示"重复键入"按钮，即一个向上指向的弧形箭头。当执行过一次撤销键入操作后，则显示"恢复键入"按钮，即一个向下指向的弧形箭头。"重复键入"和"恢复键入"按钮的快捷键都是"Ctrl+Y"组合键，用户可以单击 Word 2010 文档窗口"快速访问工具栏"中的"重复键入"按钮，也可以按"Ctrl+Y"组合键执行重复键入操作。

4. 查找与替换文本

查找功能可以帮助用户快速找到指定的文本，替换功能可以将指定的文字换成想要的文字。

1）查找文本

单击"开始"选项卡，在功能区的最右边，单击"查找"按钮，或按"Ctrl+F"组合键，在工作区的左侧出现"导航"窗格，可在文本框中输入要查找的内容，如图 2-9 所示。

2）替换文本

选择"开始"选项卡，在功能区的最右边，单击"替换"按钮，或按"Ctrl+H"组合键，弹出"查找和替换"对话框，如图 2-10 所示。在"查找内容"文本框中输入要搜索的文字，在"替换为"文本框内输入替换文字，根据需要单击"查找下一处""替换"或"全部替换"按钮。

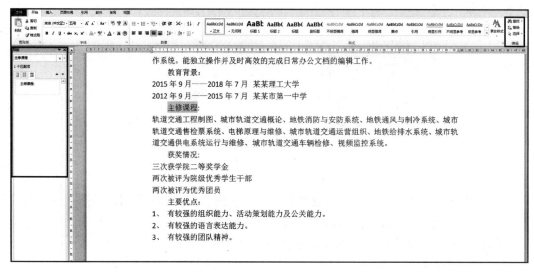

图 2-9 "导航"窗格

图 2-10 "查找和替换"对话框中的"替换"选项卡

5. 字符格式的设置

字符格式的设置主要包括对字体、字号、字形、颜色、字间距等的设置。通过对字符格式的设置，将使文字的显示效果更加突出。字符格式的设置有两种方法，第一种方法是使用功能区中的工具按钮，选择"开始"菜单，功能区中的"字体"分组就可以对字符格式进行设置，如图 2-11 所示；第二种方法是单击功能区"字体"分组右下角的小按钮，打开"字体"对话框，如图 2-12 所示。

图 2-11 字符格式设置工具按钮

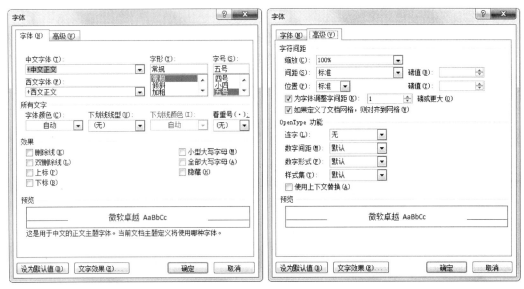

图 2-12 "字体"对话框

1）字体的设置

字体的设置包括中文字体和英文字体的设置。在 Word 2010 中默认的中文字体为"宋体",英文字体为"Times New Roman"。要想改变字体,首先选中要改变字体的文本,然后使用下面任一种方法对字体进行设置:

（1）在功能区"字体"分组中单击"字体"右侧的小按钮,在弹出的"字体"下拉列表框中单击需要的字体。

（2）在"字体"对话框中,选择"字体"选项卡。在"中文字体"下拉列表框中选择要设置的中文字体,在"西文字体"下拉列表中选择要设置的英文字体,单击"确定"按钮即可。

2）字号的设置

汉字的大小用字号来指定,字号的规格为初号～八号,其中初号最大。英文的大小一般用"磅"来表示,规格为 5～72 磅,其中 72 磅最大。

设置字号同样需要先选中文本,然后使用下列任一种方法进行设置:

（1）在功能区的"字体"分组中单击"字号"右侧的小按钮,在弹出的"字号"下拉列表框中单击需要的字号。

（2）在"字体"对话框中的"字号"项目进行相应的设置。

3）字形效果的设置

通过设置字形效果可以强调和突出某些文本内容。

（1）常用的字形效果。常用的字形效果包括倾斜、加粗、加下划线、添加边框、加底纹、缩放字符、设置字体颜色等。设置方法为:选中文本后,单击功能区"字体"分组中相应的按钮或在"字体"对话框中进行设置。

（2）其他字形效果。除了常用的字形效果外,Word 2010 还提供了一些其他的字形效果,包括删除线、阴影、阳文、阴文、上下标、其他样式的下划线等。这些字形效果的设置,均可以在"字体"对话框中进行。

4）字符间距的设置

字符间距指的是文档中两个相邻字符之间的距离。通常情况下文本是以标准间距显示的，但有时为了创建一些特殊的文本效果，需要改变字符间距以及字符的垂直位置。操作步骤如下：

（1）选中要调整字符间距的文本。

（2）在"字体"对话框中选择"高级"选项卡，如图2-12所示。

（3）按以下操作作相应的设置：

① 在"缩放"下拉列表框中选择百分比数值，可以改变字符水平方向上的缩放比例。

② 在"间距"下拉列表框中选择"标准""加宽"或"紧缩"选项，在"磅值"微调框中指定需要增加或缩减的文字间距。

③ 在"位置"下拉列表框中选择"标准""提升"或"降低"选项，然后指定文字在基线上提升或降低多少磅值。

④ 如果选中"为字体调整字间距"复选框，在应用缩放字体时，只要它们大于或等于用户指定的大小，Word 2010将自动调整字间距。

（4）设置完毕，单击"确定"按钮。

5）使用格式刷复制字符格式

在格式化文本时，常常需要将某些文本、标题的格式复制到文档的其他地方。这时，使用格式刷复制格式很方便。具体方法如下：

（1）选中已设置好格式的文本。

（2）选择"开始"选项卡，在功能区"剪贴板"分组中单击"格式刷"按钮，此时鼠标指针变为小刷子形状。

（3）拖动鼠标选中要设置相同格式的文本即可。

6. 段落格式的设置

段落就是以回车键结束的一段文字，它是构成整个文档的骨架。文档中的每个段落都可以设置段落格式，包括段落的缩进和对齐方式、行间距和段间距、自动编号等。段落格式的设置也有两种方法：一种是使用功能区中的相关按钮，一种是使用"段落"对话框。单击"开始"选项卡，可以看到功能区"段落"分组中的段落设置的相关按钮，如图2-13所示。单击功能区中"段落"分组右下角的小按钮可以打开"段落"对话框，如图2-14所示。

1）段落对齐方式的设置

段落对齐方式包括：左对齐、两端对齐、居中、右对齐和分散对齐。

图2-13　段落格式工具按钮

图 2-14 "段落"对话框

（1）左对齐：段落中每行文本一律以文档的左边界为基准向左对齐。对中文文本来说，左对齐方式与两端对齐方式没有什么区别。

（2）两端对齐：段落中除最后一行外，其余行的文本的左、右两端分别以文档的左、右边界为基准向两端对齐。这种对齐方式是文档中最常用的，也是系统默认的对齐方式。

（3）右对齐：文本在文档右边界对齐，而左边界是不规则的，一般文章的落款多采用此方式。

（4）居中对齐：文本位于文档上左、右边界的中间，一般文章的标题都采用此方式。

（5）分散对齐：段落中所有行的文本的左、右两端分别沿文档的左、右两边界对齐。

设置段落对齐的方法为：将插入点定位在段落中，单击功能区中相应的工具按钮或在"段落"对话框中，选择"缩进和间距"选项卡，在"常规"选项区中进行设置，如图 2-14 所示。

2）段落缩进的设置

段落缩进有四种形式，即首行缩进、悬挂缩进、左缩进和右缩进。首行缩进可以将段落的第一行较其他行缩进；悬挂缩进是指除首行外其他行的缩进；左缩进是将段落的左边界向右移动；右缩进是将段落的右边界向左移动。设置段落缩进可以使用"段落"对话框，选择"缩进和间距"选项卡，在"缩进"选项区里设置，如图 2-14 所示。

3）段落间距的设置

段落间距是指两个段落之间的间隔，设置合适的段落间距可以增加文档的可读性。行间距是一个段落中行与行之间的距离，行间距和段间距的大小将影响整个版面的排版效果。

段落间距及行间距的设置方法如下：

（1）将光标插入点置于要设置间距的段落中或选中段落。

（2）使用"段落"对话框，选择"缩进和间距"选项卡，在"间距"选项区中，单击"段前"或"段后"的微调按钮设置适当的间距；单击"行距"下拉按钮，在"行距"下拉列表框中选择需要的行距。

（3）单击"确定"按钮即可完成设置。

7. 项目符号和编号的设置

为了便于阅读，在编写文档时经常需要添加项目符号和编号。项目符号是放在文本前面以添加强调效果的点或其他符号，用于强调一些特别重要的观点或条目；编号的使用是为了使各段落之间的逻辑关系更加清楚。添加项目符号和编号的方法如下：

（1）选定要添加项目符号或编号的文本。

（2）单击"开始"选项卡，在功能区的"段落"分组中单击"项目符号"或"编号"按钮，如图2-15所示，即可在该段落实现项目符号列表，并在按回车键后，下一段落自动实现项目符号列表。如果想取消自动添加项目符号，可连续按两次回车键。

图2-15 "项目符号"和"编号"按钮

（3）可以在"定义新项目符号"或"定义新编号格式"对话框中选择不同的项目符号或编号样式，如图2-16所示。

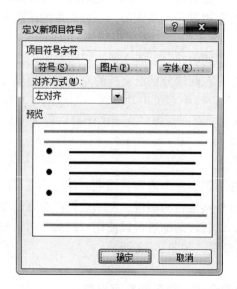 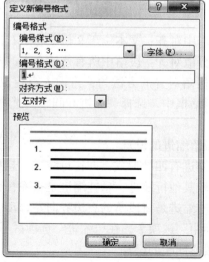

图2-16 "定义新项目符号"和"定义新编号格式"对话框

任务实施

（1）选中标题"个人简历"，使用"开始"选项卡"字体"分组中的工具按钮将其字体设置为"黑体"，字号设置为"四号"，字形设置为"加粗"，颜色设置为"蓝色"，在"段落"分组中将对齐方式设置为"居中"。

（2）选中正文的所有文字，在"字体"分组中将字体设置为"宋体"，字号设置为"小四"，在"段落"分组中将行间距设置为"1.5"。

（3）选中"个人简介"，在"字体"分组中单击"加粗"按钮。在"段落"分组中单击"项目符号"按钮，单击"定义新项目符号"按钮，在打开的对话框中单击"符号"按钮，打开"符号"对话框，如图 2-17 所示。在"字体"下拉列表中选择"Wingdings"选项然后选择"➔"，单击"确定"按钮即可将项目符号设置为"➔"。

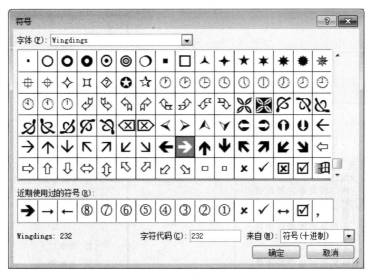

图 2-17 "符号"对话框

（4）选中添加了项目符号的"个人简介"，双击"剪贴板"分组中的"格式刷"按钮，鼠标变成带小刷子的形状，依次选中"英语水平：""计算机水平：""教育背景：""主修课程：""获奖情况：""主要优点："，为这几项添加项目符号。

拓展知识

1. 拼写和语法检查

输入文本时，可能会输入一些错误的单词或出现语法问题。在默认情况下，Word 2010 会在用户输入的同时自动进行拼写和语法检查，并用红色的波浪线标记拼写错误，用绿色的波浪线标记语法错误。对于手动的拼写和语法检查，可以单击"审阅"选项卡，在功能区"校对"分组中单击"拼写和语法"按钮，如图 2-18 所示。

对于文档中的拼写和语法错误，用户可以随时进行检查并改正。在波浪线上单击鼠标右键，在弹出的快捷菜单中会显示更正的意见，用户可根据需要进行选择。

图 2-18　拼写和语法检查

2. 设置边框和底纹

利用边框、底纹和图形填充功能可以增加段落的特定效果，美化文档和页面。添加边框和底纹的方法：单击"开始"选项卡，在功能区"段落"分组中单击"底纹"或"边框"按钮，如图 2-19 和图 2-20 所示。

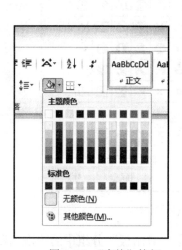

图 2-19　"底纹"按钮　　　　　图 2-20　"边框"按钮

另外，执行"边框"列表最下方的"边框和底纹"命令，在弹出的"边框和底纹"对话框中可以对边框和底纹进行设置，如图 2-21 所示。

1）添加边框

（1）选定要添加边框的段落或文本。

（2）在"边框和底纹"对话框中选择"边框"选项卡。

（3）在"设置"区域选择边框的样式，在"样式"列表框中选择需要的线型，在"颜色"列表框中选择需要的颜色，在"宽度"下拉列表中选择需要的线宽。

（4）在"预览"区域选择要添加边框的位置，在"应用于"下拉列表中选择"文字"或"段落"选项。

（5）如果要为整个文档添加页面边框，可在"边框和底纹"对话框选择"页面边框"选项卡。

图 2-21 "边框和底纹"对话框中的"边框"选项卡

（6）设置完毕，单击"确定"按钮。

2）添加底纹

（1）选中要添加底纹的文本或段落。

（2）在"边框和底纹"对话框中选择"底纹"选项卡，如图 2-22 所示。

（3）在"填充"区域中选择一种填充颜色。

（4）在"图案"区域的"样式"下拉列表框中选择一种应用于填充颜色上层的底纹样式，可作如下选择：

① 选择"清除"选项，只对文本应用填充颜色。

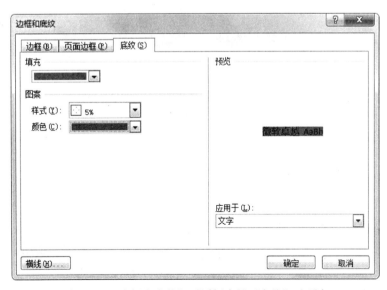

图 2-22 "边框和底纹"对话框中的"底纹"选项卡

② 选择"纯色"选项，只对文本应用图案颜色。

选定底纹样式后，在"颜色"下拉列表框中选择图案颜色。

（5）在"应用于"下拉列表中选择"文字"或"段落"选项，然后单击"确定"按钮。

任务 2.2　旅游海报

任务描述

使用 Word 2010 制作图 2-23 所示的旅游海报。

图 2-23　旅游海报效果

任务分析

海报的应用非常广泛，常见的有促销海报、活动海报、旅游海报等。Word 2010 具有十分强大的图文混排功能，是制作海报的强大工具。本任务以制作旅游海报为例介绍 Word 2010 的图文混排功能，包括的知识点有图片的插入与编辑、文本框的使用、艺术字的使用及形状的使用。

任务 2.2.1 海报的页面布局

预备知识

页面布局是文档排版的基本操作之一，主要包括纸张大小、纸张方向、页边距、分栏及文字方向的设置等。

1. 纸张大小

文档页面的大小可由纸型来确定，不同的纸型有不同的尺寸，如 A4 纸、B5 纸等。在默认状态下，Word 2010 自动使用纵向的 A4 幅面的纸张显示新的空白文档，用户可以选择不同的纸张和方向。

2. 页边距

页边距指的是文档正文与页边之间的空白。

任务实施

（1）双击桌面上的 Word 2010 快捷图标，启动 Word 2010。

（2）单击"页面布局"选项卡，在功能区中可以看到设置页面的相关工具按钮。

（3）在功能区中单击"纸张大小"按钮，在下拉列表中选择"其他页面大小"选项，打开"页面设置"对话框，将纸张大小的宽度设为"18 厘米"，高度设为"24 厘米"，如图 2-24 所示。

（4）在功能区中单击"页边距"按钮，选择"自定义边距"选项，打开"页面设置"对话框，将上、下、左、右边距均设置为"2 厘米"，在"应用于"下拉列表中选择"整篇文档"选项，如图 2-25 所示。

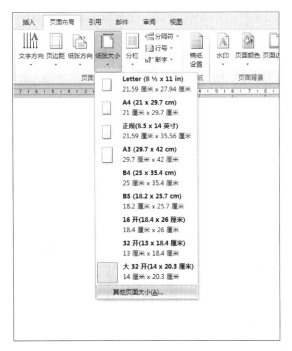
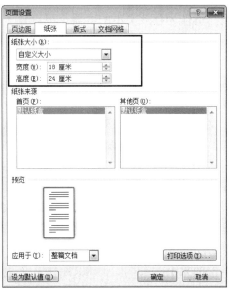

图 2-24　纸张大小的设置

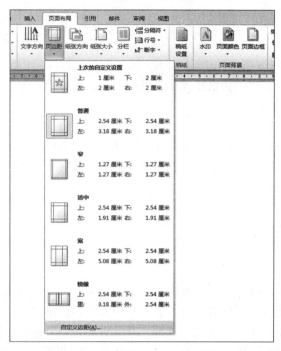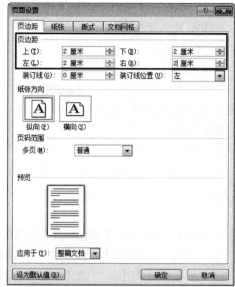

图 2-25　页边距的设置

任务 2.2.2　海报的制作

预备知识

1. 文本框

当需要将一些特殊信息与主体文档分开时，就会用到文本框。文本框以图形对象的方式出现，可作为存放文本的容器，可以置于页面的任何位置并随意调整大小。

1）文本框的插入

单击"插入"选项卡，在功能区的"文本"分组中单击"文本框"按钮，在打开的列表中选择"绘制文本框"或"绘制竖排文本框"命令，此时鼠标变成十字形状，按下鼠标左键拖动即可形成一个文本框，如图 2-26 所示。

文本框插入后可在其中输入文本、插入图片或绘制表格。

2）文本框格式的设置

选中文本框后，文本框四周会出现 8 个空心控制点，拖动控制点可调整文本框的大小；将鼠标置于文本框的边框上拖动鼠标可以移动文本框；文本框被选中后，在功能区中会出现设置文本框的相关工具按钮，如图 2-27 所示。另外，在文本框的边框上单击鼠标右键，在弹出的快捷菜单中选择"设置形状格式"命令，可弹出"设置形状格式"对话框，如图 2-28 所示。在此对话框中可以设置文本框的格式，包括文本框的填充颜色、边框的线条、文本框的大小、文本框中的文字距 4 个边框的距离等。

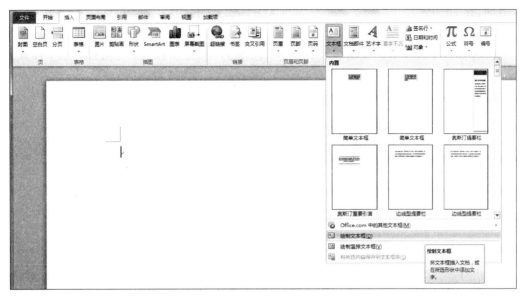

图 2-26 "文本框"按钮

图 2-27 设置文本框格式的工具按钮

图 2-28 "设置形状格式"对话框

2. 艺术字的使用

在 Word 2010 文档中可以插入一些艺术文,以使文档内容丰富多彩。

1)插入艺术字

选择"插入"选项卡,在功能区中单击"艺术字"按钮,在列表中选择艺术字样式,可以插入艺术字,如图 2-29 所示。

图 2-29 "艺术字"按钮

2)编辑艺术字

单击文档中的艺术字,在功能区的"绘图工具"分组中就会出现艺术字样式设置工具,使用这些工具就可以对艺术字进行编辑,如图 2-30 所示。

(1)编辑文字:单击"请在此放置您的文字"框,输入内容。

(2)设置艺术字格式:可使用功能区中的按钮对艺术字文本进行填充,对文本轮廓及文本效果进行设置。

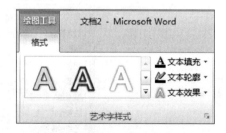

图 2-30 艺术字样式设置工具

3. 图文混排

图文混排是制作电子文档的必备功能,在文档中加入适当的图形,不但可以使文档更为美观,也可以增加读者对文档内容的了解。插入的图片可以是 Office 提供的剪贴画,也可以是存储在硬盘中的图片文件。

1)插入剪贴画

Office 2010 的剪辑库为用户提供了大量的剪贴画,各组件程序可以共享该剪辑库。插入剪贴画的方法如下：

（1）将插入点定位在要插入图片的位置。

（2）单击"插入"选项卡，在功能区的"插图"分组中，单击"剪贴画"按钮，在文档窗口的右侧显示出"剪贴画"任务窗格，如图2-31所示。

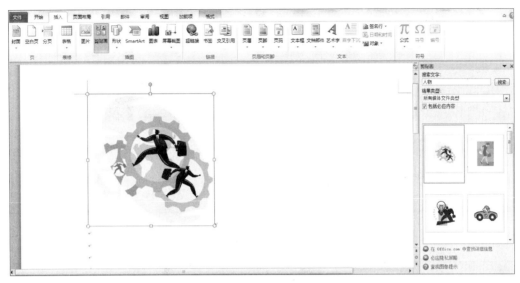

图2-31 "剪贴画"任务窗格

（3）在"搜索文字"文本框中输入想要插入的剪贴画的关键字，例如"人物"，然后单击"搜索"按钮，则会出现相关的图片。

（4）单击需要的图片，剪贴画就会插入到文档中。

2）插入图片文件

在文档中插入图片文件的方法如下：

（1）将插入点定位在要插入图片的位置。

（2）单击"插入"选项卡，在功能区的"插图"分组中单击"图片"按钮，打开"插入图片"对话框，如图2-32所示。

（3）在"查找范围"下拉列表中选择图片文件所在的位置。选中要插入的图片后，单击"插入"按钮即可。

插入图片后为了排版需要，还要调整它的位置、大小以及环绕方式，设置图片格式有两种方法：一种是使用功能区中的图片格式工具，如图2-33所示；另一种是在图片上单击鼠标右键选择"设置图片格式"命令，在弹出的"设置图片格式"对话框中进行设置，如图2-34所示。

3）图片的基本操作

（1）改变图片的大小。单击选中的图片，在图片的四周会出现8个控制点，可以使用鼠标拖动控制点来改变图片的大小，如图2-35所示。

图 2-32 "插入图片"对话框

图 2-33 图片格式工具

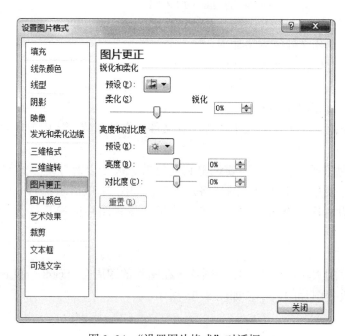

图 2-34 "设置图片格式"对话框

项目二　Word 2010 文字处理软件

图 2-35　插入的图片

（2）移动图片。图片插入到文档中时，默认的环绕方式是嵌入式，此时不能随意移动图片。如果希望将图片自由地在文档中移动，就需要改变图片的环绕方式，如改为上下型环绕或四周型环绕，改变的方法为：用鼠标右键单击图片，在打开的快捷菜单中选择"大小和位置"选项，打开"布局"对话框，单击"文字环绕"选项卡，选择"上下型"环绕方式，如图 2-36 所示，然后将鼠标置于图片上，拖动鼠标即可将图片移动到任意位置。

（3）删除图片。选中要删除的图片后，按 Delete 键即可。

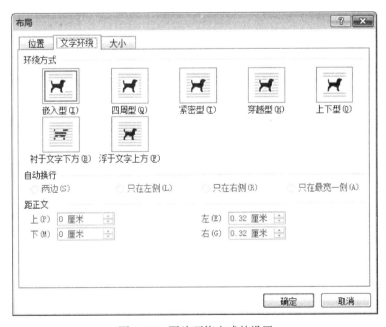

图 2-36　图片环绕方式的设置

4. 形状的使用

使用 Word 2010 提供的绘图工具可以在文档中绘制图形，绘制的图形与插入的图片一样可以移动位置、调整大小、设置环绕方式等。

1）绘图工具简介

Word 2010 提供了功能强大的绘图工具，单击"插入"选项卡，在功能区的"插图"分组中单击"形状"按钮，在下拉列表中可以选择各种图形，如图 2-37 所示，这时可以绘制各种简单的图形，并对绘制好的图形设置效果。

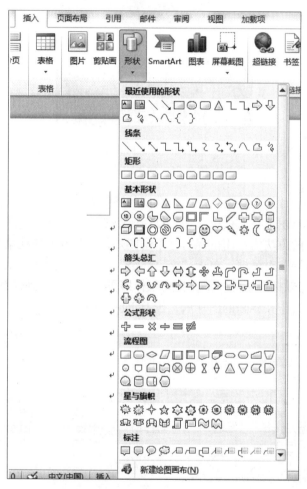

图 2-37　绘图工具（1）

2）图形的绘制

绘制简单的直线、矩形、椭圆及箭头等图形，可以直接单击绘图工具中相应的按钮，并在工作区中拖动鼠标进行绘制。

3）图形的编辑

绘制好的图形还可以利用 Word 2010 提供的工具进行编辑。单击绘制好的图形，在功能区中就会显示"绘图工具－格式"界面，在其中的"形状样式"中可以设置绘制图形的样式，如形状填充，形状轮廓及形状效果，如图 2-38 所示。

图 2-38 绘图工具（2）

（1）添加文字。用户可在自选图形中添加文字。

操作方法：用鼠标右键单击要添加文字的自选图形，在弹出的快捷菜单中选择"添加文字"命令，此时自选图形中会出现光标插入点，输入文字即可。

（2）填充颜色。先选中要填充颜色的图形，然后单击功能区中的"形状填充"按钮，从下拉列表中选择一种需要的颜色。另外，除了填充颜色外还可以填充效果，Word 2010 提供了"渐变""纹理"和"图片"3 种填充方式。当然也可以选择"无填充颜色"方式，绘制透明形状。

（3）阴影和三维效果的设置。选中图形，单击功能区中的"形状效果"按钮，在打开的下拉列表中选择任意一种效果即可，如图 2-39 所示。

图 2-39 各种形状效果

（4）设置图形的层次和组合。在文档中有时需要同时绘制多个图形，然后将它们组合在一起成为一个图形，这时就需要使用"置于顶层""置于底层"和"组合"命令来进行设置。

操作方法：在图形上单击鼠标右键，在弹出的快捷菜单中执行"置于顶层"或"置于底层"命令来设置图形的叠放次序。在按"Shift"键同时单击要组合在一起的图形，单击鼠标右键，在弹出的快捷菜单中选择"组合"子菜单中的组合选项，即可将多个图形组合成一个图形。

注意：环绕方式为"嵌入式"的图形无法组合，要想组合，先将环绕方式改为"上下型"或"四周型"。更改方式：单击选中图形，单击鼠标右键，在快捷菜单中选择"大小和位置"选项，打开"布局"对话框，进行设置，如图 2-40 所示。

图 2-40 "布局"对话框

任务实施

（1）选择"插入"选项卡，单击"文本框"按钮，插入一个文本框，拖动文本框的控制点将文本框调至整个页面大小（留出页边距）。

（2）在文本框的边框上单击鼠标右键，在弹出的快捷菜单中选择"设置形状格式"选项，打开"设置图片格式"对话框，如图 2-41 所示。选择左侧列表中的"填充"选项，在右侧选中"图片或纹理填充"选项，单击"文件"按钮，选择背景图像，并将透明度设置为 40%。

图 2-41 "设置图片格式"对话框

项目二　Word 2010 文字处理软件

（3）在"插入"选项卡中单击"艺术字"按钮，选择最后一排第三个样式，输入文字"多彩"。调整到合适的位置，将艺术字选中，单击"开始"选项卡，将字体改为"华文行楷"，字号改为"72号"，选择"绘图工具-格式"选项，在"文本"分组中，将"文字方向"改为"垂直"，如图2-42所示。

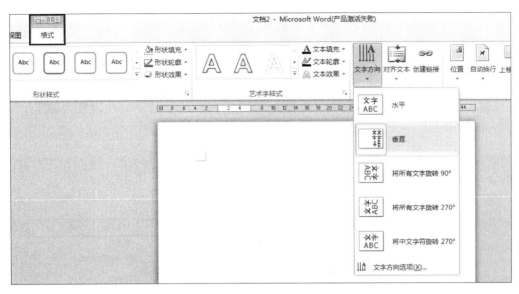

图 2-42　文字方向的修改

（4）单击"艺术字样式"分组中的"文本填充"按钮，选择"渐变"→"其他渐变"选项，打开"设置文本效果格式"对话框，如图2-43所示，在"文本填充"选项区中选中"渐变填充"选项，在"预设颜色"中选择"彩虹出岫"选项，在"类型"中选择"射线"选项，在"方向"中选择"中心辐射"选项。还可以在下方的"渐变光圈"中修改或调整每一种颜色。设置完毕单击"关闭"按钮。

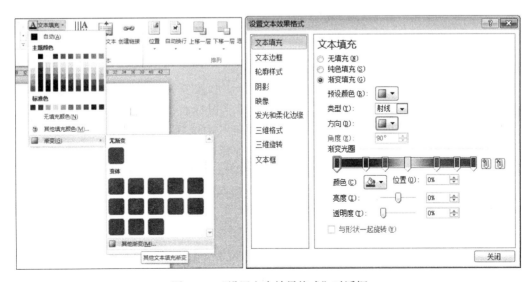

图 2-43　"设置文本效果格式"对话框

（5）用同样的方法插入艺术字"内蒙古"，选择"开始"选项卡，将字体改为"华文新魏"，字号改为"72号"，"文字方向"改为"垂直"，艺术字样式使用默认样式，如图2-44所示。

（6）单击"插入"选项卡中的"文本框"按钮，选择"绘制竖排文本框"命令，调整合适的位置，在文本框中输入文字"观赏草原风景，领略草原文化"后按回车键，输入文字"蓝天白云下的内蒙古大草原是个极富魅力的地方，是国内外人士理想的旅游观光胜地。'天苍苍，野茫茫'的古老而神奇的大自然正敞开宽广的胸怀等候着八方来客，热情好客的内蒙古各族人民举起金杯迎候着来自世界各地的朋友们！请您来到这风光美丽的草原上，享受一次回归大自然的乐趣吧！"，将文字"观赏草原风景，领略草原文化"设置为"黑体，三号，加粗"，其余文字设置为"宋体，五号"，将字间距设置为加宽1.5磅，如图2-45所示。

图 2-44　艺术字效果

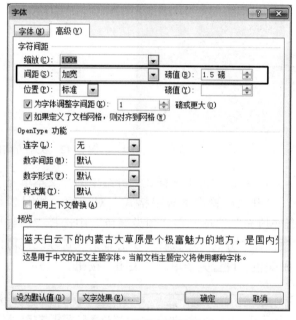

图 2-45　字符间距的设置

（7）在"插入"选项卡的"插图"分组中选择"形状"→"椭圆"选项，按住 Shift 键绘制一个正圆形，调整其位置和大小。在圆形上单击鼠标右键，选择"设置形状格式"选项，弹出"设置形状格式"对话框，在"线条颜色"中选择"实线"选项，"颜色"选择"白色"，如图 2-46 所示。在"填充"中为圆形添加背景图片。

（8）复制圆形，修改复制的形状背景，效果如图 2-47 所示。

（9）最后在海报下方插入艺术字"我们一起去旅游"，即完成了旅游海报的制作。

图 2-46 "设置形状格式"对话框

图 2-47 添加形状后的效果

拓展知识

1. 分栏

Word 2010 提供了将文档分栏排版的功能。分栏是将文档页面设置为几个栏，当一栏排满后，文档自动转到下一栏。默认文档为单栏状态。多栏版式多用于报刊和期刊。单击"页面布局"选项卡"页面设置"分组中的"分栏"按钮可以进行分栏操作，单击"更多分栏"按钮可打开"分栏"对话框，如图 2-48 所示。

2. Word 2010 的图片编辑功能

1）图片的裁剪

在 Word 2010 文档中，用户可以方便地对图片进行裁剪操作，以截取图片中最需要的部分。操作方法如下：

（1）选中要裁剪的图片，在"图片工具"功能区的"格式"选项卡中，单击"大小"分组中的"裁剪"按钮，如图 2-49 所示。

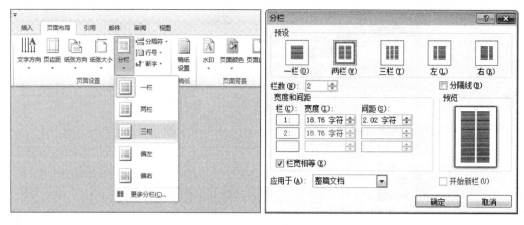

图 2-48　分栏的操作

图 2-49　"裁剪"按钮

（2）图片周围出现 8 个方向的裁剪控制柄，用鼠标拖动控制柄可对图片进行相应方向的裁剪，同时可以拖动控制柄将图片复原，直至调整合适为止，按回车键即可完成裁剪操作，如图 2-50 所示。

图 2-50　裁剪图片

2）图片的环绕方式

在默认情况下，将插入 Word 2010 文档中的图片作为字符插入 Word 2010 文档中，其位置随着其他字符的改变而改变，用户不能自由移动图片。通过为图片设置文字环绕方式，可以自由移动图片的位置。操作方法如下：

（1）选中需要设置文字环绕的图片。

（2）在打开的"图片工具"功能区的"格式"选项卡中，单击"排列"分组中的"位置"按钮，在打开的预设位置列表中选择合适的文字环绕方式，共有9种方式，如图2-51所示。

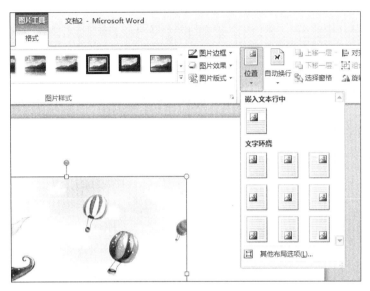

图2-51　选择文字环绕方式

如果希望在Word 2010文档中设置更丰富的文字环绕方式，可以在"排列"分组中单击"自动换行"按钮，在打开的菜单中选择合适的文字环绕方式即可，如图2-52所示。

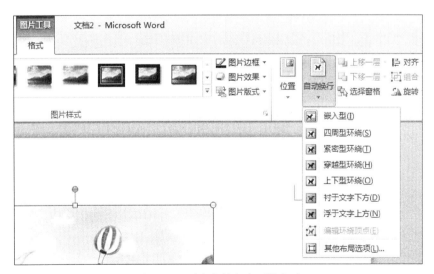

图2-52　更丰富的文字环绕方式

3）精确设置图片的位置和大小

在Word 2010中除了可以通过拖动鼠标来改变图片的大小和位置外，还可以精确地设置图片的大小和位置。操作方法如下：

（1）选中需要精确设置位置及大小的图片。先将图片的环绕方式设置为非嵌入式，在"图片工具"功能区的"格式"选项卡中，单击"排列"分组中的"位置"按钮，并在打开的菜单中选择"其他布局选项"命令，打开"布局"对话框。

（2）单击"位置"选项卡，可精确地设置图片的位置，如图2-53所示。在"水平"选项区提供了多种图片位置设置选项。"对齐方式"选项用于设置图片相对于页面或页边距等的左对齐、居中或右对齐；"书籍版式"选项用于设置在奇偶页排版时图片位置在内部还是外部；"绝对位置"选项用于精确设置图片自页面或栏的左侧开始，向右侧移动的距离数值。"垂直"选项区的设置与"水平"选项区的设置基本相同，设置完毕单击"确定"按钮即可。

（3）单击"大小"选项卡，可以设置图片的高度和宽度，如图2-54所示。

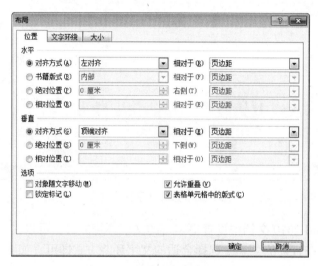

图2-53　图片精确位置的设置

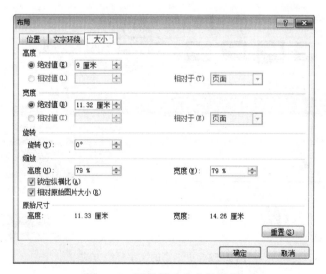

图2-54　图片精确大小的设置

4）设置图片的亮度和对比度

选中需要设置亮度的图片。在"图片工具"功能区的"格式"选项卡中，单击"调整"

分组中的"更正"按钮。打开"更正"列表，在"亮度和对比度"选项区选择合适的亮度和对比度选项，如图 2-55 所示。另外，还可以在图片上单击鼠标右键，在打开的快捷菜单中选择"设置图片格式"命令，打开"设置图片格式"对话框，选择"图片更正"选项，设置图片的亮度和对比度，如图 2-56 所示。

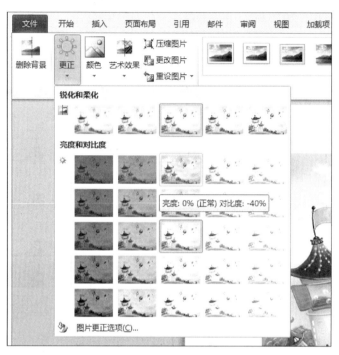

图 2-55　图片亮度及对比度的设置

图 2-56　"设置图片格式"对话框

5）为图片重新着色

在 Word 2010 中，用户可以为图片重新着色、设置颜色饱和度或调整色调，实现图片的灰度、褐色、冲蚀、黑白等显示效果。操作方法如下：

（1）选中准备重新着色的图片。在"图片工具"功能区的"格式"选项卡中，单击"调整"分组中的"颜色"按钮，如图 2-57 所示。

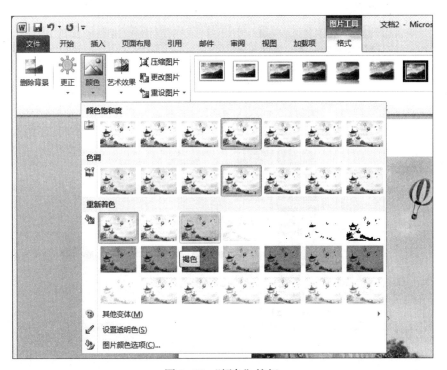

图 2-57 "颜色"按钮

（2）在打开的菜单中，用户可以分别设置颜色饱和度、色调，或者在"重新着色"选项区选择"灰度""褐色""冲蚀"或"紫色"等选项为图片重新着色。

6）应用图片样式

在 Word 2010 文档中，用户可以为选中的图片应用多种图片样式，包括透视、映像、边框、投影等。操作方法：选中需要应用图片样式的图片，在"图片工具"功能区的"格式"选项卡中，选择"图片样式"分组中合适的样式即可，如图 2-58 所示。

7）图片效果的设置

Word 2010 提供了丰富的图片效果，包括预设、阴影、映像、发光、柔化边缘、棱台及三维旋转。操作方法：选中要设置特殊效果的图片，在"图片工具"功能区的"格式"选项卡中，单击"图片样式"分组中的"图片效果"按钮，在打开的菜单中选择相应的功能即可，如图 2-59 所示。

8）图片的旋转

对于 Word 2010 文档中的图片，用户可以根据实际需要对选中的图片进行旋转。在 Word 2010 文档中旋转图片的方法有三种：第一种是使用旋转手柄；第二种是应用 Word 2010 预设的旋转效果；第三种是输入旋转的角度值。

项目二 Word 2010 文字处理软件

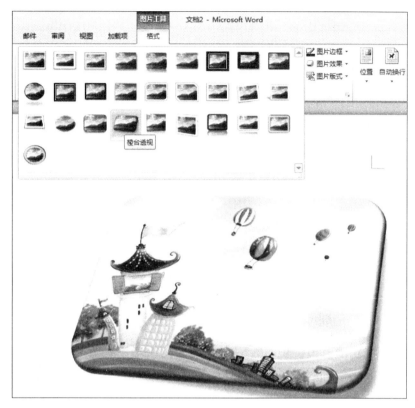

图 2-58 选择合适的图片样式

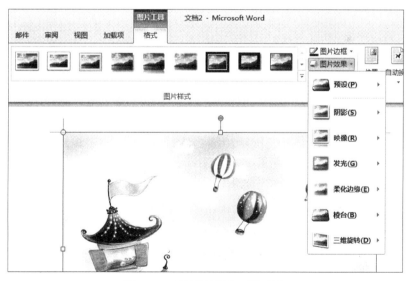

图 2-59 "图片效果"下拉列表

（1）使用旋转手柄。如果对于 Word 2010 文档中图片的旋转角度没有精确要求，用户可以使用旋转手柄旋转图片。首先选中图片，图片的上方将出现一个绿色的旋转手柄。将鼠标移动到旋转手柄上，鼠标光标呈现旋转箭头的形状。按住鼠标左键沿圆周方向顺时针或逆时针旋转图片即可，如图 2-60 所示。

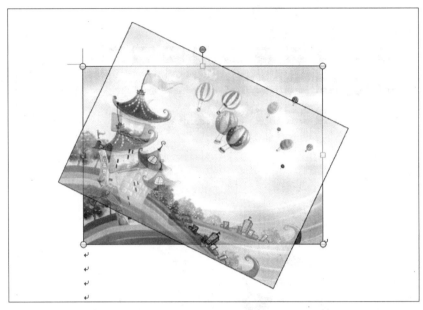

图 2-60　使用旋转手柄

（2）应用 Word 2010 预设的旋转效果。Word 2010 预设了 4 种图片旋转效果，即向右旋转 90°、向左旋转 90°、垂直翻转和水平翻转，在"图片工具"功能区的"格式"选项卡中，单击"排列"分组中的"旋转"按钮，并在打开的菜单中选择"向右旋转 90°""向左旋转 90°""垂直翻转"或"水平翻转"效果，如图 2-61 所示。

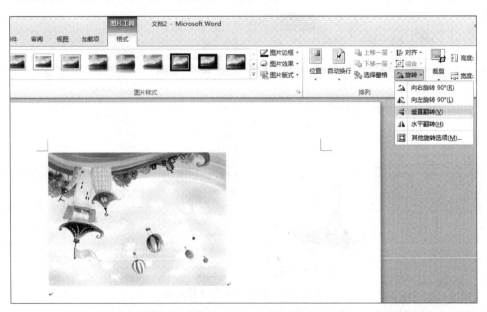

图 2-61　应用 Word 2010 预设的旋转效果

（3）输入旋转的角度值。在"图片工具"功能区的"格式"选项卡中，单击"排列"分组中的"旋转"按钮，并在打开的菜单中选择"其他旋转选项"命令，打开"布局"对话框，单击"大小"选项卡，可以设置旋转的角度，如图 2-62 所示。

项目二 Word 2010 文字处理软件

图 2-62 设置图片旋转的角度

9）为图片添加边框

在 Word 2010 文档中，可以为选中的图片设置多种颜色、多种粗细尺寸的实线边框或虚线边框。实际上，在使用 Word 2010 预设的图片样式时，某些样式已经应用了图片边框。当然，也可以根据实际需要自定义图片边框。操作方法如下：

（1）选中需要设置边框的一张或多张图片。

（2）在"图片工具"功能区的"格式"选项卡中，单击"图片样式"分组中的"图片边框"按钮，在打开的菜单中将鼠标指向"粗细"选项，并在打开的粗细尺寸列表中选择合适的尺寸，如图 2-63 所示。

图 2-63 设置图片边框

- 107 -

（3）在打开的菜单中将鼠标指向"虚线"选项，并在打开的虚线样式列表中选择合适的线条类型（包括实线和各种虚线）。还可以单击"其他线条"命令选择其他线条样式。

（4）在打开的菜单中单击需要的边框颜色，被选中的图片将被应用所设置的边框样式。若要取消图片边框，则单击"无轮廓"命令即可。

10）设置图片透明色

在 Word 2010 文档中，对于背景色只有一种颜色的图片，用户可以将该图片的纯色背景色设置为透明色，从而使图片更好地融入 Word 2010 文档。该功能对于设置有背景颜色的 Word 2010 文档尤其适用。操作方法如下：

（1）选中需要设置透明色的图片，在"图片工具"功能区的"格式"分组中，单击"调整"分组中的"颜色"按钮，并在打开的菜单中选择"设置透明色"命令。

（2）鼠标箭头呈现彩笔形状，将鼠标箭头移动到图片上并单击需要设置为透明色的纯色背景，则被单击的纯色背景将被设置为透明色，从而使图片的背景与 Word 2010 文档的背景色一致。

11）为图片设置艺术效果

在 Word 2010 文档中，可以为图片设置艺术效果，这些艺术效果包括铅笔素描、影印、图样等。操作方法如下：

（1）选中准备设置艺术效果的图片。在"图片工具"功能区的"格式"选项卡中，单击"调整"分组中的"艺术效果"按钮。

（2）在打开的菜单中选择合适的艺术效果选项即可，如图 2-64 所示。

图 2-64　为图片设置艺术效果

项目二 Word 2010 文字处理软件

拓展任务（报刊的制作）

使用 Word 2010 的图文混排功能可以制作各种各样的报刊，如个人报刊、校园报刊、企业报刊等。本任务采用艺术字制作报刊名称，使用文本框和形状进行报刊的排版。其效果如图 2-65 所示。

制作要求：

（1）页面使用 A4 纸张，4 个页边距均为 2 厘米。

（2）报刊名称使用艺术字，报刊的版式使用文本框和形状来确定。

（3）参考效果图制作报刊，可自行设计排版。

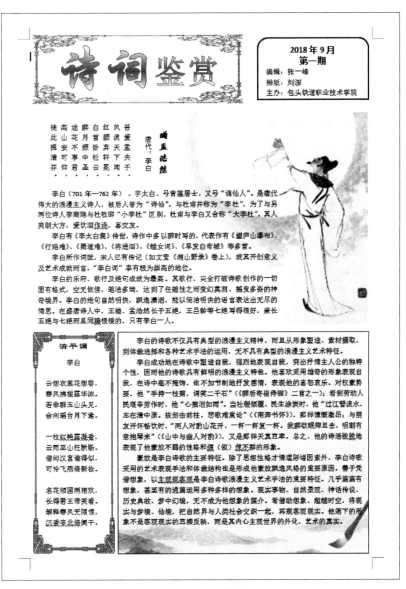

图 2-65 报刊效果

任务 2.3 毕业论文的排版制作

任务描述

大学生毕业之前要进行毕业论文的撰写,通常按照指导教师的格式编排要求,使用 Word 2010 进行编辑排版,毕业论文包括封面、摘要(包括中、英文摘要)、目录、正文、致谢、参考文献等内容。

任务分析

本项目按照某高职院校的毕业论文编写规范来讲解。以下是毕业论文的具体撰写要求:

(1)采用 A4 纸张,纵向。

(2)正文第一级标题为黑体小三号字、加粗、居中,行距为最小值 20 磅,段前 66 磅,段后 36 磅;第二级标题为黑体四号,行距为最小值 20 磅,段前 22 磅,段后 22 磅;第三级标题为黑体四号,行距为最小值 20 磅,段前 12 磅,段后 12 磅;正文内容中文为宋体小四号,英文为 Times New Roman 小四号,行距为固定值 20 磅。

(3)目录为宋体小三号、加粗、居中;中文摘要为宋体二号、居中;英文摘要为 Times New Roman 二号、居中;摘要下方的关键字为宋体四号、加粗;致谢与参考文献使用标题 1 格式。目录内容及摘要内容中文为宋体小四号,英文为 Times New Roman 小四号。

(4)页眉采用"单节标题",页脚为居中的页码。正文有页眉和页脚,目录只有页脚,其余部分没有页眉和页脚。

知识点

(1)样式的各级标题、正文的设置。
(2)在文档中正确使用已经设置好的样式。
(3)目录的自动生成。
(4)页眉、页脚、页码的设置。

其中,论文的封面有固定的格式,如图 2-66 所示。

本任务的制作分成封面的制作,页面及样式的设置,摘要、正文、参考文献及致谢的制作,目录的制作四个子任务。

图 2-66 论文封面

预备知识

1. Word 2010 样式的应用

在 Word 2010 中可以使用样式来设置文字或段落的格式,样式分为内置样式和自定义样式,内置样式是 Word 2010 所提供的样式,自定义样式是用户以常用的格式定义的。

样式就是应用于文档中的文本、表格和列表的一套格式特征,样式是一套预先设置好的文本格式,它能迅速改变文档的外观。

1)创建新样式

(1)单击"开始"选项卡,在功能区的"样式"分组中单击右下角小按钮,在下拉列表中单击"新建样式"按钮,如图 2-67 所示,打开"根据格式设置创建新样式"对话框,如图 2-68 所示。

图 2-67 "样式"功能区

图 2-68 "根据格式设置创建新样式"对话框

（2）在"名称"文本框中输入样式的名称，在"样式类型"下拉列表中指定要创建的样式类型，有4个选项："段落""字符""链接段落和字符""表格"和"列表"。

（3）在"格式"选项区，根据需要进行设置。

（4）设置完毕，单击"确定"按钮。

2）修改样式

（1）单击"开始"选项卡，单击功能区"样式"分组中的"更改样式"按钮，单击"样式"右侧的下拉按钮，单击"标题1"下拉按钮，在打开的菜单中选择"修改"选项，打开"修改样式"对话框，如图2-69所示。

图2-69 "更改样式"按钮和"修改样式"对话框

（2）在"修改样式"对话框中进行一定的设置，"修改样式"对话框与"新建样式"对话框基本一样。

（3）修改完毕，单击"确定"按钮。

3）应用样式

（1）选定文档中要更改样式的字符、段落、列表或表格。

（2）在样式列表中单击要应用的样式即可。

2. 分隔符

分隔符是文档中分隔页、栏或节的符号，Word 2010中的分隔符包括分页符和分节符两大类。单击"页面布局"选项卡，在功能区的"页面设置"分组中单击"分隔符"按钮，如图2-70所示。

1）分页符

通常，在文档录入过程中，Word 2010在内容排满一页时会自动分页，如果希望在某个特殊的位置分页，则需插入一个分页符，单击"插入"选项卡，在功能区的"页"分组中单击"分页"按钮，可以在光标位置插入分页符。

要删除分页符，可在草稿视图下，将插入点定位在要删除的分页符（草稿视图下分页符为一条单虚线）上，按Delete键即可。

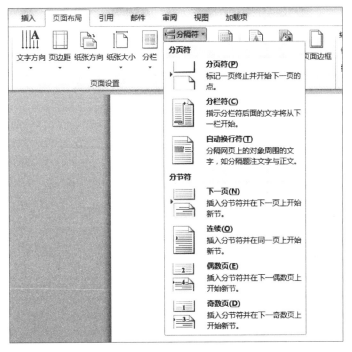

图 2-70 "分隔符"按钮

2)分节符

Word 2010 提供了分节的功能,用户可以以节为单位设置页眉、页脚、段落编号或页码等内容。

共有 4 种分节符,作用如下:

(1)下一页:在当前插入点处插入一个分节符,强制分页,新节从下一页开始。

(2)连续:在当前插入点处插入一个分节符,不强制分页,新节从本页的下一行开始。

(3)奇数页:在当前插入点处插入一个分节符,强制分页,新节从下一个奇数页开始。

(4)偶数页:在当前插入点处插入一个分节符,强制分页,新节从下一个偶数页开始。

3. 页眉、页脚及页码的使用

页眉、页脚通常用于显示文档的附加信息,如文档章节标题、公司名称、页码、书名等。页眉位于文档每一页的顶部,页脚位于文档每一页的底部。Word 2010 可以给文档的所有页建立相同的页眉和页脚,也可在文档的不同部分使用不同的页眉和页脚。

1)插入页眉和页脚

页眉和页脚与文档的正文处于不同的层次上,因此,不能同时编辑正文与页眉、页脚。插入页眉、页脚的方法如下:

(1)单击"插入"选项卡,在"页眉和页脚"分组中单击"页眉"按钮,如图 2-71 所示,在下拉菜单中 Word 2010 提供了很多内置的页眉,选择合适的页眉,单击鼠标即可在文档中插入页眉。

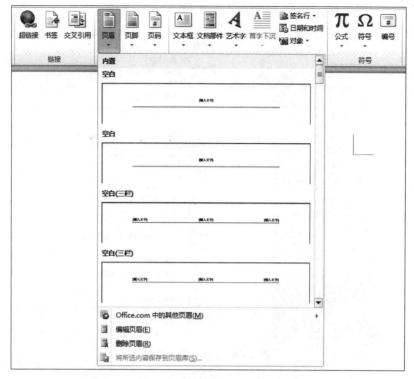

图 2-71 "页眉"下拉菜单

（2）输入页眉内容，此时功能区显示的是"页眉和页脚工具"，如图 2-72 所示，单击"导航"分组中的"转至页脚"按钮，可以对页脚进行编辑。

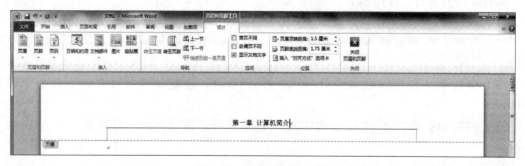

图 2-72 页眉和页脚工具

（3）在"页眉和页脚工具"的"选项"分组中，根据需要可以选择"奇偶页不同"或"首页不同"选项，为文档设置不同的页眉和页脚。在"位置"分组中可以设置页眉和页脚距离页面上端和下端的距离。

2）编辑页眉和页脚

如果想重新编辑页眉和页脚，将鼠标在页眉或页脚区域双击，即可再次进入页眉和页脚编辑模式。

3）插入页码

单击"插入"选项卡，在功能区的"页眉和页脚"分组中单击"页码"按钮，可以选择不同位置不同格式的页码，如图 2-73 所示。单击"设置页码格式"按钮，打开"页码格式"对话框，可以设置页码的格式，如图 2-74 所示。

图 2-73 "页码"下拉菜单

图 2-74 "页码格式"对话框

任务实施

任务 2.3.1 封面的制作

（1）执行"文件"→"新建"命令，选择"空白文档"选项，单击"新建"按钮。

（2）单击"页面布局"选项卡，在功能区中单击"纸张大小"按钮，将纸张设置为 A4 纸型。

（3）单击"插入"选项卡，在功能区中单击"图片"按钮，在打开的"插入图片"对话框中选择"校名"及"校徽"图片，插入到合适的位置。

（4）单击"插入"选项卡，在功能区中单击"艺术字"按钮，在下拉菜单中选择第四行的第三个样式，将文本改为"专科毕业论文"，将字体设置为"宋体"，字号设置为"48"，并单击"加粗"按钮。

（5）单击"插入"选项卡，在"文本"分组中单击"文本框"按钮，选择"绘制文本框"命令，鼠标形状变为"十"字形，在艺术字下方绘制文本框，在文本框中输入相应的文字。

（6）用同样的方法在下方插入文本框，在文本框上单击鼠标右键，选择快捷菜单中的"设置形状格式"命令，在打开的"设置形状格式"对话框中将线条颜色设置为"无线条"，将"填充"设置为"无填充"。

任务 2.3.2 页面及样式的设置

（1）将光标定位到封面的下一页。

（2）单击"开始"选项卡，在功能区的"样式"分组中单击右下角的下拉按钮，在打开的"样式"对话框中，单击"标题 1"右侧的小按钮，选择"修改"命令，打开"修改样式"对话框，将字体设置为"黑体"，字号设置为"小三号"、加粗、居中，然后单击"格式"按钮，选择"段落"选项，在打开的"段落"对话框中，将"段前"设置为"6磅"，"段后"设置为"36磅"，"行距"设置为"最小值""20磅"，"大纲级别"设置为"1级"，如图2-75所示，单击"确定"按钮回到"修改样式"对话框，再单击"确定"按钮。

图2-75 样式设置中的段落设置

（3）用同样的方法，将标题2样式修改为：黑体四号，行距为最小值20磅，段前22磅、段后22磅，大纲级别为2级；将标题3样式修改为：黑体四号，行距为最小值20磅，段前12磅、段后12磅，大纲级别为3级；将正文样式修改为：中文为宋体小四号，英文为Times New Roman小四号，行距为固定值20磅，大纲级别为正文。

（4）单击"样式"对话框中的"新样式"按钮，打开"根据格式设置创建新样式"对话框，将"名称"设为"摘要"，"样式基准"选择"正文"，然后将字号设置为二号，居中。设置完后单击"确定"按钮即可。

任务 2.3.3 摘要、正文、参考文献及致谢的制作

（1）在页面的空白处输入"中文摘要""关键词"及"摘要的内容"，然后选中"中文摘要"，单击"样式"对话框中的"摘要"，则将此样式应用于文本之上。选择"关键词"，单击"开始"选项卡，在功能区的"字体"分组中设置其格式为宋体四号、加粗。

（2）将"正文"样式应用于"摘要内容"。

（3）用同样的方法制作英文摘要，如图2-76所示。

图 2-76 中、英文摘要示例

(4) 在新的一页输入"目录",并设置其格式为宋体小三号、加粗、居中。其内容将在下一个任务中生成。

(5) 在目录页中单击"页面布局"选项卡,在功能区的"页面设置"分组中,单击"分隔符"按钮,在下拉菜单中选择"分节符"→"下一页"选项。

(6) 在新的一页中输入正文内容,并将设置好的三级标题的样式及正文的样式应用其中,如图 2-77 所示。

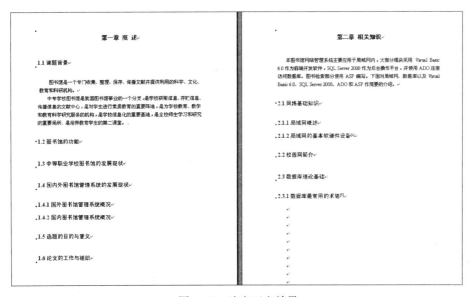

图 2-77 论文正文效果

(7) 在正文的最后一行定位光标,单击"页面布局"选项卡,在功能区的"页面设置"分组中,单击"分隔符"按钮,在下拉菜单中选择"分节符"→"下一页"选项。

(8) 在新的页面输入"参考文献"及其内容,并将"参考文献"的格式设置为"标题 1",

在"参考文献"的最后一行定位光标,插入"下一页"分节符,在新的页面中输入"致谢"并设置其格式,如图2-78所示。

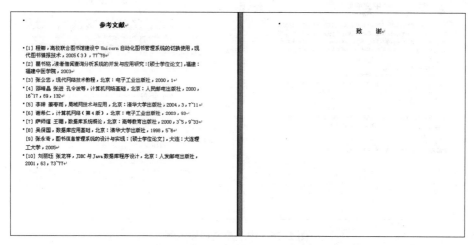

图2-78 参考文献及致谢示例

(9)分别在每一章的最后插入"下一页"分节符,使每一章处在不同的"节"中。

(10)将光标定位在第一章开始处,单击"插入"选项卡,在功能区的"页眉和页脚"分组中,单击"页眉"按钮,在下拉菜单中选择"空白"选项,插入空白页眉,然后添加文字页眉"第一章 概述",在"页眉和页脚工具"中单击"转至页脚"按钮,将光标定位在页脚中,单击"页码"按钮,在下拉菜单中选择"页面底端"→"普通数字2"选项,插入页码,如图2-79所示。

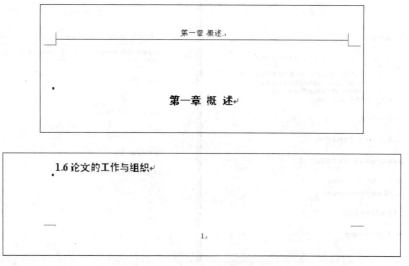

图2-79 第一章的页眉与页脚

(11)在第二章的页眉处双击鼠标,在"页眉和页脚工具"的"导航"分组中,单击"链接到前一条页眉"按钮,这样就可以为不同的"节"设置不同的页眉了,设置后如图2-80所示。

项目二　Word 2010 文字处理软件

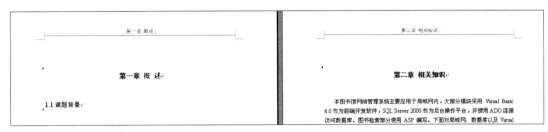

图 2-80　第一章与第二章的页眉和页脚

（12）用同样的方法为"参考文献"和"致谢"添加页眉和页脚。

任务 2.3.4　目录的制作

Word 2010 提供了自动生成目录的功能，当然要实现目录的自动生成，其前提是文档中需要提取到目录的文本应用了大纲级别格式或标题样式。

（1）在目录页定位光标，单击"引用"选项卡，在功能区的"目录"分组中，单击"目录"按钮，在下拉菜单中可以选择内置的目录，如图 2-81 所示，或单击"插入目录"按钮，打开"目录"对话框，选择"目录"选项卡，勾选"显示页码"和"页码右对齐"选项，并设置"显示级别"为"3"，如图 2-82 所示，然后单击"确定"按钮。

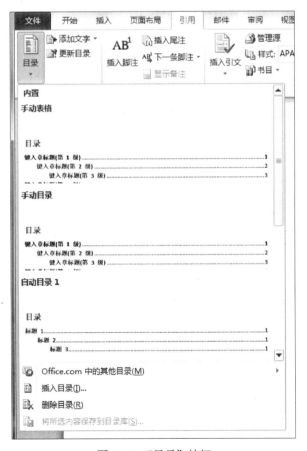

图 2-81　"目录"按钮

图 2-82 "目录"对话框

（2）自动生成的目录将插入到"目录"下方，如图 2-83 所示。

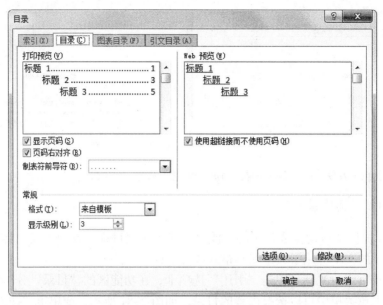

图 2-83 目录页效果

拓展知识

1. 文档的打印和预览

如果计算机配有打印机，可以将设置好的文档打印出来。打印是文档处理的最后一个环节，要想打印出满意的文档，就要对打印参数进行设置。文档打印的操作方法如下：

（1）将插入点定位在要进行打印预览的页面。

（2）单击"文件"菜单，选择"打印"选项，可以在窗口中设置打印参数，如图2-84所示。右侧为打印预览的效果。

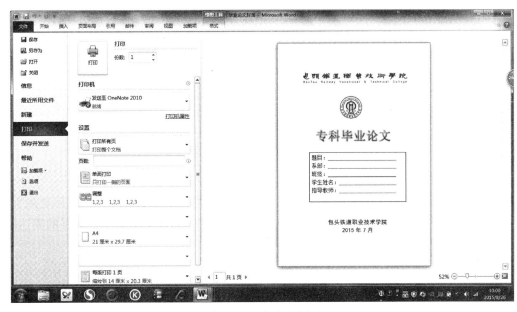

图 2-84 "打印"界面

2. 奇、偶页不同的页眉和页脚的设置

在书籍的编排中，通常要求目录的开始页和每篇的开始页都在奇数页上，目录的页码使用罗马数字，正文的页码使用阿拉伯数字，奇、偶页的页码位置不同，目录中偶数页页眉设置成书名，奇数页页眉设置为目录，正文中的偶数页页眉设置成书名，奇数页页眉设置成章名。操作方法如下：

（1）将光标移到目录的末尾，单击"页面布局"选项卡，在功能区的"页面设置"分组中，单击"分隔符"按钮，在下拉菜单中选择"分节符"→"奇数页"选项，用同样的方法，在目录前和每章的结束页末尾分别插入类型为"奇数页"的分节符，这样就保证了目录和每章都以奇数页开始。

（2）单击"页面布局"选项卡，在功能区的"页面设置"分组中单击右下角的下拉按钮，打开"页面设置"对话框，选择"版式"选项卡，在"页眉和页脚"栏中勾选"奇偶页不同"选项，如图2-85所示，单击"确定"按钮退出。

（3）在页面上分别对奇数页和偶数页设置不同的页眉和页脚。

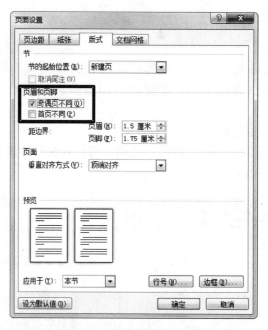

图 2-85 "页面设置"对话框

3. SmartArt 图形的应用

SmartArt 图形可以使文字之间的关联性更加清晰，逻辑结构更加明朗，图形更加生动。这可使文案、报告，论文等别具一格，让人眼前一亮。图 2-86 所示是一个更好的表达流程的图形，图 2-87 所示是一个更好的表达层次结构的图形。

图 2-86 流程图

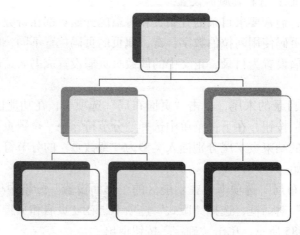

图 2-87 层次结构图

项目二　Word 2010 文字处理软件

下面介绍如何使用 SmartArt 的功能来做一个列表结构的文档。操作方法如下：

（1）打开 Word 2010，单击"插入"选项卡，在功能区的"插图"分组中单击"SmartArt"按钮，如图 2-88 所示。

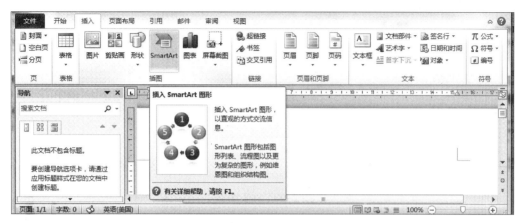

图 2-88　插入 SmartArt 图形窗口

（2）在打开的对话框中选择图形类型。对话框左侧为图形分类，右侧为缩略简图，选择其中的一个作为实例，如图 2-89 所示。

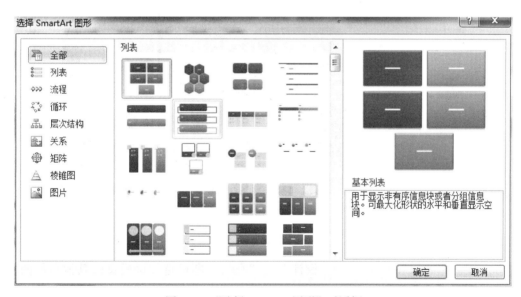

图 2-89　"选择 SmartArt 图形"对话框

（3）选择其中某一项，例如"列表"，如图 2-90 所示。

（4）单击图最左侧的 按钮即可弹出左侧的文本编辑框，在文本编辑框中输入图形名称，即可将文字添加至右侧图中，也可在右侧图中直接输入，如图 2-91 所示。

（5）依次输入文本，并设置文本字体的合适磅数。双击文本上方圆圈里的图片图标，弹出所需插入图片的浏览对话框，如图 2-92（a）所示，选择合适的图片。调整图片的大小，以获得最佳效果。效果如图 2-92（b）所示。

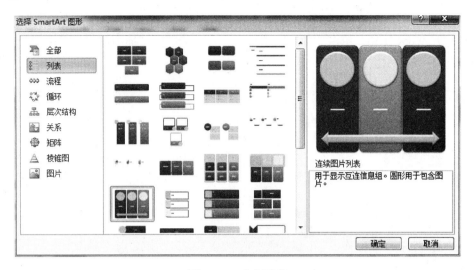

图 2-90　列表图形

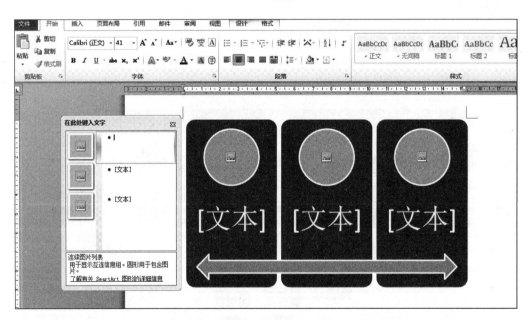

图 2-91　SmartArt 文本框

（6）选择"SmartArt 工具"→"设计"→"布局"即可选择该模型的其他布局图，如图 2-93 所示。

（7）修改后的布局如图 2-94 所示。

（8）选择"SmartArt 样式"分组中的其他选项，也可以单击"更改颜色"下拉菜单中的其他选项作合适的修改，如图 2-95 所示。观察效果图并进行调整。

（9）删除、添加一个模块。

此模型默认是 3 个模块，如果觉得多或者少，可以删除或者添加。选中需要删除的模块，按 Delete 键就可以删除此模块。选中一个模块，单击鼠标右键，弹出快捷菜单，选择"添加形状"命令即可，如图 2-96 所示。

项目二　Word 2010 文字处理软件

图 2-92　插入图片

图 2-93　选择布局

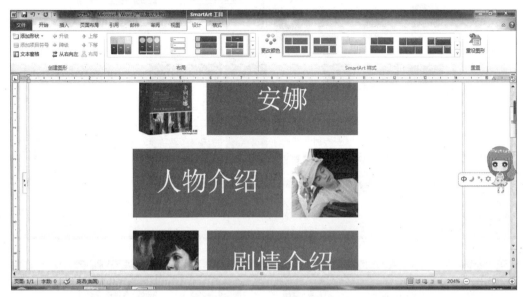

图 2-94 布局效果

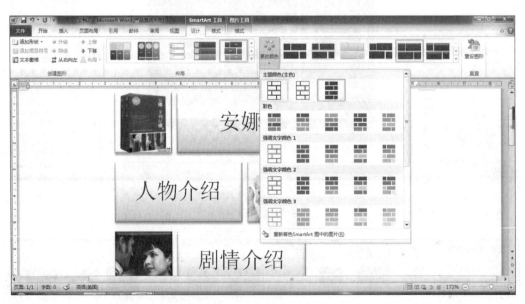

图 2-95 设置颜色式样

图 2-96　添加形状

任务 2.4　送货单的制作

任务描述

（1）建立图 2-97 所示的送货单。页面使用 A4 纸张，表格标题"配件送货单"格式为：宋体、18 磅、居中。

（2）送货单分为 4 个部分，分别是标题、表的内容、广告语及边联。其中标题部分、广告语部分和边联部分会随着表的移动而移动。

（3）广告语和表中的文字内容设置为单元格文字居中。边联的文字是靠左居中，格式为宋体 8 磅。表格的边框采用 1.0 磅的实线。部分单元格设置底纹。

任务分析

本表格共有 20 行、7 列。按照要求进行制作，先确定行、列的数目，其中序号部分使用域的功能。本任务涉及的操作命令有新表的建立、单元格的合并和拆分、边框和底纹的设置、单元格中文本的对齐方式及表格的手工绘制等。隐含的知识点是表格的常用编辑，如复制、移动、删除，表格、单元格、行、列的选择等操作。

知识点

（1）表格的建立和选择。

（2）表格的编辑和对齐方式。

（3）表格的边框和底纹、表格的拆分与合并。

配件送货单

单位：行进车行
地址：南门外大街5号
客户：_____   年___月___日

序号	品名	单位	数量	单价	金额				
					千	百	拾	元	角
1									
2									
3									
4									
5									
6									
7									
8									
9									
10									
11									
12									
13									
14									
15									
16									
合计		万	千	百	拾		元	角	

第一联（白）存根第二联（红）客户

厂价直销　批发零售　量大优惠　欢迎惠顾

图 2-97　送货单

预备知识

1. 表格的常规操作

单击"插入"选项卡中的"表格"按钮，选择"插入表格"命令，打开"插入表格"对话框，在此对话框的"表格尺寸"选项区中输入行数和列数。

表格创建后，如果表格的样式不能满足要求，可以对表格进行编辑和修改。

1）表格、单元格、行、列的选择

（1）功能区的选择：单击表格的选择位置，在功能区中会出现"表格工具"，它的下面有"布局"和"设计"两个分区，先单击"布局"选项卡，如图 2-98 所示。

图 2-98 "布局"选项卡

单击"选择"按钮,可以选择行、列、单元格或整个表格。

(2)快捷菜单的选择:单击鼠标右键弹出快捷菜单,执行"选择"命令,也可以选择各项,其对话框和功能区的是一样的。

(3)直接选择有两种方法,一种是用鼠标单击选择,另一种是用鼠标拖动选择。

① 行的选择:将光标移动到所选行的最左边的边线外一点,在出现空心的向右箭头的时候,单击可以选中此行。

② 列的选择:将光标移动到所选列的上方,当出现黑色向下的箭头时单击可以选中此列。

③ 单元格的选择:将光标移动到单元格的左边,在出现黑色向右的箭头时单击鼠标。

④ 整个表格的选择:将光标移动到表格的左上角,单击 ✥ 图标,可以选中整个表格。

2)表格的常规操作

(1)改变表格的大小和位置:将鼠标移到表格上时,表格的右下角会出现一个空心的小方块,拖动此方块可以改变表格的大小,如图 2-99 所示。

在默认情况下,新建的表格是沿着页面左对齐的,有时为了美观,需要移动表格的位置。

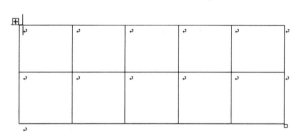

图 2-99 表格的两个控制点

(2)移动:在页面视图下,将鼠标置于表格的左上角,直到出现表格移动控制点,就可以移动表格。

(3)表格的对齐:选择表格,单击"开始"选项卡,在功能区中,选择表格的左对齐、右对齐和居中对齐方式。

3)插入或删除单元格、行或列

有时根据实际情况,需要为创建好的表格插入或删除单元格、行或列。选中要操作的行、列或单元格,单击鼠标右键,在弹出的快捷菜单中可以完成对行、列或单元格的删除和插入,如图 2-100 所示。

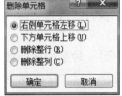

图 2-100 "删除单元格"对话框和"插入"快捷菜单

4）合并与拆分单元格

可以将同一行或同一列中的两个或多个单元格合并为一个单元格，也可以将一个单元格拆分成多个单元格。在功能区的"表格工具"→"布局"选项卡中或在选中的单元格上单击鼠标右键，都可以选择"合并单元格"和"拆分单元格"命令。

5）合并与拆分表格

表格的合并是指将上、下两个独立的表格合并成一个表格。表格的拆分是指将一个表格以某一行为界进行拆分，将表格分成上、下两个独立的表格。

2. 表格的格式设置

表格的格式设置是指对表格的外观进行修饰，使表格具有精美的外观，包括设置表格的边框和底纹、自动套用格式、表格的对齐方式等。

1）表格属性的设置

一般情况下，Word 2010 会自动调整行高和列宽以适应输入内容，用户也可以自定义表格的行高和列宽，以满足不同的需要。其方法有精确设定数值和用鼠标拖动两种，这在实例中有所体现。

选中表格后，单击"表格工具"→"布局"选项卡，单击"属性"按钮，打开"表格属性"对话框，如图 2-101 所示。在此对话框中可以对表格、行、列及单元格进行精确的设置，包括表格的对齐方式、行高、列宽以及单元格的垂直对齐方式等。

2）表格中文本的对齐方式

Word 2010 提供了 9 种不同的文本对齐方式，包括靠上两端对齐、靠上居中、靠上右对齐、中部两端对齐、中部居中、中部右对齐、靠下两端对齐、靠下居中、靠下右对齐。可以通过单击鼠标右键弹出快捷菜单或者单击"表格工具"→"布局"选项卡选择文本对齐方式。

3）表格中底纹的设置

选择单元格，单击鼠标右键弹出快捷菜单，选择"边框和底纹"选项，可以设置不同的边框和底纹。

图 2-101 "表格属性"对话框

任务实施

1. 标题部分的完成

（1）表格的建立：执行"插入"→"表格"→"插入表格"命令，输入行数为 20，列数为 6。

选中表格，单击鼠标右键弹出快捷菜单，选择"表格属性"→"表格"选项，设置合适的表格大小。选择"行"和"列"选项进行合适的设置。

（2）标题的制作：选中第一行，将光标置于第一行的最左边，当出现向右的空心箭头时单击选中这一行，单击鼠标右键弹出快捷菜单，执行"合并单元格"命令，输入"配件送货单"，设置文字为宋体小二号、居中显示。

（3）按回车键换行，输入标题栏的其他内容。

2. 表的表格部分

（1）在第二行输入"序号""品名""单位""数量""单价""金额"。将光标放在第一列和第二列的中间位置，当出现双向箭头时拖动鼠标，改变列的宽度，调整到合适的位置，如图 2-102 所示。

图 2-102 送货单（1）

（2）单击图 2-102 中的光标位置，也就是第三行第一列，然后选择"插入"→"文档部件"→"域"选项，如图 2-103 所示。

图 2-103　序号的输入（1）

（3）在弹出的"域"对话框中将"域名"设置为"AutoNum"，将"域属性"→"格式"设置为"1，2，3…"，如图 2-104 所示。

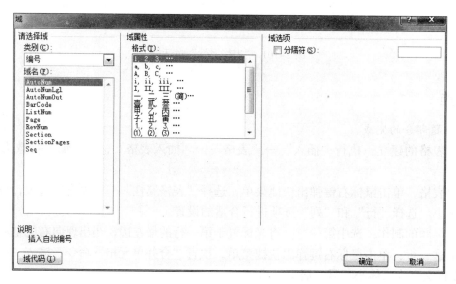

图 2-104　序号的输入（2）

（4）复制第三行第一列单元格的"1"，然后选中其他行，单击鼠标右键，在快捷菜单中执行"粘贴"→"保留源格式"命令，就可以完成序列的填充。

（5）在"金额"的下面选中单元格，执行"表格工具"→"布局"→"拆分单元格"命令，在对话框中选择 5 列 18 行，如图 2-105 所示。在合适的位置输入"千""百""拾""元""角"。

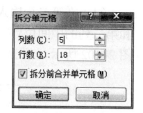

图 2-105　拆分单元格

（6）在序号是 17 的那一行输入"合计"，将此行合并单元格，并输入"万　千　百　拾　元　角"，如图 2-106 所示。

3. 广告语部分的制作

将最后一行合并单元格，并输入内容。

选中需要居中的所有文字，单击"表格工具"→"布局"选项卡，在"对齐方式"分组中选择合适的对齐方式，如图 2-107 所示。

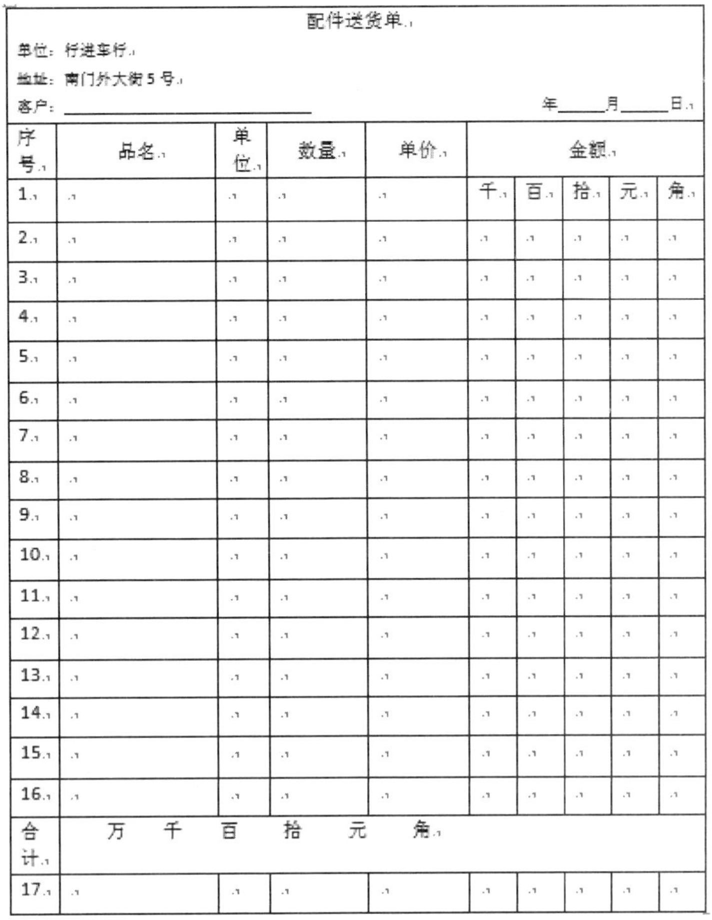

配件送货单

单位：行进车行

地址：南门外大街 5 号

客户：________________　　年____月____日

序号	品名	单位	数量	单价	金额				
1					千	百	拾	元	角
2									
3									
4									
5									
6									
7									
8									
9									
10									
11									
12									
13									
14									
15									
16									
合计	万　千　百　拾　元　角								
17									

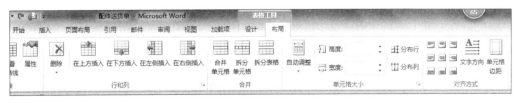

图 2-106　送货单（2）

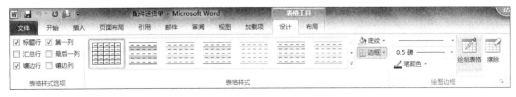

图 2-107　选择单元格对齐方式

4. 边联部分的制作

使用 Word 2010 提供的绘制表格功能手工绘制边联部分。选中表格，单击“表格工具”→“设计”选项卡，单击“绘制表格”按钮，如图 2-108 所示，此时光标变为笔形。

图 2-108　“绘制表格”按钮

在表格的右侧绘制边联部分。输入文字，然后选中文字，单击鼠标右键，在弹出的快捷菜单中选择"文字方向"选项，选择竖向文字方向，如图2-109所示。选择边联部分的文字内容，单击鼠标右键，在快捷菜单中选择"单元格对齐方式"→"靠左居中"选项，如图2-110所示。

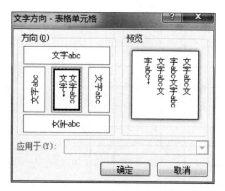

图2-109 "文字方向–表格单元格"对话框

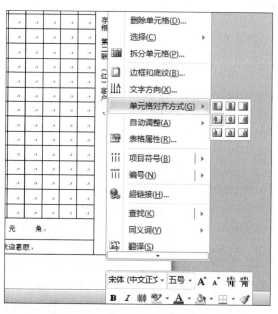

图2-110 单元格的文字对齐方式

5. 边框的处理

选中标题所在的最上面的单元格，单击鼠标右键，弹出快捷菜单，选择"边框和底纹"选项，在预览区域将顶部、左边和右边的边框去掉，如图2-111所示。

图2-111 送货单的边框设置

去掉顶部单元格的上、左、右边框后的效果如图 2-112 所示。这样做的好处是看起来标题部分似乎不属于表格的里面部分，但是随着表格的移动标题部分也会跟着移动，而且位置不会发生变化。

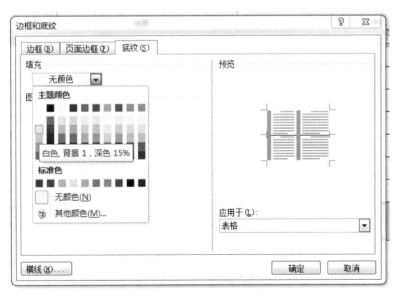

图 2-112　边框效果

6. 底纹的处理

选中需要设置底纹的单元格，单击鼠标右键，弹出快捷菜单，选择"边框和底纹"选项，弹出"边框和底纹"对话框。分别选择"白色，背景 1，深色 %15"和"白色，背景 1，深色 %15"选项，如图 2-113 所示。

图 2-113　底纹设置

分别选中广告单元格和边联单元格，合理去除边框。

使用合理的行高设置和字体设置，完成表格。

拓展知识（邮件合并功能和应用）

邮件合并功能用于创建套用信函、邮件标签、信封、目录以及大宗电子邮件和传真分发。邮件合并进程涉及三个文档：主文档、数据源和合并文档。要完成基本邮件合并进程，一般包括下列元素：

（1）主文档：该文档包含对于合并文档的每个版本都相同的文本和图形，例如套用信函中的寄信人地址和称呼。

（2）数据源：该文件包含要合并到文档中的信息。例如，要在邮件合并中使用的名称和地址的列表，必须首先连接到数据源，然后才能使用该文件中的信息完成邮件合并进程。在主文档中可以添加或自定义合并域（合并域是在主文档中插入的占位符）。

（3）合并文档：在主文档中合并来自数据源的数据可创建一个新的合并文档。它是邮件合并主文档与地址列表后得到的结果文档。结果文档可以是打印结果文档或包含合并结果的新的 Word 2010 文档。Word 2010 可以使用向导指导用户完成所有步骤，从而使邮件合并变得容易。如果不想使用向导，可以使用"邮件合并"工具栏。不管使用哪种方式，结果都是数据源中的每行（或记录）都产生一个独特的套用信函、邮件标签、信封或目录项。

1. 打印奖状

设计思路：建立两个文件。一个是 Excel 电子表格，用来存放姓名和获奖等次等信息；一个是 Word 2010 文档，作为证书模板，调用电子表格中的姓名和获奖信息，完成文档的合并，保持打印的格式一致。操作方法如下：

（1）创建 Excel 电子表格，其包含获奖者的姓名、论文题目以及获奖等级等信息，如图 2-114 所示。

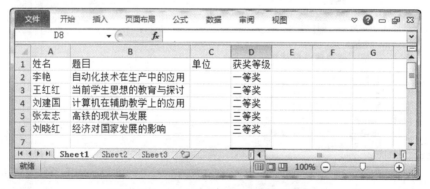

图 2-114　Excel 电子表格（数据源文件）

（2）打开 Word 2010，写出合适的获奖格式，如图 2-115 所示。

（3）单击菜单栏中的"邮件"选项卡，执行"开始邮件合并"命令，选择"普通 Word 文档"选项，再选择"选择收件人"→"使用现有列表"选项，如图 2-116 所示。

（4）打开"选取数据源"对话框，在该对话框中，定位到 Excel 电子表格所在的位置并选择该文件，如图 2-117 所示。

项目二　Word 2010 文字处理软件

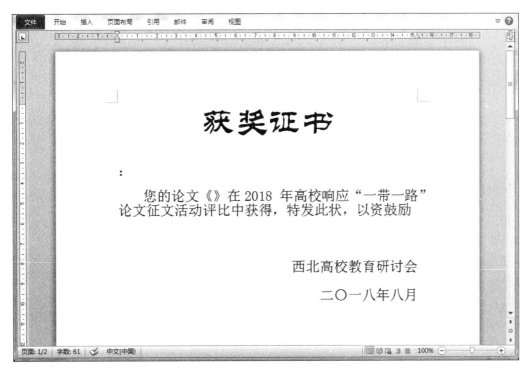

图 2-115　主文档版本设置

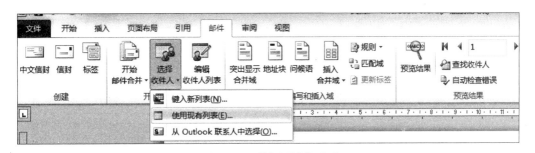

图 2-116　数据源链接（1）

在弹出的对话框中选择信息所在的工作表，此处默认是"Sheet 1"，单击"确认"按钮，如图 2-118 所示。

（5）执行"编辑收件人列表"命令，在打开的窗口中选择要使用的信息字段，默认是全选，选好后单击"确定"按钮，如图 2-119 所示。

（6）将光标移到 Word 2010 文档中要插入姓名的位置，单击"插入合并域"下拉按钮，选择"姓名"选项，如图 2-120 所示

用同样的方法，依次选择"题目"和"获奖等级"，如图 2-121 所示。

图 2-117　数据源链接（2）

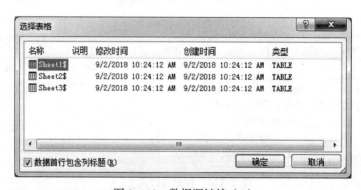

图 2-118　数据源链接（3）

（7）单击"完成并合并"下拉按钮，此处选择"编辑单个文档"选项，如图 2-122（a）所示。弹出的对话框如图 2-122（b）所示。

在"合并到新文档"对话框中选择"全部"选项，即生成一个荣誉证书的新文档。"打印文档"命令可以将这些荣誉证书通过打印机直接打印出来。

（8）单击"预览结果"选项，可看到受奖者姓名、类别和授奖名称自动更换为受表彰人的信息，单击"预览结果"按钮右侧的箭头或者输入数字，可以看到所有荣誉证书替换成功，如图 2-123 所示。

项目二　Word 2010 文字处理软件

图 2-119　数据源链接（4）

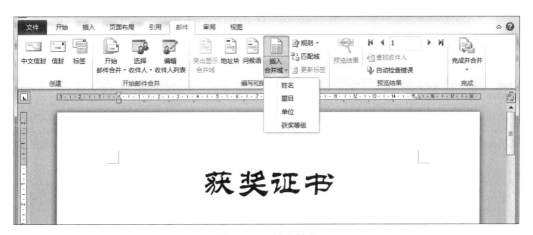

图 2-120　插入域名

信息技术基础

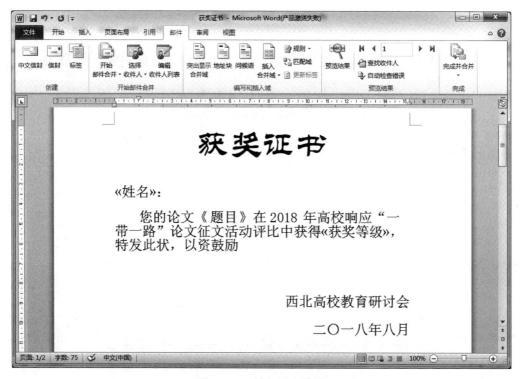

图 2-121　域名插入效果

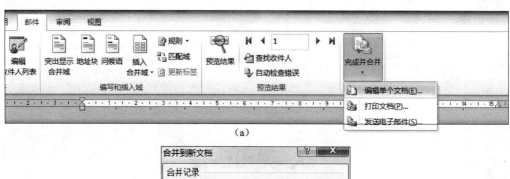

图 2-122　合并文档

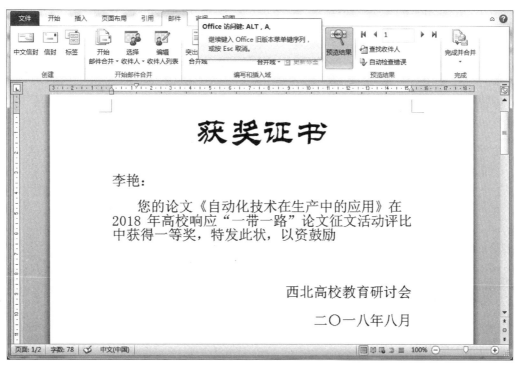

图 2-123 替换效果

2. 利用邮件合并功能批量制作准考证和导入照片

（1）准备学生照片（照片以学生姓名或考号命名），如图 2-124 所示。

图 2-124 图片源文件

(2)建立一个 Excel 学生信息表,包含准考证需要的信息,如图 2-125 所示。

图 2-125　Excel 学生信息表

(3)在 Word 2010 中创建准考证的模板文件,如图 2-126 所示。

图 2-126　准考证模板文件

把不变的信息填写好,调整好格式。

(4)链接数据源,将 Word 模板和 Excel 信息表建立连接

执行"邮件"→"选择收件人"→"使用现有列表"命令,如图 2-127 所示。

图 2-127　数据源链接(5)

（5）弹出"选取数据源"对话框，找到 Excel 数据源文件，如图 2-128 所示。

图 2-128　数据源链接（6）

（6）选中数据信息所在的工作表"Sheet1"，如图 2-129 所示。

图 2-129　数据源链接（7）

此时，Word 模板和 Excel 信息表已经建立连接，"邮件"工具栏中的大多数命令都由灰色变为彩色，说明可以使用。

（7）插入合并域，将 Excel 信息表中的数据导入 Word 模板。

执行"邮件"→"插入合并域"命令，将数据域依次放到 Word 模板的相应位置。例如：导入姓名，定位光标到"姓名"后面的空格栏中，选择"邮件"→"插入合并域"→"姓名"选项，如图 2-130 所示。

图 2-130 插入域名

使用同样的方法，插入其他信息，这时先不管格式变化，效果如图 2-131 所示。

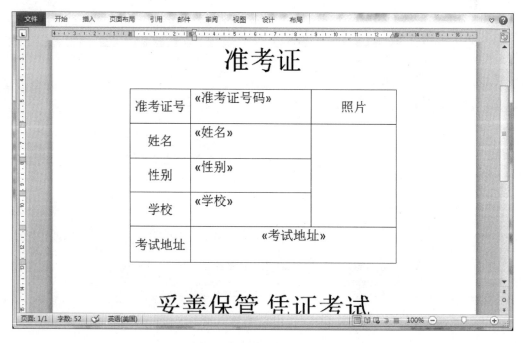

图 2-131 插入域名的效果

（8）批量插入照片。

① 单击预留的显示照片的位置，选择工具栏中的"插入"选项，在"域"对话框的"域名"处选择"IncludePicture"。在"域属性"区域，为了方便起见填入任意字符，比如"a"，单击"确定"按钮，如图 2-132 所示。

图 2-132 插入照片（1）

源文件的最终效果如图 2-133 所示。此时照片控件与 Excel 表格中的照片列并没有建立关联，需要修改域代码。

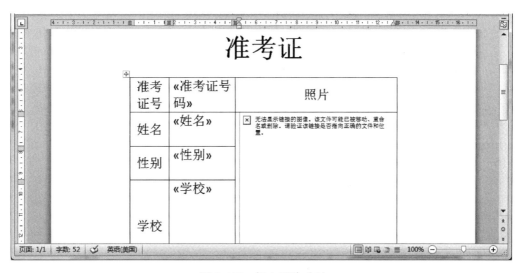

图 2-133 插入照片（2）

② 按"Alt+F9"组键，选择代码"a"，选择"邮件"→"插入合并域"→"照片"选项，如图 2-134 所示。这样就把代码"a"替换成了电子表格中的"照片"，如图 2-135 所示。

代码修改完成，再按"Alt+F9"组合键返回。此时看不到照片，按 F9 键刷新即可看到照片。

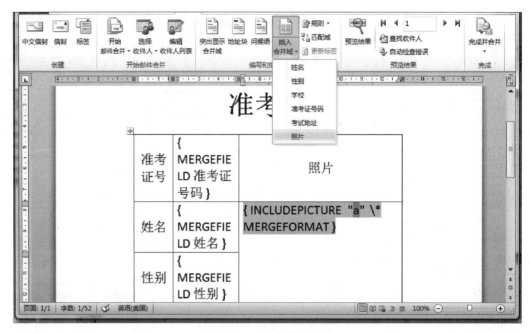

图 2-134 插入照片（3）

图 2-135 插入照片（4）

③ 照片太大，调整照片大小，如图 2-136 所示。

④ 选择"邮件"→"完成并合并"→"编辑单个文档"选项，如图 2-137 所示。

出现"合并到新文档"对话框，选择"全部"选项，并单击"确定"按钮，如图 2-138 所示。

这时会出现一个新的 Word 2010 文档，每张准考证都是同一个人的照片，按"Ctrl+A"组合键全选，按 F9 键刷新，即可在不同的页面显示不同考生的准考证，如图 2-139 所示。

项目二 Word 2010 文字处理软件

图 2-136 调整照片大小

图 2-137 文档合并（1）

图 2-138 文档合并（2）

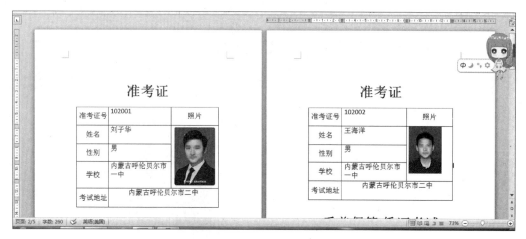

图 2-139　最终效果

3. 使用 Outlook 邮件合并功能同时给多人发邮件

邮件合并涉及两个文档：第一个文档是邮件的内容，这是所有邮件相同的部分，以下称"主文档"；第二个文档包含收件人的称呼、地址等每个邮件中不同的内容，以下称"收件人列表"。第二个文档中的内容也可以从其他程序得到，比如 Outlook 的联系人列表。

执行邮件合并操作之前首先要创建这两个文档，并把它们关联起来，也就是标识收件人列表中的各部分信息在主文档的什么地方出现。例如，指定在主文档的哪些位置应当出现收件人列表中的"称呼"。完成后就可以合并这两个文档，为每个收件人创建邮件。以后再次给这些人发信时，只需要创建主文档或修改已有的信件，再运行邮件合并功能就可以了，非常方便、快捷。

1）创建收件人列表

假设包含信件内容的主文档已经准备好，现在打开它。执行"工具"→"邮件合并"命令，弹出"邮件合并帮助器"对话框，单击"创建"按钮，选择"套用信函"选项，在下一个对话框中选择"活动窗口"选项。

返回到"邮件合并帮助器"对话框。单击"获取数据"按钮，选择"创建数据源"选项定义收件人信息。在"创建数据源"对话框中系统已经自动创建了许多域，还可以删除和添加域。完成域名定义后，单击"确定"按钮，输入该收件人列表的文件名，单击"保存"按钮。

再次返回"邮件合并帮助器"对话框，单击"编辑数据源"按钮，在对话框中输入第一个收件人的各项数据。单击"新增"按钮，输入下一个收件人的信息，重复上述过程直至输入所有收件人的信息。

2）插入合并域

返回主文档界面之后，接下来的任务是将合并域（如"姓名"或"称呼"等）插入到主文档的合适位置。将插入光标移到域内容应当出现的位置，单击"邮件合并"工具条上的"插入合并域"按钮，在下拉列表中选择合适的域，比如当光标所在的位置应当是对收件人的称呼时，就选择"称呼"域。重复上述过程直至加入所有域。

如果要查看合并后的效果，单击"邮件合并"工具条上的"查看合并数据"按钮，此时就会出现将收件人列表第一个记录内容合并到邮件正文后的邮件文本，单击"上一记录""下一记录"按钮可以改变所合并的收件人记录。如果要作修改，单击"查看合并数据"按钮，修改间隔或位置，然后再检查合并后的效果。

3）执行合并操作

编辑好待合并的主文档后，执行"工具"→"邮件合并"命令，弹出"邮件合并帮助器"对话框，选择"合并"选项，从"合并到"列表中选择"新建文档"，选择"数据域为空时，不打印空白行"选项以保证空域不会以空行形式出现在最终文档中，最后单击"合并"按钮就可以合并主文档和收件人列表。

合并结果将出现在屏幕上，并将写给各个收件人的邮件依次排列，此时最好再检查一下，然后打印或保存合并后的文档。

以后再次执行合并时，只需打开主文档，然后执行"工具"→"邮件合并"命令，在弹出的对话框中选择"合并"选项就可以了。在退出 Word 2010 时，会提示保存收件人列表，单击"是"按钮，否则将丢失收件人列表数据。

4）利用 Outlook 的联系人信息

如果收件人信息已经在 Outlook 联系人列表中，把这些联系人信息复制到一个新的联系人文件夹中就可以作为 Word 2010 邮件合并中的收件人列表。其方法是，在 Outlook 中，选择"文件"→"新建"→"文件夹"选项为联系人列表创建一个新的文件夹，在"名称"文本框中输入新文件夹的名字（例如"客户联系"），从"文件夹包含"列表中选择"联系人项"选项，然后选择一个文件夹的位置并单击"确定"按钮，如果系统提示是否要建立工具条快捷方式，单击"否"按钮（除非认为确实有必要）。

现在就可以把 Outlook 联系人列表中的数据复制到这个新的文件夹中。操作方法为：打开源文件夹，按住 Ctrl 键选中多个联系人信息，保持 Ctrl 键处于按下状态，将选中内容拖到目标文件夹"客户联系"中。

要将这个新的文件夹设置为邮件地址簿，用鼠标右键单击文件夹，执行"属性"→"Outlook 通讯簿"→"将该文件夹显示为电子邮件通讯簿"→"应用"命令，最后单击"确定"按钮。

到此为止，Outlook 中的收件人列表已经创建完毕。

在 Word 2010 中打开主文档。打开"邮件合并帮助器"对话框，在对话框中选择"获取数据/使用通讯簿"选项，选择"客户联系"文件夹并单击"确定"按钮。接下来，就可以按照前面介绍的方法插入合并域、执行合并操作了。

应当注意的是，在指定"客户联系"文件夹作为邮件合并操作的收件人数据来源之后，如果以后在"客户联系"文件夹中改动了联系人信息，这些改动并不会自动反映在合并操作中。为了解决这个问题，可以在 Word 2010 中执行"工具"→"邮件合并"命令，单击"获取数据"按钮，按照前面介绍的步骤再次定义数据的来源，此时，Word 2010 将重新读取文件夹的内容，改动的内容就会反映在后续的邮件合并操作中。

5）生成电子邮件

将邮件合并结果发送到 Outlook 中成为电子邮件。在"邮件合并帮助器"对话框中选择"合并"选项，在"合并到"列表中选择"电子邮件"选项。单击"设置"按钮，选择"含

邮件/传真地址的数据域"→"电子邮件"选项。

在"邮件消息主题行"中输入电子邮件的主题。若有必要,选择"以附件形式发送文档"选项。

返回"合并"对话框,单击"合并"按钮。新生成的邮件放在 Outlook 的发件箱。在发出邮件之前,最好能随机检查一些邮件,以验证合并效果。

6)其他

如果在邮件合并操作中指定现有的数据作为收件人数据来源,当数据源中的收件人数量远远大于本次合并操作的收件人数量时,可以使用查询限定目标收件人。操作方法是:在打开主文档后,执行"工具"→"邮件合并"命令,单击"查询选项"按钮。在"查询选项"对话框中选择查询域及其条件。如果指定多行查询条件,各行之间根据实际情况用"与"或者"或"连接。以后执行合并操作时,数据源中只有那些符合指定条件的数据才参与合并。

Word 2010 也可以从 Excel 文件中读取收件人信息。操作方法是:在"邮件合并帮助器"对话框中执行"获取数据"→"打开数据源"命令,在"打开数据源"对话框中选择文件类型为 Excel 工作簿,选定 Excel 文件,单击"打开"按钮,在 Excel 对话框中选择"整张电子表格"或指定表格内的某个区域就可以了。

习 题

1. 简述 Word 2010 工作界面的组成。
2. 在 Word 2010 编辑状态下,选择文本的方法有哪些?
3. Word 2010 共有几种视图?分别用在什么场合?
4. 简述"保存"与"另存为"两个命令的区别。
5. 如何对多个图形进行组合?
6. 如何调整插入到文档中的图片的大小?
7. 如何让文档中的每个章节拥有各自的页眉、页脚?
8. 怎样调整表格的行高和列宽?
9. 创建表格有哪几种方法?
10. 如何设置表格单元格中的文本对齐方式?

实 训

实训 2.1 使用形状及艺术字制作图 2-140 所示公章。

实训 2.2 制作如图 2-141 所示贺卡(也可自行设计)。要求:纸张宽 18 厘米,高 10 厘米,4 个页边距均为 1 厘米。制作贺卡时要用到形状、图片及艺术字。

实训 2.3 制作图 2-142 所示表格。

项目二　Word 2010 文字处理软件

图 2-140　实训 2.1 图

图 2-141　实训 2.2 图

参赛报名表

作者信息栏					
姓名		性别		出生年月	
联系电话				手机	
身份证号				QQ 或微信	
E-mail					
所属系部、班级					
自我介绍					
作品信息栏					
作品名称				指导教师	
创意说明					
主创人员		作品类型		推荐意见	
姓名	性别	□ 书画作品			
		□ 摄影作品			
		□ 其他作品			

图 2-142　实训 2.3 图

项目三
Excel 2010 电子表格入门与应用

项目描述

Excel 2010 是微软集成办公软件 Microsoft Office 2010 中的重要成员，它具有强大的自由制表和数据处理功能，是目前世界上最优秀、最流行的电子表格制作和数据处理软件之一。利用该软件，不仅可以制作精美的电子表格，还可以组织、计算和分析各种类型的数据，方便地制作复杂的图表和财务统计表。

使用 Excel 2010 可以轻松地完成以下工作：

（1）方便地建立和输出各种统计、财务、会计和金融等行业所需的各类报表。

（2）方便地产生和输出与原始数据相链接的各种类型的图表。

（3）系统地管理已生成的各类数据、表格和图形。

（4）与其他 Office 程序共享信息。

（5）通过连接到万维网以共享信息。

因此，当需要用一种简单的方法把信息组织成有序的表格或者当表格中的某些数值必须由其他数据计算出来时，使用 Excel 2010 是最合适的选择。

教学目标

◇ **知识目标**

（1）熟悉 Excel 2010 电子表格的基本概念。

（2）掌握工作簿的新建、保存和打开操作。

（3）熟练掌握工作表的编辑方法。

（4）熟练使用公式和函数处理数据。

（5）能够进行页面设置和打印。

（6）掌握工作表中数据的格式化、边框和底纹的设置操作。

（7）了解条件格式的特点和功能，掌握格式的设置操作。

（8）掌握数据的排序、筛选和分类汇总操作。

（9）掌握图表的创建和编辑方法。

◇ **能力目标**

（1）能够创建"学生管理工作簿"，编辑工作表。

（2）能够创建"学生基本信息表"，录入学生的基本信息。

（3）能够编辑"学生基本信息表"，对已有信息进行编辑整合。

项目三　Excel 2010 电子表格入门与应用

（4）能够完成"教职工薪金表"的数据处理，计算平均值、求和、求最大值及其最小值等。

（5）能够完成美化"五一促销计划表"的操作。

（6）能够使用条件格式突出显示"销售业绩表"中的数据。

（7）能够完成学生成绩表的数据管理和分析操作。

（8）能够完成员工业绩对照图、产品销量比重图和迷你图表的创建和编辑操作。

任务 3.1　学生信息管理

预备知识

1. Excel 2010 工作界面

启动 Excel 2010 后，进入图 3-1 所示的 Excel 2010 工作界面。工作界面包含 7 个区域：标题栏、快速访问工具栏、功能区、编辑栏、工作表编辑区、视图栏及状态栏。

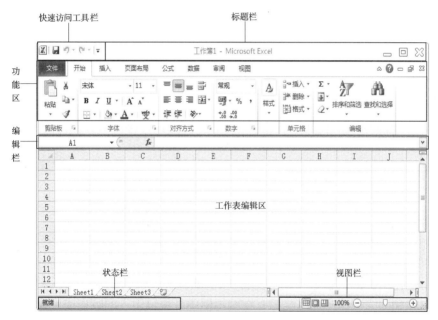

图 3-1　Excel 2010 工作界面

1）标题栏

标题栏位于 Excel 2010 工作界面的右上方，用于显示当前的文档名和程序名等信息，其右边的"窗口控制"按钮可控制窗口的大小。单击"最小化"按钮可缩小窗口到任务栏并以图标按钮显示；单击"最大化"按钮可满屏显示窗口，且按钮变为"向下还原"按钮，再次单击该按钮将恢复窗口到原始大小；单击"关闭"按钮可退出 Excel 2010。

2）快速访问工具栏

在默认情况下，快速访问工具栏中只显示常用的"保存"按钮、"撤销"按钮和"恢复"按钮。单击"自定义快速访问工具栏"按钮，在打开的菜单中选择相应的命令，可将所选的命令按钮添加到快速访问工具栏中。

3）功能区

功能区包括 7 个选项卡，每个选项卡代表 Excel 2010 执行的一组核心任务，并将任务按功能分成若干个分组，如"开始"选项卡中有"剪贴板"分组、"字体"分组、"对齐方式"分组等。

4）工作表编辑区

工作表编辑区是在 Excel 2010 中编辑数据的主要场所，包括行号与列标、单元格和工作表标签等，如图 3-2 所示。行号以阿拉伯数字"1，2，3，…"标识，列标以大写英文字母"A，B，C，…"标识；单元格是 Excel 2010 中存储数据的最小单位，一般情况下，单元格地址显示为"列标+行号"，如位于 A 列 1 行的单元格可表示为 A1 单元格；工作表标签用于显示工作表的名称。在默认情况下，一张工作簿中包含 3 张工作表，分别以"Sheet1""Sheet2""Sheet3"命名。

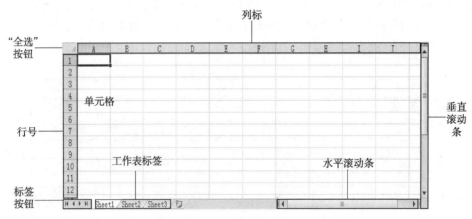

图 3-2　工作表编辑区

5）编辑栏

编辑栏用于显示和编辑当前活动单元格中的数据或公式，在默认情况下，编辑栏包括名称框、"插入函数"按钮和编辑框，如图 3-3 所示。名称框用于显示当前单元格的地址或函数名称，如在名称框中输入"A5"后按 Enter 键，表示在工作表中选择 A5 单元格；单击"插入函数"按钮可在表格中插入函数；在编辑框中可编辑输入的数据或公式。

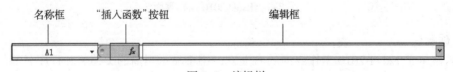

图 3-3　编辑栏

6）状态栏

状态栏位于工作界面的底部，主要用于显示当前数据的编辑状态，包括就绪、输入、编辑等，并随操作的不同而改变。

7）视图栏

视图栏位于工作界面的右下角，包括 3 个视图按钮（"普通""页面布局"及"分页预览"按钮）和显示比例调整按钮。

项目三　Excel 2010 电子表格入门与应用

2. 单元格、工作表与工作簿

单元格、工作表与工作簿是 Excel 的主要操作对象，它们也是构成 Excel 的支架。单元格、工作表与工作簿之间是包含与被包含的关系，即工作表由多个单元格组成，而工作簿又包含一个或多个工作表。

1）单元格

单元格是最基本的数据存储单元，通过对应的行号和列标进行命名和引用，且列标在前，行号在后，如 A1 表示 A 列第 1 行的单元格。在单元格中可以输入文字、数字、公式、日期或进行计算，并显示结果。当单元格四周出现粗黑框时，表示该单元格为活动单元格。

2）工作表

工作表是由行和列交叉排列组成的表格，主要用于处理和存储数据。新建工作簿时，系统自动将工作簿中的工作表命名为"Sheet1""Sheet2""Sheet3"，工作区中的工作表标签自动显示对应的工作表名，用户可根据需要对工作表重新命名。

3）工作簿

工作簿用于保存表格中的内容，其文件拓展名为".xlsx"，通常所说的 Excel 2010 文件就是指工作簿。启动 Excel 2010 后，系统将自动新建一个名为"工作簿 1"的工作簿。一个工作簿可包含若干个工作表，因此，可以将多个相关工作表放在一起组成一个工作簿，操作时不必打开多个文件，直接在一个工作簿中进行切换即可。

任务 3.1.1　创建"学生管理工作簿"

任务描述

学生管理部门要创建"学生管理工作簿"，完成学生信息的管理。

任务分析

在使用 Excel 2010 处理数据之前，首先要学会如何创建一个工作簿，然后再将创建好的工作簿保存至电脑中。下面详细介绍创建与保存工作簿的操作方法。

任务实施

（1）单击"开始"按钮，在弹出的"开始"菜单中选择"所有程序"→"Microsoft Office"→"Microsoft Excel 2010"选项即可启动 Excel 2010，如图 3-4 所示。

（2）启动 Excel 2010 后，会自动生成一个新工作簿。在工作簿中单击"保存"按钮，如图 3-5 所示。

（3）弹出图 3-6 所示的"另存为"对话框，在"保存位置"下拉列表中选择合适的位置，在"文件名"文本框中输入文件名"学生管理工作簿"。因为是第一次保存，所以即使选择"文件"菜单中的"保存"命令，也会出现"另存为"对话框，如图 3-6 所示。

（4）保存类型使用默认的 Excel 类型。文件名最多可以使用 255 个字符。如果不输入扩展名，系统默认为 Excel 2010 文档，并自动加上扩展名".xlsx"。

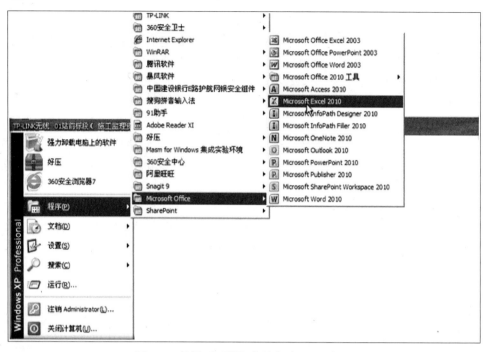

图 3-4 使用"开始"菜单启动 Excel 2010

图 3-5 单击"保存"按钮

图 3-6 "另存为"对话框

（5）单击"保存"按钮。这时，在 Excel 2010 工作界面的标题栏上会用"学生管理工作簿"代替原来的"book1"，如图 3-7 所示。

项目三 Excel 2010 电子表格入门与应用

图 3-7 使用"保存"按钮后的显示界面

（6）执行"文件"菜单中的"关闭"命令可以关闭 Excel 2010 窗口。

（7）执行"文件"菜单中的"打开"命令（快捷键为"Ctrl+O"），弹出"打开"对话框，单击"查找范围"下拉按钮，在弹出的下拉列表中选择"桌面"选项，然后双击"Excel 2010"文件夹，选择"学生管理工作簿.xlsx"，然后单击"打开"按钮，即可在 Excel 2010 工作界面打开。

（8）也可在需要创建工作表的文件夹中的空白处单击鼠标右键，在弹出的快捷菜单中选择"新建"→"Microsoft Excel 工作表"选项，创建一个新工作簿。

任务 3.1.2 编辑"学生管理工作簿"

任务描述

"学生管理工作簿"创建好之后，还要对工作簿进行编辑：

（1）将工作表"Sheet1""Sheet2"和"Sheet3"重命名为"学生基本信息表""学生各科成绩表"和"2012—2013 学年成绩表"。

（2）插入新工作表，并重命名为"2014—2015 学年成绩"。

（3）将工作表"2012—2013 学年成绩表"复制到当前工作簿的最后，并重命为"2013—2014 学年成绩表"。

（4）按学年调整工作表的显示顺序。

（5）删除工作表"学生各科成绩表"。

（6）隐藏工作表"2012—2013 学年成绩表"。

（7）取消隐藏的工作表。

（8）将"2012—2013 学年成绩表"工作表标签的颜色设置为红色。

（9）冻结"学生基本信息表"的第一行和 A、B 两列的数据。
（10）拆分"学生基本信息表"。
（11）保护"学生基本信息表"。

任务分析

利用 Excel 2010 的工作簿编辑功能，完成工作簿中插入、复制、删除、重命名、隐藏以及保护工作表的操作。当工作表中的数据行和列较多时，可以通过拆分和冻结窗格的操作浏览数据。

任务实施

（1）将工作表"Sheet1""Sheet2"和"Sheet3"重命名为"学生基本信息表""学生各科成绩表"和"2012—2013 学年成绩表"。

① 单击工作表标签"Sheet1"，单击鼠标右键，弹出快捷菜单，执行"重命名"命令，如图 3-8 所示。

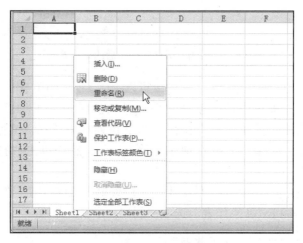

图 3-8　重命名工作表

② 工作表标签"Sheet1"呈高亮显示，工作表名称处于可编辑状态，如图 3-9 所示。此时可以输入新名称"学生基本信息表"，再按回车键即可。

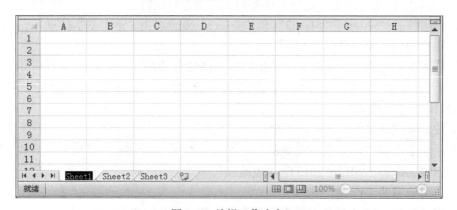

图 3-9　编辑工作表名

③ 使用同样的方法将"Sheet2""Sheet3"的标签重命名为"学生各科成绩表""2012—2013学年成绩表"(也可以双击工作表标签重命名。)

（2）插入新工作表，命名为"2013—2014学年成绩表"。

① 在工作表列表区的右侧，单击"插入工作表"按钮，或者按"Shift+F11"组合键，如图3-10所示。

图3-10　单击"插入工作表"按钮

② 此时即可看到，在工作簿的最后面插入了一个新的工作表"Sheet4"，如图3-11所示。也可在任意工作表的标签上单击鼠标右键，在弹出的快捷菜单中选择"插入"选项，即可在当前工作表之前插入新工作表。

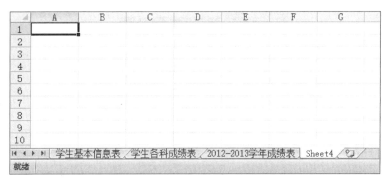

图3-11　"插入工作表"的效果

③ 将工作表"Sheet4"重命名为"2014—2015学年成绩"，效果如图3-12所示。

图3-12　工作表标签的设置效果

（3）将工作表"2012—2013学年成绩表"复制到当前工作簿的最后，并重命为"2013—2014学年成绩表"。

复制工作表是指在原工作表数量的基础上，创建一个与原工作表具有相同内容的工作表；移动工作表是指在不改变工作表数量的情况下，对工作表的位置进行调整。

① 打开"学生管理工作簿"，用鼠标右键单击工作表"2012—2013学年成绩表"的标签，在弹出的快捷菜单中选择"移动或复制"选项，如图3-13所示。

图 3-13　工作表的复制

② 在弹出的"移动或复制工作表"对话框中，选择"移至最后"选项，选择"建立副本"复选框，如图 3-14 所示，单击"确定"按钮即可完成工作表的复制操作，如图 3-15 所示。

图 3-14　"移动或复制工作表"对话框

图 3-15　复制工作表后的效果

③ 用鼠标右键单击工作表"2012—2013 学年成绩表（2）"的标签，重命名为"2013—2014 学年成绩表"。

按住键盘上的 Ctrl 键，按住鼠标左键准备选择复制的工作表标签，并按照水平方向拖动鼠标指针，在工作表标签上方会出现黑色小三角标志，表示可以复制工作表，拖动至目标位置后，释放鼠标左键，可快速完成工作表的复制。

（4）按学年调整工作表的显示顺序。

单击"2013—2014 学年成绩表"工作表的标签，并按住鼠标左键拖动到"2014—2015 学年成绩"工作表的左边，松开鼠标左键，如图 3-16 所示。在拖动的过程中，会出现黑色三角形表示当前移动的位置。

（5）删除"学生各科成绩表"工作表。

单击选择"学生各科成绩表"，在工作表标签上单击鼠标右键，在弹出的快捷菜单中选择"删除"选项即可删除，如图 3-17 所示。

项目三 Excel 2010 电子表格入门与应用

图 3-16 调整工作表的位置后的效果

图 3-17 工作表的删除

（6）隐藏工作表"2012—2013学年成绩表"。

在 Excel 2010 工作簿中，通常会有多张工作表，把不常用的工作表隐藏起来，可以方便查找常用的工作表，以提高工作效率。

① 用鼠标右键单击工作表"2012—2013学年成绩表"的标签，在弹出的快捷菜单中选择"隐藏"选项。

② 可以看到工作表"2012—2013学年成绩表"已被隐藏，如图 3-18 所示。

图 3-18 工作表隐藏后的效果

（7）取消隐藏工作表。如果想再次使用或者编辑已经隐藏的工作表，可以取消其隐藏，让工作表显示出来。

① 用鼠标右键单击任意工作表标签，在弹出的快捷菜单中选择"取消隐藏"选项，如图 3-19 所示。

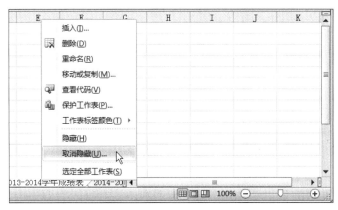

图 3-19 工作表的显示

② 弹出"取消隐藏"对话框,在"取消隐藏工作表"列表框中选择显示的工作表标签,单击"确定"按钮,如图 3-20 所示。

(8)将"2012—2013 学年成绩表"工作表标签的颜色设置为红色。

用鼠标右键单击工作表"2012—2013 学年成绩表"的标签,在弹出的快捷菜单中选择"工作表标签颜色"选项,从子菜单中选择"红色"选项,如图 3-21 所示。可以看到工作表标签的颜色变为红色,如图 3-22 所示。

图 3-20 "取消隐藏"对话框

图 3-21 设置工作表标签的颜色

图 3-22 设置工作表标签的颜色后的效果

(9)冻结"学生基本信息表"的第一行和 A、B 列。

① 在"学生基本信息"工作表中,选择 C2 单元格,切换到"视图"选项卡,在"窗口"分组中单击"冻结窗格"按钮,在弹出的下拉菜单中选择"冻结拆分窗格"选项,如图 3-23 所示。

② 返回 Excel 2010 工作界面,使用鼠标拖动滚动条,可以看到工作表首行的"学号"和"姓名"列已经被冻结,其他部分则可以自由滚动,如图 3-24 所示。

执行"冻结窗格"列表中的"取消冻结窗格"命令即可取消冻结效果。

(10)拆分窗口。

选择要拆分的单元格 F9,切换至"视图"选项卡,单击"窗口"分组中的"拆分"按钮,将在 F9 单元格的左上角形成拆分界限,窗口的拆分效果如图 3-25 所示。

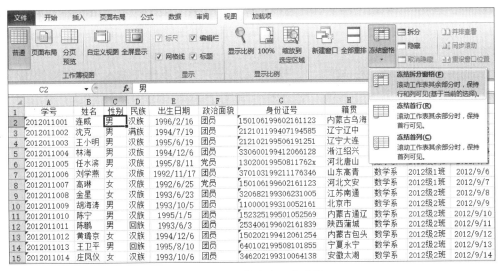

	A	B	C	D	E	F	G	H	I	J	K
1	学号	姓名	性别	民族	出生日期	政治面貌	身份证号	籍贯			
2	2012011001	连威	男	汉族	1996/2/16	团员	150106199602161123	内蒙古乌海			
3	2012011002	沈克	男	满族	1994/7/19	团员	212101199407194585	辽宁辽中			
4	2012011003	王小明	男	汉族	1995/6/19	团员	212102199506191251	辽宁大连			
5	2012011004	林海	男	汉族	1994/12/6	团员	330600199412066128	浙江绍兴			
6	2012011005	任水滨	男	汉族	1995/8/11	党员	13020019950811762x	河北唐山			
7	2012011006	刘学燕	女	汉族	1992/11/17	团员	370103199211176346	山东高青	数学系	2012级1班	2012/9/6
8	2012011007	高琳	女	汉族	1992/6/25	党员	150106199602161123	河北文安	数学系	2012级1班	2012/9/7
9	2012011008	金星	女	汉族	1993/6/23	团员	320682199306231005	江苏南通	数学系	2012级2班	2012/9/8
10	2012011009	胡海涛	男	汉族	1993/10/5	团员	110000199310052161	北京市	数学系	2012级2班	2012/9/9
11	2012011010	陈宁	男	汉族	1995/1/5	团员	152325199501052569	内蒙古通辽	数学系	2012级2班	2012/9/10
12	2012011011	陈鹏	男	回族	1993/6/3	团员	253406199602161839	陕西蒲城	数学系	2012级2班	2012/9/11
13	2012011012	黄璐京	女	汉族	1994/12/6	团员	150202199412061254	内蒙古包头	数学系	2012级2班	2012/9/12
14	2012011013	王卫平	男	回族	1995/8/10	团员	640102199508101855	宁夏永宁	数学系	2012级2班	2012/9/13
15	2012011014	庄凤仪	女	汉族	1993/10/6	团员	346202199310064138	安徽太湖	数学系	2012级2班	2012/9/14

图 3-23 工作表窗口的冻结

	A	B	C	D	E	F	G	H	I	J	K	L
1	学号	姓名	性别	民族	出生日期	政治面貌	身份证号	籍贯	系部	班级	入学时间	入学分数
5	2012011004	林海	男	汉族	1994/12/6	团员	330600199412066128	浙江绍兴	数学系	2012级1班	2012/9/4	460
6	2012011005	任水滨	男	汉族	1995/8/11	党员	13020019950811762x	河北唐山	数学系	2012级1班	2012/9/5	609
7	2012011006	刘学燕	女	汉族	1992/11/17	团员	370103199211176346	山东高青	数学系	2012级1班	2012/9/6	480
8	2012011007	高琳	女	汉族	1992/6/25	党员	150106199602161123	河北文安	数学系	2012级1班	2012/9/7	491
9	2012011008	金星	女	汉族	1993/6/23	团员	320682199306231005	江苏南通	数学系	2012级2班	2012/9/8	468
10	2012011009	胡海涛	男	汉族	1993/10/5	团员	110000199310052161	北京市	数学系	2012级2班	2012/9/9	422
11	2012011010	陈宁	男	汉族	1995/1/5	团员	152325199501052569	内蒙古通辽	数学系	2012级2班	2012/9/10	436
12	2012011011	陈鹏	男	回族	1993/6/3	团员	253406199602161839	陕西蒲城	数学系	2012级2班	2012/9/11	457
13	2012011012	黄璐京	女	汉族	1994/12/6	团员	150202199412061254	内蒙古包头	数学系	2012级2班	2012/9/12	490
14	2012011013	王卫平	男	回族	1995/8/10	团员	640102199508101855	宁夏永宁	数学系	2012级2班	2012/9/13	530
15	2012011014	庄凤仪	女	汉族	1993/10/6	团员	346202199310064138	安徽太湖	数学系	2012级2班	2012/9/14	469

图 3-24 窗口冻结的效果

	A	B	C	D	E	F	G	H	I	J	K	L
1	学号	姓名	性别	民族	出生日期	政治面貌	身份证号	籍贯	系部	班级	入学时间	入学分数
2	2012011001	连威	男	汉族	1996/2/16	团员	150106199602161123	内蒙古乌海	数学系	2012级1班	2012/9/1	429
3	2012011002	沈克	男	满族	1994/7/19	团员	212101199407194585	辽宁辽中	数学系	2012级1班	2012/9/2	615
4	2012011003	王小明	男	汉族	1995/6/19	团员	212102199506191251	辽宁大连	数学系	2012级1班	2012/9/3	540
5	2012011004	林海	男	汉族	1994/12/6	团员	330600199412066128	浙江绍兴	数学系	2012级1班	2012/9/4	460
6	2012011005	任水滨	男	汉族	1995/8/11	党员	13020019950811762x	河北唐山	数学系	2012级1班	2012/9/5	609
7	2012011006	刘学燕	女	汉族	1992/11/17	团员	370103199211176346	山东高青	数学系	2012级1班	2012/9/6	480
8	2012011007	高琳	女	汉族	1992/6/25	党员	150106199602161123	河北文安	数学系	2012级1班	2012/9/7	491
9	2012011008	金星	女	汉族	1993/6/23	团员	320682199306231005	江苏南通	数学系	2012级2班	2012/9/8	468
10	2012011009	胡海涛	男	汉族	1993/10/5	团员	110000199310052161	北京市	数学系	2012级2班	2012/9/9	422
11	2012011010	陈宁	男	汉族	1995/1/5	团员	152325199501052569	内蒙古通辽	数学系	2012级2班	2012/9/10	436
12	2012011011	陈鹏	男	回族	1993/6/3	团员	253406199602161839	陕西蒲城	数学系	2012级2班	2012/9/11	457
13	2012011012	黄璐京	女	汉族	1994/12/6	团员	150202199412061254	内蒙古包头	数学系	2012级2班	2012/9/12	490
14	2012011013	王卫平	男	回族	1995/8/10	团员	640102199508101855	宁夏永宁	数学系	2012级2班	2012/9/13	530
15	2012011014	庄凤仪	女	汉族	1993/10/6	团员	346202199310064138	安徽太湖	数学系	2012级2班	2012/9/14	469

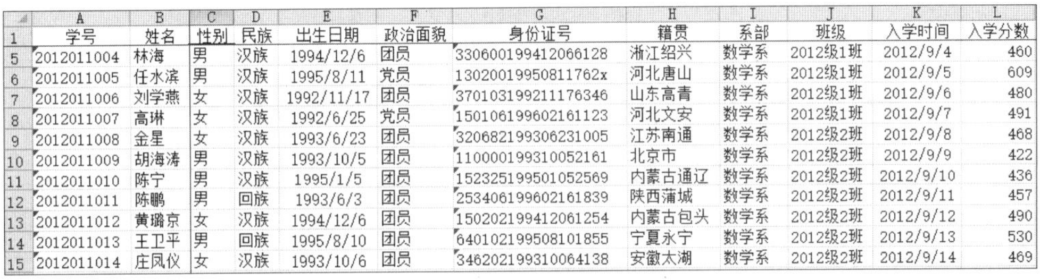

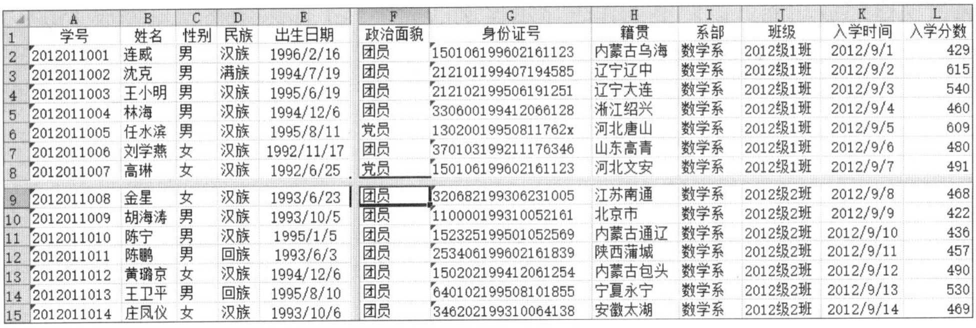

图 3-25 窗口拆分的效果

将鼠标移至拆分线上，在鼠标指针变为双向箭头时，按住鼠标左键即可改变拆分线的位置。若要取消拆分，则直接单击“拆分”按钮即可。

（11）保护“学生基本信息表”工作表，使工作表中的数据不被编辑和删除。

如果需要对当前工作表的数据进行保护，可以使用保护工作表功能，保护工作表中的数据不被编辑。

① 用鼠标右键单击“学生基本信息表”工作表的标签，从弹出的快捷菜单中选择“保

护工作表"命令。

② 弹出"保护工作表"对话框,选择"保护工作表及锁定的单元格内容"复选框,在"取消工作表保护时使用的密码"文本框中输入准备使用的密码,单击"确定"按钮,如图3-26所示。

③ 弹出"确认密码"对话框,在"重新输入密码"文本框中输入刚刚设置的密码,单击"确定"按钮。

④ 返回到工作表,可以看到工作表的部分功能被禁止,例如"插入"选项卡的所有命令被禁止,这样即可完成保护工作表的操作,如图3-27所示。

图3-26 保护工作表的密码

图3-27 保护工作表后的效果

扩展知识

1. 窗口缩放功能

通过窗口缩放功能可以调整工作表显示比例的大小,下面以调整窗口缩放150%为例,详细介绍窗口缩放的操作方法。

(1)打开工作簿,在窗口最下方的视图栏中,使用鼠标左键拖动显示比例滑块,拖动至150%处释放鼠标左键,如图3-28所示。

图3-28 工作表窗口的缩放

(2)通过以上方法即可完成窗口缩放的操作。

2. 工作簿多窗口显示

工作表多窗口显示的主要排列方式包括平铺、水平并排、垂直并排和层叠。下面详细介绍工作簿多窗口显示的操作方法。

(1)打开多窗口显示的多个工作簿,选择"视图"选项卡,在"窗口"分组中单击"全部重排"按钮,如图3-29所示。

(2)弹出"重排窗口"对话框,选择"垂直并排"选项,单击"确定"按钮,如图3-30所示。

项目三　Excel 2010 电子表格入门与应用

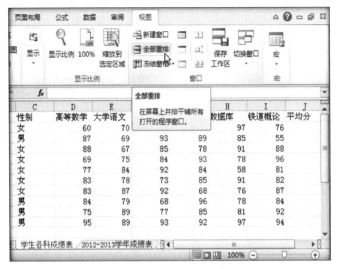

图 3-29　工作表多窗口显示

图 3-30　"重排窗口"对话框

（3）可以看到多个窗口按照垂直并排的方式排列，如图 3-31 所示。

（4）使用鼠标单击某工作簿的标题栏，即可查看该工作簿的内容，这样即可完成多窗口显示工作簿的操作。

图 3-31　多个窗口垂直并排的效果

（5）并排比较是将两个或两个以上的工作簿并排放在一起，以帮助用户进行数据比对，打开多个需要并排比较的工作簿，选择"视图"选项卡，在"窗口"分组中单击"并排查看"按钮，多个工作簿将并排显示出来，这样即可完成并排比较的操作，如图 3-32 所示。

图 3-32 工作簿并排比较

任务 3.1.3 录入学生基本信息

任务描述

在"学生基本信息表"工作表中录入学生的个人信息，如图 3-33 所示。

图 3-33 录入学生基本信息

任务分析

完成工作表的基本编辑工作，在工作表中体验各类数据的输入操作。

任务实施

（1）在 A 列中输入学号。

① 单击 A1 单元格，输入"学号"两字后按 Enter 键确定。

② 在 A2 单元格中输入"'2012011001"后按回车键。选中 A2 单元格，将鼠标移至 A2 单元格右下角的填充柄上，当鼠标指针变为黑色的加号时，按住鼠标左键拖至 A15 单

元格。

（2）在 B 列中输入学生姓名。选中单元格，直接输入姓名后按回车键即可。

（3）在 C 列中输入性别。

① 在 C1 单元格中输入"性别"，在 C2 单元格中输入"男"。

② 选中 C2 单元格，将鼠标移至 C2 单元格右下角的填充柄上，当鼠标指针变为黑色的加号时，按住鼠标左键拖至 C6 单元格。在 C7 单元格中输入"女"，使用同样的方法填充到 C9 单元格。在 C10 单元格中输入"男"，再填充至 C12 的单元格。

当相邻的单元格内容相同时，可以采用以上方法快速填充，例如民族、政治面貌和系部数据的输入。

（4）在 E 列中输入出生日期。

日期类型的数据的输入格式为"年/月/日"或"年－月－日"，如"1996-2-16"。

（5）在 G 列中输入身份证号。

身份证号为 18 位数字序列，如果在 G2 单元格中直接输入"150106199602161123"，按回车键后自动变为科学记数法，如图 3-34 所示。问题出在"身份证号"的数据类型是默认的"常规数字"，若想正确输入身份证号，应将类型设置为文本类型，具体方法如下：

身份证号前加单引号输入即可变为文本类型，如"'150106199602161123"。或者选择单元格区域 G2∶G15，单击"开始"选项卡"数字"分组中的"常规"下拉按钮，从弹出的列表中选择"文本"选项，如图 3-35 所示，再在 G 列中输入身份证号即可。

图 3-34　身份证号的输入　　　　　图 3-35　数据类型列表

注意：

（1）单引号应在英文状态下输入。

（2）单元格区域 G2:G15 表示 G 列中 G2 ~ G15 的 14 个单元格，选择方法为：将鼠标指针移至 G2 单元格，当指针为空心十字时，按住鼠标左键向下拖动至 C15 单元格后释放鼠标左键。

（6）在 J 列中输入班级名称。

在 J1 单元格中输入“班级”，在 J2 单元格中输入“2012 级 1 班”，选择 J2 单元格，将鼠标移至右下角，当鼠标指针变为黑色加号时，按住 Ctrl 键向下填充至 J8 单元格。用相同的方法快速填充 J9 ~ J15 单元格，如图 3-36 所示。

注意： 班级名称由数字和汉字组合，如果想填充相同的内容，必须按住 Ctrl 键。

（7）在 K 列输入入学时间

在 K1 单元格中输入“入学时间”，在 K2 单元格中输入“2012-9-1”，再选中 K2 单元格，按住 Ctrl 键快速填充。

在快速填充的过程中，如果不按 Ctrl 键，日期数据的填充效果如图 3-37 所示。

H	I	J
籍贯	系部	班级
内蒙古乌海	数学系	2012级1班
辽宁辽中	数学系	2012级1班
辽宁大连	数学系	2012级1班
浙江绍兴	数学系	2012级1班
河北唐山	数学系	2012级1班
山东高青	数学系	2012级1班
河北文安	数学系	2012级1班
江苏南通	数学系	
北京市	数学系	
内蒙古通辽	数学系	
陕西蒲城	数学系	
内蒙古包头	数学系	
宁夏永宁	数学系	
安徽太湖	数学系	

图 3-36　班级名称的填充

I	J	K
系部	班级	入学时间
数学系	2012级1班	2012/9/1
数学系	2012级1班	2012/9/2
数学系	2012级1班	2012/9/3
数学系	2012级1班	2012/9/4
数学系	2012级1班	2012/9/5
数学系	2012级1班	2012/9/6
数学系	2012级1班	2012/9/7
数学系	2012级2班	2012/9/8
数学系	2012级2班	2012/9/9
数学系	2012级2班	2012/9/10
数学系	2012级2班	2012/9/11
数学系	2012级2班	2012/9/12
数学系	2012级2班	2012/9/13
数学系	2012级2班	2012/9/14

图 3-37　不按 Ctrl 键进行日期序列填充的效果

（8）在 L 列中输入“入学成绩”，在单元格中直接输入具体的数据即可。

（9）调整列宽。

输入完成后，可以看到“身份证号”列的有些内容无法完整显示，如图 3-38 所示。此时，可以将鼠标放在 G 列与 H 列之间的框线上，当鼠标指针变为双向箭头时，双击鼠标左键，Excel 2010 即可使 G 列按照内容自动调整为合适的列宽，如图 3-39 所示。

F	G	H	I
政治面貌	身份证号	籍贯	系部
团员	150106199602161	内蒙古乌海	数学系
团员	212101199407194	辽宁辽中	数学系
团员	212102199506191	辽宁大连	数学系
团员	330600199412066	浙江绍兴	数学系
党员	130200199508117	河北唐山	数学系
团员	370103199211176	山东高青	数学系
党员	150106199602161	河北文安	数学系
团员	320682199306231	江苏南通	数学系
团员	110000199310052	北京市	数学系
团员	152325199501052	内蒙古通辽	数学系
团员	253406199602161	陕西蒲城	数学系
团员	150202199412061	内蒙古包头	数学系
团员	640102199508101	宁夏永宁	数学系
团员	346202199310064	安徽太湖	数学系

图 3-38　数据的输入效果

F	G	H	I
政治面貌	身份证号	籍贯	系部
团员	150106199602161	内蒙古乌海	数学系
团员	212101199407194	辽宁辽中	数学系
团员	212102199506191	辽宁大连	数学系
团员	330600199412066	浙江绍兴	数学系
党员	130200199508117	河北唐山	数学系
团员	370103199211176	山东高青	数学系
党员	150106199602161	河北文安	数学系
团员	320682199306231	江苏南通	数学系
团员	110000199310052	北京市	数学系
团员	152325199501052	内蒙古通辽	数学系
团员	253406199602161	陕西蒲城	数学系
团员	150202199412061	内蒙古包头	数学系
团员	640102199508101	宁夏永宁	数学系
团员	346202199310064	安徽太湖	数学系

图 3-39　G 列列宽的调整效果

扩展知识

1. 利用数据有效性输入数据

性别只有两种，为了避免重复输入，同时也为了提高输入的准确性，可以使用数据有效性来输入。具体操作如下：

（1）选中 C2 单元格，切换到"数据"选项卡，在"数据工具"分组中单击"数据有效性"按钮右侧的下三角按钮，在弹出的下拉列表中选择"数据有效性"选项，如图 3-40 所示。

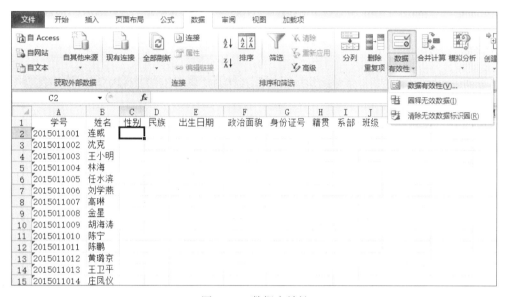

图 3-40　数据有效性

（2）弹出"数据有效性"对话框，切换到"设置"选项卡，在"允许"下拉列表中选择"序列"选项，在"来源"文本框中输入"男,女"，中间用英文半角状态下的逗号隔开，如图 3-41 所示。

（3）单击"确定"按钮，返回工作表。此时，将鼠标指针放在 C2 单元格上，单元格的右侧会出现一个下拉按钮，如图 3-42 所示，从列表中选择输入的内容即可。

图 3-41　"数据有效性"对话框　　　　图 3-42　数据有效性应用效果

（4）将鼠标指针移动到 C2 单元格的右下角，此时，鼠标指针变为十字形状。按住鼠标左键不放，向下拖动鼠标，拖动到合适位置，释放鼠标左键，此时，数据有效性就填充到了选中的单元格区域中。每个单元格在选中状态下右侧都会出现一个下拉按钮。单击单元格右侧的下拉按钮，在弹出的下拉列表中选择合适的规格即可。

2. 自定义填充序列

当在工作表中输入已经设置在序列中的第一个数据时，使用鼠标拖动该数据的单元格，程序会自动为其他单元格填充已经设置好的内容。

将"学生基本信息表"中的标题设置为自定义填充序列，具体操作方法如下：

（1）打开"学生管理工作簿"，选择"文件"选项卡，执行"选项"命令。

（2）弹出"Excel 选项"对话框，选择"高级"选项卡，在"常规"选项区中单击"编辑自定义列表"按钮，如图 3-43 所示。

图 3-43 "Excel 选项"对话框

（3）弹出"自定义序列"对话框，在"输入序列"列表框中，输入准备设置的序列，单击"添加"按钮，如图 3-44 所示，单击"确定"按钮。

（4）返回"Excel 选项"对话框，单击"确定"按钮完成操作。在工作表的 A1 单元格中输入"学号"，将鼠标停留在选中单元格的右下角，鼠标指针变成十字形状，按住鼠标左键并拖动，拖动至目标位置后，释放鼠标左键，通过以上方法即可完成自定义填充序列的操作。

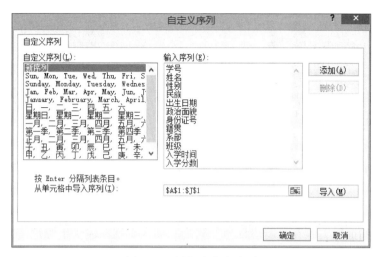

图 3-44 添加自定义序列

任务 3.1.4 编辑"学生基本信息表"

任务描述

打开"学生信息管理工作簿",按以下要求完成"学生基本信息表"的编辑操作。

(1) 2012 级 1 班新来了一名学生,在第 9 行插入该生的基本信息。
(2) 在"政治面貌"列右边插入一列,输入生源地信息。
(3) 将"政治面貌"列中的所有"党员"改为"中共党员"。
(4) 删除 E 列中的出生日期。
(5) 使"籍贯"列显示在"身份证号"列的左侧。
(6) 隐藏学生的入学分数。
(7) 将所有行高调整为 20,同时自动调整列宽。
(8) 将"学生基本信息表"中的"学号""姓名"列的数据复制到工作表"2012—2013 学年成绩表"中。

任务分析

在工作表中输入完数据之后,也可以很方便地完成行、列的插入、删除、隐藏以及数据的移动、复制和查找替换等操作。

任务实施

(1) 2012 级 1 班新来了一名学生,在第 9 行插入该生的基本信息。

① 选择第 9 行的任意一个单元格,单击"开始"选项卡"单元格"分组中的"插入"按钮,如图 3-45 所示,在弹出的下拉菜单中选择"插入工作表行"选项,可以看到已经插入 1 行,如图 3-46 所示。

② 在第 9 行中依次输入新来的学生信息即可。

图 3-45 插入命令列表

信息技术基础

	A	B	C	D	E	F	G	H
1	学号	姓名	性别	民族	出生日期	政治面貌	身份证号	籍贯
2	2012011001	连威	男	汉族	1996/2/16	团员	150106199602161123	内蒙古乌海
3	2012011002	沈克	男	满族	1994/7/19	团员	212101199407194585	辽宁辽中
4	2012011003	王小明	男	汉族	1995/6/19	团员	212102199506191251	辽宁大连
5	2012011004	林海	男	汉族	1994/12/6	团员	330600199412066128	浙江绍兴
6	2012011005	任水滨	男	汉族	1995/8/11	党员	13020019950811762x	河北唐山
7	2012011006	刘学燕	女	汉族	1992/11/17	团员	370103199211176346	山东高青
8	2012011007	高琳	女	汉族	1992/6/25	党员	150106199602161123	河北文安
9								
10	2012011008	金星	女	汉族	1993/6/23	团员	320682199306231005	江苏南通
11	2012011009	胡海涛	男	汉族	1993/10/5	团员	110000199310052161	北京市
12	2012011010	陈宁	男	汉族	1995/1/5	团员	152325199501052569	内蒙古通辽
13	2012011011	陈鹏	男	回族	1993/6/3	团员	253406199602161839	陕西蒲城
14	2012011012	黄璐京	女	汉族	1994/12/6	团员	150202199412061254	内蒙古包头
15	2012011013	王卫平	男	回族	1995/8/10	团员	640102199508101855	宁夏永宁
16	2012011014	庄凤仪	女	汉族	1993/10/6	团员	346202199310064138	安徽太湖

图 3-46　插入 1 行的效果

（2）在"政治面貌"列和"身份证号"列之间插入 1 列，输入生源地信息。

① 选择第 G 列的任意一个单元格，单击"开始"选项卡"单元格"分组中的"插入"按钮，从下拉菜单中选择"插入工作表列"选项，如图 3-45 所示，此时工作表中插入 1 列，如图 3-47 所示。

	A	B	C	D	E	F	G	H
1	学号	姓名	性别	民族	出生日期	政治面貌		身份证号
2	2012011001	连威	男	汉族	1996/2/16	团员		150106199602161123
3	2012011002	沈克	男	满族	1994/7/19	团员		212101199407194585
4	2012011003	王小明	男	汉族	1995/6/19	团员		212102199506191251
5	2012011004	林海	男	汉族	1994/12/6	团员		330600199412066128
6	2012011005	任水滨	男	汉族	1995/8/11	党员		13020019950811762x
7	2012011006	刘学燕	女	汉族	1992/11/17	团员		370103199211176346
8	2012011007	高琳	女	汉族	1992/6/25	党员		150106199602161123
9	2012011008	金星	女	汉族	1993/6/23	团员		320682199306231005
10	2012011009	胡海涛	男	汉族	1993/10/5	团员		110000199310052161
11	2012011010	陈宁	男	汉族	1995/1/5	团员		152325199501052569
12	2012011011	陈鹏	男	回族	1993/6/3	团员		253406199602161839
13	2012011012	黄璐京	女	汉族	1994/12/6	团员		150202199412061254
14	2012011013	王卫平	男	回族	1995/8/10	团员		640102199508101855
15	2012011014	庄凤仪	女	汉族	1993/10/6	团员		346202199310064138

图 3-47　插入 1 列（1）

② 第 G 列中输入学生的生源地信息即可。

（3）将"政治面貌"列中的所有"党员"改为"中共党员"。

① 切换至"开始"选项卡，单击"编辑"分组中的"查找和选择"下拉按钮，如图 3-48 所示，从下拉菜单中选择"替换"选项，弹出"查找和替换"对话框。

② 在"查找内容"文本框中输入需要查找的数据"党员"，在"替换为"文本框中输入"中共党员"，如图 3-49 所示，单击"全部替换"按钮。

图 3-48　"编辑"分组

图 3-49　"查找和替换"对话框（1）

③ 此时弹出替换结果显示对话框，如图 3-50 所示，单击"确定"按钮，再关闭"查找和替换"对话框。"政治面貌"列中的"党员"已被替换为"中共党员"，如图 3-51 所示。

图 3-50 替换结果显示对话框

（4）删除 E 列中的出生日期。

选择 E 列中的任意一个单元格，单击"开始"选项卡"单元格"分组中的"删除"下拉按钮，在弹出的下拉菜单中选择"删除工作表列"选项，如图 3-52 所示，此时可以看到"出生日期"列已被删除，如图 3-53 所示。

图 3-51 替换数据的效果

图 3-52 删除命令列表

图 3-53 删除 E 列的效果

（5）使"籍贯"列显示在"身份证号"列的左侧。

① 在"身份证号"列左边插入一列，如图 3-54 所示。

图 3-54 插入 1 列（2）

② 单击列标"J",选中 J 列,即"籍贯"列,如图 3-55 所示,将鼠标指针停留在选中列的边缘,当鼠标指针变为十字形状的时候,按住鼠标左键,将选中的列拖曳至 H 列,然后释放鼠标左键即可,如图 3-56 所示。

图 3-55　选择 J 列　　　　　　　　图 3-56　将"籍贯"列移到 H 列

③ 删除 J 列。

(6)隐藏学生的入学分数。

选择"入学分数"列中的任一单元格,单击"开始"选项卡"单元格"分组中的"格式"下拉按钮,在弹出的下拉菜单中选择"隐藏和取消隐藏"→"隐藏列"选项,如图 3-57 所示,此时"入学分数"列已被隐藏,如图 3-58 所示。

图 3-57　"隐藏列"选项

(7)将行高调整为 20,列宽自动调整。

① 选择要调整的行。单击行号"1",并按住鼠标左键拖动至行号"15"即可选择 1～15 行,或者在某一列选择单元格区域,如 A1:A15,如图 3-59 所示。

项目三 Excel 2010 电子表格入门与应用

图 3-58 隐藏列的效果　　图 3-59 选择单元格区域（1）

② 选择"开始"选项卡，在"单元格"分组中单击"格式"下拉按钮，从下拉菜单中选择"行高"选项，如图 3-60 所示。

③ 弹出"行高"对话框，在"行高"文本框中输入"20"，如图 3-61 所示，单击"确定"按钮。

图 3-60 "格式"下拉菜单

图 3-61 "行高"对话框

④ 选择所有列，单击"开始"选项卡"单元格"分组中的"格式"下拉按钮，从下拉菜单中选择"自动调整列宽"选项，如图 3-60 所示。

（8）将"学生基本信息表"中的"学号""姓名"列的数据复制到工作表"2012—2013 学年成绩表"。

① 选择单元格区域 A1：B15，如图 3-62 所示，在"开始"选项卡的"剪贴板"分组中单击"复制"按钮，如图 3-63 所示。

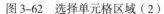

图 3-62　选择单元格区域（2）　　　　　　　图 3-63　"剪贴板"分组

② 切换到工作表"2012—2013 学年成绩表"，选中 A1 单元格，单击"剪贴板"分组中的"粘贴"按钮或单击鼠标右键从快捷菜单中选择"粘贴选项"→"粘贴"命令，如图 3-64 所示。粘贴效果如图 3-65 所示。

图 3-64　快捷菜单　　　　　　　　　　　　图 3-65　粘贴后的效果

如果在同一个工作表中进行复制操作，那么按住 Ctrl 键，将鼠标指针停留在选中区域的边缘，当鼠标指针变成十字形状时，按住鼠标左键，将选中的列拖曳至目标位置，然后释放鼠标左键，即可复制数据。

（9）查找所有党员的记录。

① 在工作表中任意选择一个单元格，选择"开始"选项卡"编辑"分组中的"查找和选择"下拉按钮，从弹出的下拉菜单中选择"查找"选项。

② 弹出"查找和替换"对话框，选择"查找"选项卡，在"查找内容"文本框中输入准备查找的数据关键字"党员"，如图 3-66 所示。单击"查找下一个"按钮可以依次查找符合条件的记录。

项目三 Excel 2010 电子表格入门与应用

图 3-66 "查找和替换"对话框(2)

也可以单击"查找全部"按钮,显示所有符合条件的记录,如图 3-67 所示。

图 3-67 查找结果

扩展知识

1. 选择间隔多行或多列

在工作表中,按住 Ctrl 键,依次单击准备选择的行对应的数字,即可完成选择间隔多行的操作,如图 3-68 所示。选择整列的操作与行的选择相同。

图 3-68 选择间隔多行

2. 选中相邻的单元格

多个相邻单元格组成的区域称为单元格区域,其表示方法为"左上角的单元格名称:右下角的单元格名称",其中冒号需要在英文状态下输入。例如,B2:D7 表示左上角为 B2 单元格、右下角为 D7 单元格的单元格区域。

选中相邻的单元格是比较常见的区域选取方法,打开工作表,将鼠标指针停留在准备选取的第一个单元格 B3 上,鼠标指针变成空心十字形状,按住鼠标左键拖曳,拖曳至合适位置(E10)后释放鼠标左键,如图 3-69 所示。

信息技术基础

图 3-69 选中相邻的单元格

3. 选中不相邻的单元格

将鼠标指针停留在准备选取的第一个单元格上，鼠标指针变成空心十字形状，单击鼠标左键，按住 Ctrl 键，依次单击准备选取的不相邻的单元格，通过以上方法即可完成选中不相邻单元格的操作，如图 3-70 所示。

图 3-70 选中不相邻的单元格

4. 选中整张工作表中的内容

单击工作表左上角的行号和列标交叉处的按钮，可以看到整张工作表被选中，如图 3-71 所示。

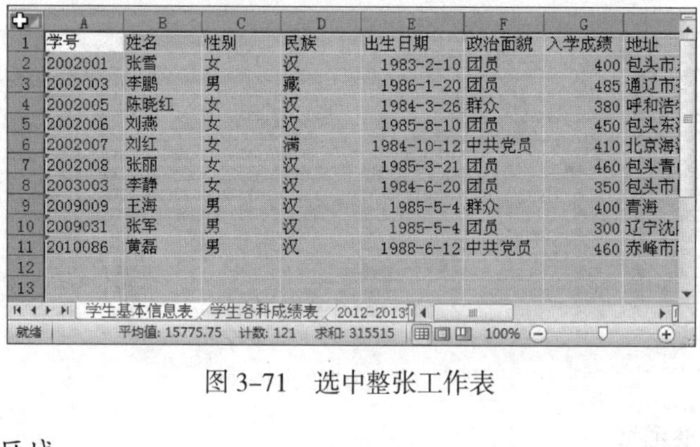

图 3-71 选中整张工作表

5. 命名单元格区域

选中准备设置名称的区域，如 A1：L8，在"名称框"中输入名称"一班"，并按回车键，如图 3-72 所示。使用同样的方法将单元格区域 A9：L15 命名为"二班"。

6. 使用名称快速选择单元格区域 A9：L15

单击"名称框"下拉按钮，从弹出的下拉列表中选择"二班"，如图 3-73 所示。此时单元格区域 A9：L15 会被自动选中，如图 3-74 所示。

- 178 -

项目三 Excel 2010 电子表格入门与应用

图 3-72 命名单元格区域

图 3-73 名称列表

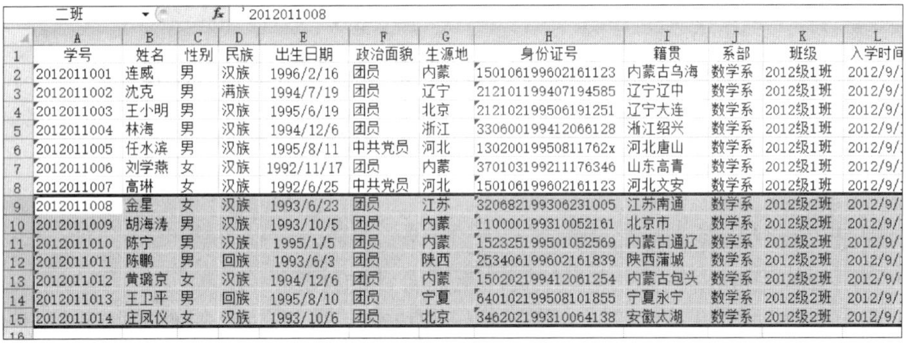

图 3-74 "二班"的单元格区域

7. 显示行与列

如果需要查看或者编辑隐藏的行或者列，可以将其显示出来。具体操作方法如下：

选中工作表的全部单元格，选择"开始"选项卡，在"单元格"分组中单击"格式"下拉按钮，在弹出的下拉菜单中选择"隐藏和取消隐藏"→"取消隐藏行"选项。

8. 撤销操作

撤销操作是对当前操作的撤销，通常在误操作后使用，可以快速退回上一步或者前几步，以保证操作的正确性。撤销操作包括撤销上一步操作和撤销前几步操作。

（1）撤销上一步操作：单击快速访问工具栏中的"撤销"按钮即可，如图 3-75 所示。

图 3-75 撤销上一步操作

- 179 -

(2)撤销前几步操作:单击快速访问工具栏中的"撤销"下拉按钮,在弹出的下拉菜单中选择之前相应的操作。

9. 恢复操作

(1)恢复上一步操作:如果用户撤销错误,可以使用恢复操作功能,以保证操作的正确性。要恢复上一步操作,单击快速访问工具栏中的"恢复"按钮即可,前提是之前要有已撤销的操作,如图3-76所示。

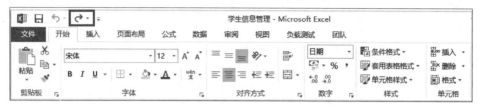

图3-76 恢复上一步操作

(2)恢复前几步操作:需要单击快速访问工具栏中的"恢复"下拉按钮,在弹出的下拉菜单中选择需要恢复的操作。

任务3.2 "教职工薪金表"的数据处理

任务描述

(1)创建"教职工薪金表"。
(2)利用公式完成保险金、应发工资、工资合计的计算。
(3)利用函数完成个人所得税、工资合计、平均工资、最高工资、最低工资以及工龄的计算。

任务分析

Excel 2010作为数据处理工具,有着强大的计算功能,利用公式可以完成庞大的计算,使用Excel 2010内置的函数可以对表格中的数据进行分析和处理,函数的使用简化了公式的输入,大大提高了工作效率。

预备知识

在工作表中输入数据后,可以通过Excel 2010提供的公式和函数对这些数据进行自动、精确、高速的运算处理。

1. 认识公式与函数

1)公式的含义

公式是对单元格或单元格区域内的数据进行计算和操作的等式,它遵循特定的语法或次序:最前面是等号(=),后面是参与计算的元素和运算符,每个元素可以是常量数值、单元格或引用单元格区域、名称等。

2)公式的使用

在Excel 2010中输入公式的方法很简单,选择要输入公式的单元格后,单击编辑栏,将文本插入点定位于编辑栏中，输入"="后再输入公式内容，输入完成后按 Enter 键即可将公式运算的结果显示在所选单元格中，如图 3-77 所示。

图 3-77 公式的应用

3）函数的含义

Excel 2010 将具有特定功能的一组公式组合在一起形成函数，通过函数可简化公式的使用。函数一般包括等号、函数名、参数三部分，如"=MAX（M2：M11）"，此函数表示对 M2：M11 单元格区域内的所有数据求最大值。

4）函数的使用

利用 Excel 2010 提供的"插入函数"对话框可以插入 Excel 2010 自带的任意函数。操作方法为：选择要存放计算结果的单元格，在"公式/函数库"分组中单击"插入函数"按钮，打开"插入函数"对话框，如图 3-78 所示。其中提供了不同类型的函数，选择要插入的函数名称后，单击"确定"按钮，打开"函数参数"对话框，如图 3-79 所示，在其中设置所选参数的范围，最后单击"确定"按钮完成函数的插入操作。

图 3-78 "插入函数"对话框

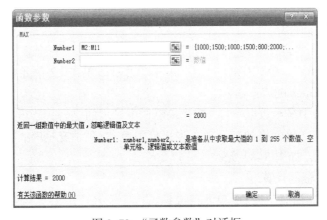

图 3-79 "函数参数"对话框

2. 相对、绝对与混合引用

在公式或函数中，一个引用地址代表工作表中的一个或一组单元格。单元格引用的目的在于标识表格中的单元格或单元格区域，并指明公式中所使用数据的地址。在 Excel 2010 中，单元格引用分为相对引用、绝对引用、混合引用，它们具有不同的含义。

1）相对引用

相对引用是指含有公式的单元格的位置发生改变时，单元格中的公式也会随之发生相应的变化。在默认情况下，Excel 2010 使用的都是相对引用。

2）绝对引用

绝对引用是指将公式复制到新位置后，公式中的单元格地址固定不变，与包含公式的单元格位置无关。使用绝对引用时，引用单元格的列标和行号之前分别需要添加“$”符号。

3）混合引用

混合引用是指在一个单元格地址引用中，既有相对引用，又有绝对引用。如果公式所在单元格的位置改变，那么相对引用也改变，而绝对引用不变。混合引用的方法与绝对引用的方法相似。

任务实施

任务 3.2.1　使用公式计算保险金及应发工资

（1）创建“教职工管理工作簿”和“教职工薪金表”，如图 3-80 所示。

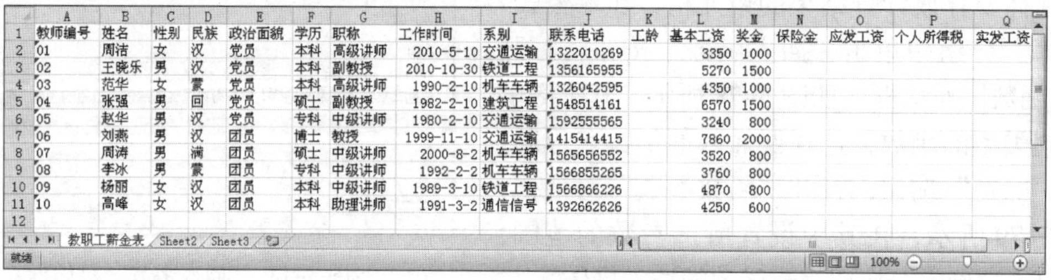

	A	B	C	D	E	F	G	H	I	J	K	L	M	N	O	P	Q
1	教师编号	姓名	性别	民族	政治面貌	学历	职称	工作时间	系别	联系电话	工龄	基本工资	奖金	保险金	应发工资	个人所得税	实发工资
2	01	周洁	女	汉	党员	本科	高级讲师	2010-5-10	交通运输	1322010269		3350	1000				
3	02	王晓乐	男	汉	党员	本科	副教授	2010-10-30	铁道工程	1356165955		5270	1500				
4	03	范华	女	蒙	党员	本科	高级讲师	1990-2-10	机车车辆	1326042595		4350	1000				
5	04	张强	男	回	党员	硕士	副教授	1982-2-10	建筑工程	1548514161		6570	1500				
6	05	赵华	男	汉	党员	专科	中级讲师	1980-2-10	交通运输	1592555565		3240	800				
7	06	刘燕	男	汉	团员	博士	教授	1999-11-10	交通运输	1415414415		7860	2000				
8	07	周涛	男	满	团员	硕士	中级讲师	2000-8-2	机车车辆	1565656552		3520	800				
9	08	李冰	男	蒙	团员	专科	中级讲师	1992-2-2	机车车辆	1566855265		3760	800				
10	09	杨丽	女	汉	团员	本科	中级讲师	1989-3-10	铁道工程	1566866226		4870	800				
11	10	高峰	女	汉	团员	本科	助理讲师	1991-3-2	通信信号	1392662626		4250	600				
12																	

图 3-80　创建“教职工薪金表”

（2）完成保险金的计算。

① 打开“教职工管理工作簿”，单击工作表标签“教职工薪金表”，在编辑栏或 N2 单元格中输入“=L2*0.05”。公式中的“L2”也可以用鼠标单击 L2 单元格的方式输入，如图 3-81 所示，然后按 Enter 键结束输入。

② 在 N2 单元格中显示数据“167.5”。编辑栏中显示的是公式。

③ 将鼠标放到 N2 单元格的右下角，当出现黑色“+”填充柄时，向下拖动鼠标，完成其他数据的计算填充，如图 3-82 所示。

（3）完成应发工资的计算。

① 同计算保险金相似，在 O2 单元格或编辑栏中输入“=L2+M2-N2”，按 Enter 键结束输入。O2 单元格中显示数据“4182.5”，编辑栏中显示公式。

项目三　Excel 2010 电子表格入门与应用

图 3-81　保险金的计算公式

图 3-82　完成保险金的计算

② 将鼠标放到 O2 单元格的右下角，当出现黑色"+"填充柄时，向下拖动鼠标，完成其他数据的计算填充，如图 3-83 所示。

图 3-83　完成应发工资的计算

（4）完成工资合计。

① 单击 N12 单元格，输入"工资合计"。

② 单击 O12 单元格，在单元格或编辑栏中输入"=O2+O3+O4+O5+O6+O7+O8+O9+O10+O11"。其中"O2""O3""O4""O5""O6""O7""O8""O9""O10""O11"也可以用鼠标单击单元格的方式输入。按 Enter 键结束输入。

③ O12 单元格中显示计算结果，编辑栏中显示公式，如图 3-84 所示。

图 3-84　完成工资合计

任务 3.2.2 使用函数计算其余各项

（1）打开“教职工管理工作簿”，单击标签“教职工薪金表”。

（2）完成个人所得税的计算。使用 if 函数。如果应发工资高于 4 000 元，则交的税为（工资 −4 000）× 0.1（元）；如果应发工资低于 4 000 元，则交的税为 0。

① 在 P2 单元格或编辑栏中输入“=if（O2>=4 000，（O2−4 000）× 0.1，0）”。其中“O2”也可以用鼠标单击单元格的方式输入。

② 按 Enter 键结束输入，在 P2 单元格中显示数据“18.25”。编辑栏中显示公式。

③ 将鼠标放到 P2 单元格的右下角，当出现黑色“+”填充柄时，向下拖动鼠标，完成其他数据的计算填充，如图 3−85 所示。

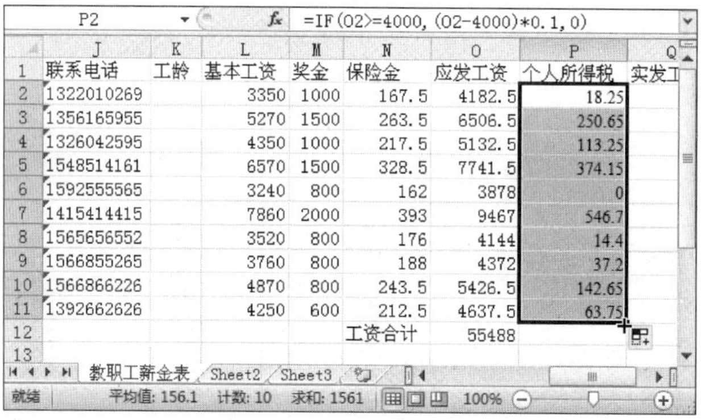

	J	K	L	M	N	O	P
1	联系电话	工龄	基本工资	奖金	保险金	应发工资	个人所得税
2	1322010269		3350	1000	167.5	4182.5	18.25
3	1356165955		5270	1500	263.5	6506.5	250.65
4	1326042595		4350	1000	217.5	5132.5	113.25
5	1548514161		6570	1500	328.5	7741.5	374.15
6	1592555565		3240	800	162	3878	0
7	1415414415		7860	2000	393	9467	546.7
8	1565656552		3520	800	176	4144	14.4
9	1566855265		3760	800	188	4372	37.2
10	1566866226		4870	800	243.5	5426.5	142.65
11	1392662626		4250	600	212.5	4637.5	63.75
12					工资合计	55488	

图 3−85　完成个人所得税的计算

④ 运用公式，完成实发工资的计算，实发工资 = 应发工资 − 个人所得税，如图 3−86 所示。

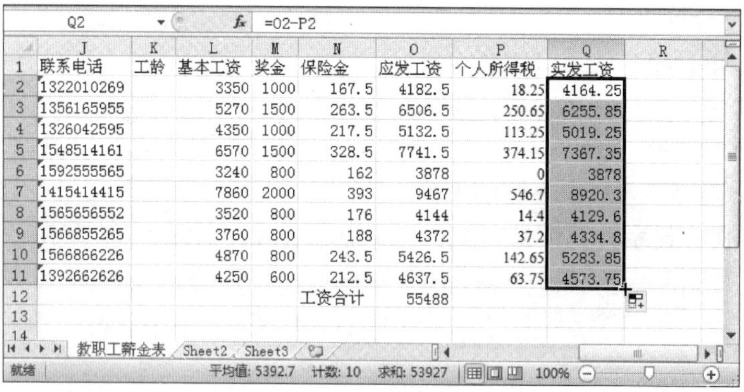

	J	K	L	M	N	O	P	Q
1	联系电话	工龄	基本工资	奖金	保险金	应发工资	个人所得税	实发工资
2	1322010269		3350	1000	167.5	4182.5	18.25	4164.25
3	1356165955		5270	1500	263.5	6506.5	250.65	6255.85
4	1326042595		4350	1000	217.5	5132.5	113.25	5019.25
5	1548514161		6570	1500	328.5	7741.5	374.15	7367.35
6	1592555565		3240	800	162	3878	0	3878
7	1415414415		7860	2000	393	9467	546.7	8920.3
8	1565656552		3520	800	176	4144	14.4	4129.6
9	1566855265		3760	800	188	4372	37.2	4334.8
10	1566866226		4870	800	243.5	5426.5	142.65	5283.85
11	1392662626		4250	600	212.5	4637.5	63.75	4573.75
12					工资合计	55488		

图 3−86　完成实发工资的计算

（3）完成工资合计。单击 O12 单元格，编辑栏中出现公式“=O2+O3+O4+O5+O6+O7+O8+O9+O10+O11”，想象一下，如果员工有 100 多个，不可能输入那么长的公式。现在用函数完成工资总计：

① 单击 O12 单元格，按 Del 键删除公式及数据。

② 单击工具栏中的“自动求和”按钮（Σ）。

③ 在O12单元格和编辑栏中会自动填入公式"=SUM（O2：O11）"；此时，O2：O11区域的边框在闪烁，意思是对O2：O11区域中的单元格进行求和，可以修改数据区域。

④ 不修改数据区域，按Enter键确认，O12单元格中出现合计值。完成工资合计。

（4）完成平均工资的计算。

① 在N13单元格中输入"平均工资"。

② 选中O13单元格后，单击"自动求和"按钮（∑）右侧的黑色三角小箭头，从下拉菜单中选择"平均值"选项，如图3-87所示。

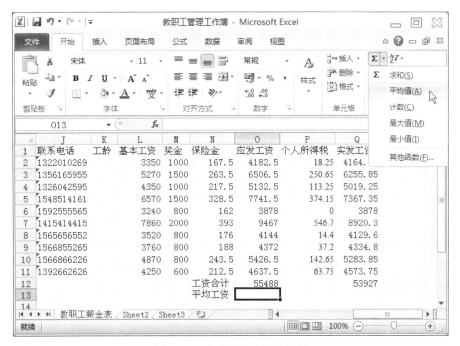

图3-87 完成平均工资的计算

③ 在O13单元格和编辑栏中会自动填入公式"=AVERAGE（O2：O12）"。此时，O2：O12区域的边框在闪烁，意思是对O2：O12区域中的单元格进行求平均值操作，并可以修改单元格区域。与要求不符合，所以在O13单元格或编辑栏中把"O12"修改成"O11"。

④ 按Enter键确认后，O13单元格中出现平均值计算结果。

（5）完成最高工资的计算。

① 在N14单元格中输入"最高工资"。

② 选中O14单元格后，单击"自动求和"按钮（∑）右侧的黑色三角小箭头，如图3-87所示，从下拉菜单中选择"最大值"选项，在O14单元格和编辑栏中会自动填入公式"=MAX（O2：O13）"。

③ 此时，O2：O13区域的边框在闪烁，意思是对O2：O13区域中的单元格进行计算，与要求不符合，所以在O14单元格或编辑栏中把"O13"修改成"O11"。

④ 按Enter键确认后，O14单元格中出现最高工资计算结果，如图3-88所示。

（6）完成最低工资的计算。

① 在N15单元格中输入"最低工资"。

O15 =MIN(O2:O11)

	J	K	L	M	N	O	P	Q	R
1	联系电话	工龄	基本工资	奖金	保险金	应发工资	个人所得税	实发工资	
2	1322010269		3350	1000	167.5	4182.5	18.25	4164.25	
3	1356165955		5270	1500	263.5	6506.5	250.65	6255.85	
4	1326042595		4350	1000	217.5	5132.5	113.25	5019.25	
5	1548514161		6570	1500	328.5	7741.5	374.15	7367.35	
6	1592555565		3240	800	162	3878	0	3878	
7	1415414415		7860	2000	393	9467	546.7	8920.3	
8	1565656552		3520	800	176	4144	14.4	4129.6	
9	1566855265		3760	800	188	4372	37.2	4334.8	
10	1566866226		4870	800	243.5	5426.5	142.65	5283.85	
11	1392662626		4250	600	212.5	4637.5	63.75	4573.75	
12					工资合计	55488		53927	
13					平均工资	5548.8			
14					最高工资	9467			
15					最低工资	3878			

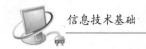

图 3-88　完成最高和最低工资的计算

② 单击“自动求和”按钮（Σ）右侧的黑色三角小箭头，如图 3-87 所示，从下拉菜单中选择“最小值”选项，如图 3-88 所示。

（7）完成工龄的计算。

① 在 K2 单元格中输入“=YEAR（TODAY（））-YEAR（H2）”，TODAY 函数取得系统时间，YEAR 函数取得年份，用填充柄填充 K2 : K11 单元格区域，如图 3-89 所示。

K2 =YEAR(TODAY())-YEAR(H2)

	F	G	H	I	J	K	L	M	N
1	学历	职称	工作时间	系别	联系电话	工龄	基本工资	奖金	保险金
2	本科	高级讲师	2010-5-10	交通运输	1322010269	1900-1-5	3350	1000	167.5
3	本科	副教授	2010-10-30	铁道工程	1356165955	1900-1-5	5270	1500	263.5
4	本科	高级讲师	1990-2-10	机车车辆	1326042595	1900-1-25	4350	1000	217.5
5	硕士	副教授	1982-2-10	建筑工程	1548514161	1900-2-2	6570	1500	328.5
6	专科	中级讲师	1980-2-10	交通运输	1592555565	1900-2-4	3240	800	162
7	博士	教授	1999-11-10	交通运输	1415414415	1900-1-16	7860	2000	393
8	硕士	中级讲师	2000-8-2	机车车辆	1565656552	1900-1-15	3520	800	176
9	专科	中级讲师	1992-2-2	机车车辆	1566855265	1900-1-23	3760	800	188
10	本科	中级讲师	1989-3-10	铁道工程	1566866226	1900-1-26	4870	800	243.5
11	本科	助理讲师	1991-3-2	通信信号	1392662626	1900-1-24	4250	600	212.5

图 3-89　工龄计算初始结果

② 调整这个区域的数据格式为常规数字，如图 3-90 所示。

K2 =YEAR(TODAY())-YEAR(H2)

	F	G	H	I	J	K	L	M	N
1	学历	职称	工作时间	系别	联系电话	工龄	基本工资	奖金	保险金
2	本科	高级讲师	2010-5-10	交通运输	1322010269	5	3350	1000	167
3	本科	副教授	2010-10-30	铁道工程	1356165955	5	5270	1500	263
4	本科	高级讲师	1990-2-10	机车车辆	1326042595	25	4350	1000	217
5	硕士	副教授	1982-2-10	建筑工程	1548514161	33	6570	1500	328
6	专科	中级讲师	1980-2-10	交通运输	1592555565	35	3240	800	1
7	博士	教授	1999-11-10	交通运输	1415414415	16	7860	2000	3
8	硕士	中级讲师	2000-8-2	机车车辆	1565656552	15	3520	800	1
9	专科	中级讲师	1992-2-2	机车车辆	1566855265	23	3760	800	1
10	本科	中级讲师	1989-3-10	铁道工程	1566866226	26	4870	800	243
11	本科	助理讲师	1991-3-2	通信信号	1392662626	24	4250	600	212

图 3-90　工龄计算结果的常规化

拓展知识

Excel 2010 中有很多函数，下面介绍一些最常用的函数。如果在实际应用中需要使用其他函数，可以参阅 Excel 2010 的“帮助”系统或其他参考资料。

1. 条件函数 IF

格式为 IF（x，n1，n2），根据逻辑值 x 判断，若 x 的值为 True，则返回 n1，否则返回 n2。其中 n2 可以省略。IF 函数可以嵌套使用，最多嵌套 7 层，用 n1 及 n2 参数可以构造复杂的检测条件。

2. 统计函数

（1）求平均值函数 AVERAGE。格式为 AVERAGE（x1，x2，…），返回所列范围中所有数值的平均值，最多可有 30 个参数，参数 x1，x2，…可以是数值、区域或区域名字。

（2）COUNT 函数。格式为 COUNT（x1，x2，…），返回所列参数（最多 30 个）中数值的个数。函数 COUNT 在计数时，把数字、空值、逻辑值和日期计算进去，但是错误值或其他无法转化成数据的内容则被忽略。这里的"空值"是指函数的参数中有一个"空参数"，和工作表单元格的"空白单元"是不同的。

（3）求最大值函数 MAX。格式为 MAX（List），返回指定 List 中的最大数值，List 可以是一数值、公式或单元格区域引用的列表。例如：MAX（87，A8，B1：B5），MAX（D1：D88）。

（4）求最小值函数 MIN。格式为 MIN（List），返回 List 中的最小数。List 的意义同 MAX 函数。例如：MIN（C2：C88）。

（5）求和函数 SUM。格式为 SUM（x1，x2，…），返回所有参数值或参数包含值的总和。x1，x2 等可以是单元格、区域或实际值。例如：SUM（A1：A5，C6：C8）返回区域 A1～A5 和 C6～C8 中的值的总和。

（6）SUMIF 函数。格式为 SUMIF（x1，x2，x3），根据指定条件 x2 对若干单元格求和。其中：x1 为用于条件判断的单元格区域。x2 为确定哪些单元格将被相加求和的条件，其形式可以为数字、表达式或文本。x3 为需要求和的实际单元格。只有当 x1 中有满足条件 x2 的单元格时，才对 x3 中的相应单元格求和。如果省略 x3，则直接对 x1 中的单元格求和。

（7）SUMIFS 函数。SUMIFS 函数是多条件求和，用于对某一区域内满足多重条件（两个条件以上）的单元格求和，格式为 SUMIFS（求和区域，条件区域 1，条件 1，条件区域 2，条件 2，……）。

（8）AVERAGEIF 函数。AVERAGEIF 函数用于对满足条件的数据计算其算术平均值，格式为 AVERAGEIF（条件区域，条件，求平均值数据所在区域）。

（9）AVERAGEIFS 函数。AVERAGEIFS 函数用于对同时满足多条件的数据计算其算术平均值，格式为 AVERAGEIFS（求平均值数据所在区域，条件区域 1，条件 1，条件区域 2，条件 2，……）。

（10）COUNTIFS 函数。COUNTIFS 函数用于统计同时满足多个条件的数据的个数，格式为 COUNTIFS（条件区域 1，条件 1，条件区域 2，条件 2，……）。

（11）RANK 函数。RANK 函数常用来求某一个数值在某一区域内的排名。例如：RANK（number，ref，[order]）。在函数名后面的参数中，number 为需要求排名的那个数值或者单元格名称（单元格内必须为数字）；ref 为排名的参照数值区域；order 为 0 和 1，默认不用输入，得到的就是从大到小的排名，若是想求倒数第几，order 的值使用 1。

3. 日期函数

在工作表中，日期和时间可以用用户所熟悉的方式来显示，但是如果把单元格的格式设定为“数值”，则日期就显示为一个数值。如果日期中包含时间，则会被显示为一个带有小数的数值。这是因为，Excel 2010 把 1900 年 1 月 1 日定为 1，每增加一天就再加 1，在其以后的日期就对应着一个序列数。同时把每天的时间也折算为十进制数，因此 1999 年 5 月 30 日上午 6∶00 就被转换为 36 310.25。

（1）DAY（x1），返回日期 x1 对应的一个月内的序数，用整数 1 ~ 31 表示。x1 不仅可以为数字，还可以为字符串（用引号括起来的日期格式）。例如：DAY（"15–Apr–1999"）等于 15；DAY（"99/8/11"）等于 11。

（2）MONTH（x1），返回日期 x1 对应的月份值。该返回值为介于 1 和 12 之间的整数。例如：MONTH（"6–May"）等于 5；MONTH（366）等于 12。

（3）YEAR（x1），返回日期 x1 对应的年份。返回值为 1 900 ~ 2 078 的整数。例如：YEAR（"7/5/90"）返回 1 990。

（4）TODAY（），以日期形式返回当前系统日期。调用时不带参数。例如：今天是 2018 年 8 月 3 日，使用 TODAY（），则值为 2018–8–3。

拓展任务

（1）应用 IF 函数完成学生等级分的计算。

（2）应用 SUMIF 函数完成各班学生荣誉加分合计。

（3）应用 SUMIFS 函数求男生的语文成绩之和。

（4）应用 SUMIFS 函数求语文和数学得分都大于等于 90 分的学生总分之和。

（5）应用 AVERAGEIF 函数统计所有女生的语文成绩平均分。

（6）应用 AVERAGEIFS 函数统计铁工 1 班所有女生的语文成绩平均分。

（7）应用 COUNTIFS 函数统计铁工 1 班语文成绩超过 90 分的学生的人数。

（8）应用 RANK 函数正排名。

（9）应用 RANK 函数倒排名。

（10）应用 RANK 函数求一列数的排名。

任务实施

1. 应用 IF 函数完成学生等级分的计算

图 3–91 所示是某班高等数学课的考试成绩，现在要根据 D 列的考试成绩自动给出其等级分：成绩在 90 分以上为“优”，80 ~ 89 分为“良”，70 ~ 79 分为“中等”，60 ~ 69 分为“及格”，60 分以下为“不及格”。操作步骤如下：

（1）在 E2 中输入公式“=IF（D2>=90，"优"，IF（D2>=80，"良"，IF（D2>=70，"中　等"，IF（D2>=60，"及格"，"不及格"））））”。

	A	B	C	D	E
1	学号	姓名	性别	高等数学	等级分
2	2002001	张雪	女	60	
3	2002003	李鹏	男	87	
4	2002005	陈晓红	女	88	
5	2002006	刘燕	女	69	
6	2002007	刘红	女	77	
7	2002008	张丽	女	83	
8	2003003	李静	女	56	
9	2009009	王海	男	84	
10	2009031	张军	男	75	
11	2010086	黄磊	男	95	

图 3–91　某班高等数学成绩

（2）把 E2 复制到 E3：E11 即可，结果如图 3-92 所示。

图 3-92　条件函数的应用

2. 应用 SUMIF 函数完成各班学生荣誉加分合计

建立图 3-93 所示的表格，在 H3 单元格中输入公式"=SUMIF（B3：B20，G3，C3：C20）"，表示当 B3：B20 区域中有单元格数据与"高职城轨 1305"相等时，完成相应 C3：C20 区域中"高职城轨 1305 班"的分值的合计。在 H4 单元格中输入公式"=SUMIF（B3：B20，G4，C3：C20）"，在 H5 单元格中输入公式"=SUMIF（B3：B20，G5，C3：C20）"，在 H6 单元格中输入公式"=SUMIF（B3：B20，G6，C3：C20）"，在 H7 单元格中输入公式"=SUMIF（B3：B20，G7，C3：C20）"，在 H8 单元格中输入公式"=SUMIF（B3：B20，G8，C3：C20）"，完成各班学生荣誉加分合计［也可使用绝对引用 $ 来锁定所在列，在 H3 单元格中输入公式"=SUMIF（B$3：B$20，G3，C$3：C$20）"，再利用填充柄填充 H4：H8 区域］，如图 3-93 所示。

图 3-93　各班学生荣誉加分合计

3. 应用 SUMIFS 函数求男生的语文成绩之和

创建图 3-94 所示的表格，然后在 G2 单元格中输入公式"=SUMIFS（C2：C8，B2：B8，"男"）"，得到结果 348，如图 3-94 所示。

4. 应用 SUMIFS 函数求语文和数学得分都大于或等于 90 分的学生总分之和

在 G4 单元格中输入公式"=SUMIFS（F2：F8，C2：C8，">=90"，D2：D8，">=90"）"，

语文和数学都大于或等于 90 分的学生只有一个，总分就是 282 分，与公式求得的结果完全一致，如图 3–95 所示。

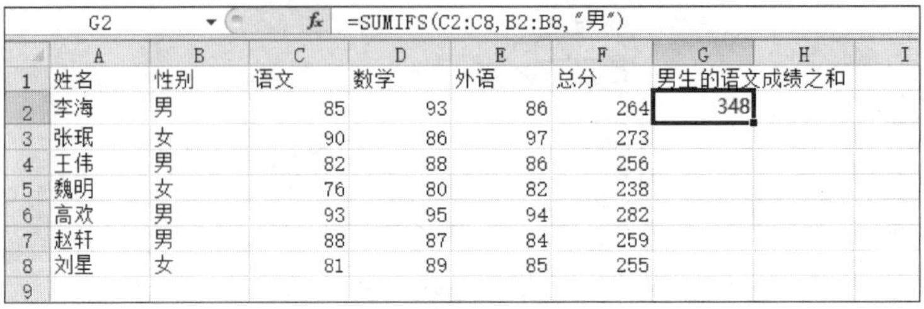

G2 =SUMIFS(C2:C8,B2:B8,"男")

	A	B	C	D	E	F	G	H	I
1	姓名	性别	语文	数学	外语	总分	男生的语文成绩之和		
2	李海	男	85	93	86	264	348		
3	张珉	女	90	86	97	273			
4	王伟	男	82	88	86	256			
5	魏明	女	76	80	82	238			
6	高欢	男	93	95	94	282			
7	赵轩	男	88	87	84	259			
8	刘星	女	81	89	85	255			
9									

图 3–94　男生的语文成绩之和

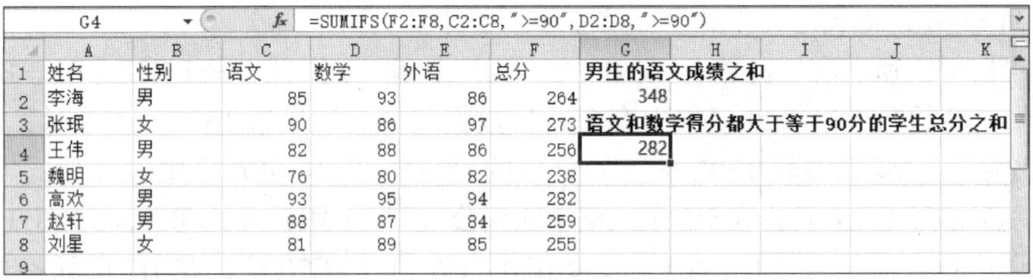

G4 =SUMIFS(F2:F8,C2:C8,">=90",D2:D8,">=90")

	A	B	C	D	E	F	G	H	I	J	K
1	姓名	性别	语文	数学	外语	总分	男生的语文成绩之和				
2	李海	男	85	93	86	264	348				
3	张珉	女	90	86	97	273	语文和数学得分都大于等于90分的学生总分之和				
4	王伟	男	82	88	86	256	282				
5	魏明	女	76	80	82	238					
6	高欢	男	93	95	94	282					
7	赵轩	男	88	87	84	259					
8	刘星	女	81	89	85	255					
9											

图 3–95　语文和数学得分都大于等于 90 分的学生总分之和

5. 应用 AVERAGEIF 函数统计所有女生的语文成绩平均分

在 C9 单元格中输入公式“=AVERAGEIF(B2 : B8，" 女 "，C2 : C8)”，如图 3–96 所示。

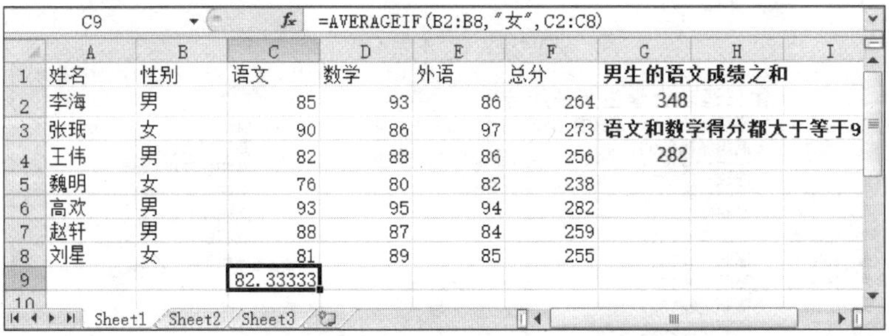

C9 =AVERAGEIF(B2:B8,"女",C2:C8)

	A	B	C	D	E	F	G	H	I
1	姓名	性别	语文	数学	外语	总分	男生的语文成绩之和		
2	李海	男	85	93	86	264	348		
3	张珉	女	90	86	97	273	语文和数学得分都大于等于9		
4	王伟	男	82	88	86	256	282		
5	魏明	女	76	80	82	238			
6	高欢	男	93	95	94	282			
7	赵轩	男	88	87	84	259			
8	刘星	女	81	89	85	255			
9			82.33333						
10									

Sheet1 Sheet2 Sheet3

图 3–96　所有女生的语文成绩平均分

6. 应用 AVERAGEIFS 函数统计铁工 1 班所有女生的语文成绩平均分

在表中增加一列“班级”，然后在 C9 单元格中输入公式“=AVERAGEIFS（D2 : D8，B2 : B8，" 女 "，C2 : C8，" 铁工 1 班 ")”，如图 3–97 所示。

7. 应用 COUNTIFS 函数统计铁工 1 班语文成绩超过 90 分的学生的人数

在 G10 单元格中输入公式“=COUNTIFS（C2 : C8，" 铁工 1 班 "，D2 : D8，">=90")”，如图 3–98 所示。

8. 应用 RANK 函数正排名

在 G4 单元格中输入公式“=RANK（G4，F2 : F8)”，如图 3–99 所示。

9. 应用 RANK 函数倒排名

在 G4 单元格中输入公式“=RANK（G4，F2 : F8，1)”，如图 3–100 所示。

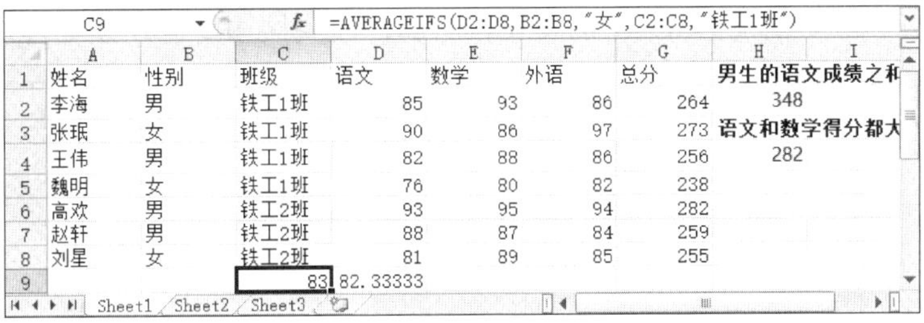

C9 =AVERAGEIFS(D2:D8,B2:B8,"女",C2:C8,"铁工1班")

	A	B	C	D	E	F	G	H	I
1	姓名	性别	班级	语文	数学	外语	总分	男生的语文成绩之和	
2	李海	男	铁工1班	85	93	86	264	348	
3	张珉	女	铁工1班	90	86	97	273	语文和数学得分都大	
4	王伟	男	铁工1班	82	88	86	256	282	
5	魏明	女	铁工1班	76	80	82	238		
6	高欢	男	铁工2班	93	95	94	282		
7	赵轩	男	铁工2班	88	87	84	259		
8	刘星	女	铁工2班	81	89	85	255		
9			83	82.33333					

图 3-97 铁工 1 班所有女生的语文成绩平均分

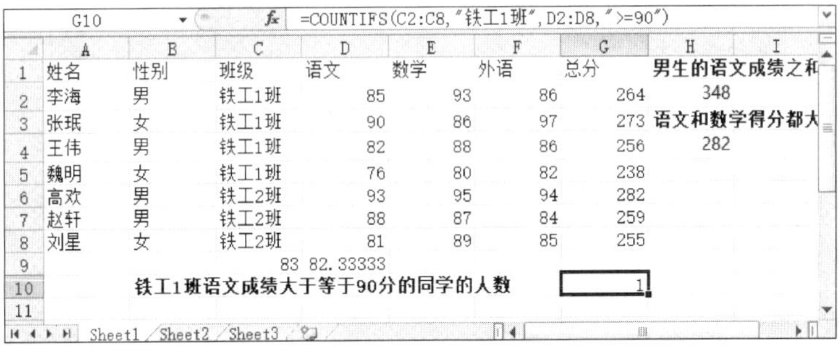

G10 =COUNTIFS(C2:C8,"铁工1班",D2:D8,">=90")

	A	B	C	D	E	F	G	H	I
1	姓名	性别	班级	语文	数学	外语	总分	男生的语文成绩之和	
2	李海	男	铁工1班	85	93	86	264	348	
3	张珉	女	铁工1班	90	86	97	273	语文和数学得分都大	
4	王伟	男	铁工1班	82	88	86	256	282	
5	魏明	女	铁工1班	76	80	82	238		
6	高欢	男	铁工2班	93	95	94	282		
7	赵轩	男	铁工2班	88	87	84	259		
8	刘星	女	铁工2班	81	89	85	255		
9			83	82.33333					
10		铁工1班语文成绩大于等于90分的同学的人数					1		
11									

图 3-98 铁工 1 班语文成绩超过 90 分的学生的人数

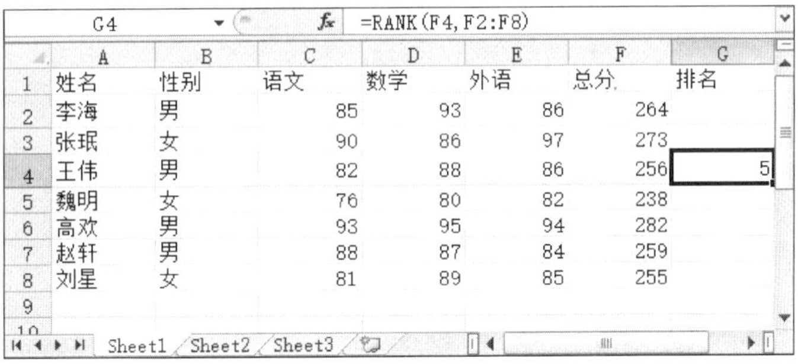

G4 =RANK(F4,F2:F8)

	A	B	C	D	E	F	G
1	姓名	性别	语文	数学	外语	总分	排名
2	李海	男	85	93	86	264	
3	张珉	女	90	86	97	273	
4	王伟	男	82	88	86	256	5
5	魏明	女	76	80	82	238	
6	高欢	男	93	95	94	282	
7	赵轩	男	88	87	84	259	
8	刘星	女	81	89	85	255	
9							

图 3-99 正排名

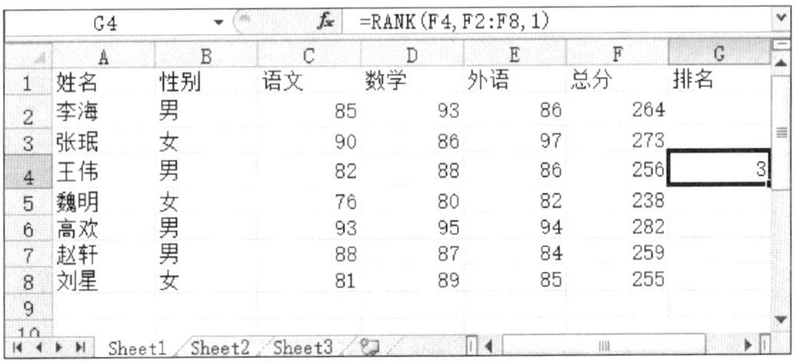

G4 =RANK(F4,F2:F8,1)

	A	B	C	D	E	F	G
1	姓名	性别	语文	数学	外语	总分	排名
2	李海	男	85	93	86	264	
3	张珉	女	90	86	97	273	
4	王伟	男	82	88	86	256	3
5	魏明	女	76	80	82	238	
6	高欢	男	93	95	94	282	
7	赵轩	男	88	87	84	259	
8	刘星	女	81	89	85	255	
9							

图 3-100 倒排名

10. 应用 RANK 函数求一列数的排名

在实际应用中，往往需要求某一列的数值的排名情况，例如求 F2 ~ F8 单元格内的数据的各自排名情况。可以使用单元格引用的方法来排名：G2=RANK（F2，F2：F8），此公式就是求 F2 单元格在 F2：F8 单元格的排名情况，当使用自动填充工具拖曳数据时，发现结果是不对

的，比较的数据的区域是 F2：F8，不能变化，所以，需要使用 $ 符号锁定公式中 F2：F8 这段公式，所以，G2 单元格的公式就变成了"=RANK（F2，F$2：F$8）"，然后复制填充 G3：G8 区域，如图 3-101 所示。

图 3-101 求一列数的排名

任务 3.3 "五一促销计划表"的美化

输入工作表的数据之后，需要对工作表进行一些修饰，从而增加整体表格的美观度以及可读性。

任务描述

（1）打开工作簿"五一促销计划表.xlsx"，如图 3-102 所示，并对工作表进行完善和美化工作，如图 3-103 所示。

图 3-102 "五一促销计划表"

图 3-103 "五一促销计划表"的美化效果

（2）打开工作簿“产品订购表 .xlsx”，如图 3–104 所示，将工作表美化为图 3–105 所示的效果。

	A	B	C	D	E	F
1	产品订购表					
2	产品名称	产地	订购日期	单价	数量	订购额
3	衬衫	北京	2015/3/19	85	300	25500
4	衬衫	广州	2015/3/28	88	180	15840
5	衬衫	上海	2015/6/23	48	1210	58080
6	衬衫	上海	2015/6/26	66	1160	76560
7	衬衫	天津	2015/7/21	62	925	57350
8	套裙	北京	2015/3/18	420	132	55440
9	套裙	北京	2015/3/19	380	120	45600
10	套裙	广州	2015/4/28	200	1200	240000
11	套裙	上海	2015/5/23	180	260	46800
12	套裙	天津	2015/7/22	260	150	39000
13	西服	北京	2015/4/19	890	60	53400
14	西服	广州	2015/5/28	1130	40	45200
15	西服	上海	2015/6/23	2640	40	105600
16	西服	天津	2015/7/11	12560	30	376800

图 3–104　产品订购表

	A	B	C	D	E	F
1	**产品订购表**					
2	**产品名称**	**产地**	**订购日期**	**单价**	**数量**	**订购额**
3	衬衫	北京	2015/3/19	¥ 85	300.00	**¥ 25,500.00**
4	衬衫	广州	2015/3/28	¥ 88	180.00	**¥ 15,840.00**
5	衬衫	上海	2015/6/23	¥ 48	1,210.00	**¥ 58,080.00**
6	衬衫	上海	2015/6/26	¥ 66	1,160.00	**¥ 76,560.00**
7	衬衫	天津	2015/7/21	¥ 62	925.00	**¥ 57,350.00**
8	套裙	北京	2015/3/18	¥ 420	132.00	**¥ 55,440.00**
9	套裙	北京	2015/3/19	¥ 380	120.00	**¥ 45,600.00**
10	套裙	广州	2015/4/28	¥ 200	1,200.00	**¥ 240,000.00**
11	套裙	上海	2015/5/23	¥ 180	260.00	**¥ 46,800.00**
12	套裙	天津	2015/7/22	¥ 260	150.00	**¥ 39,000.00**
13	西服	北京	2015/4/19	¥ 890	60.00	**¥ 53,400.00**
14	西服	广州	2015/5/28	¥ 1,130	40.00	**¥ 45,200.00**
15	西服	上海	2015/6/23	¥ 2,640	40.00	**¥ 105,600.00**
16	西服	天津	2015/7/11	¥ 12,560	30.00	**¥ 376,800.00**

图 3–105　“产品订购表”的美化效果

任务分析

（1）如果要达到图 3–103 所示的美化效果，需要对工作表进行如下设置：

① 计算商品的直降和降幅，并且降幅以百分比样式显示。

② 原价以“货币格式”显示，促销价格以“会计专用”格式显示。

③“直降”列的数据前显示“RMB”字样，保留两位小数，显示千位分隔符。

④ F10 单元格中的“上报日期”以长日期形式居中显示。

⑤“商品”列前插入一列，显示商品类型。

⑥ 第一行插入标题“五一促销计划表”，并设为“黑体字、18、50% 的深蓝色、居中显示。”

⑦“商品”列的数据要分散对齐，其他列的单元格数据的水平和垂直对齐方式为居中对齐。

⑧ 列标题的填充颜色为“深色 25% 的橙色”，其他行为“淡色 80% 的橙色”。

⑨ 列标题的文本设为白色、加粗，其他数据的颜色为深蓝色。

⑩ 边框线的颜色为“淡色 40% 的橙色”。

（2）图 3–105 所示的效果可以通过“单元格样式”和“套用表格格式”实现，具体要求如下：

① 合并居中单元格区域 A1:F1，并且标题格式采用“单元格样式”中的“标题 1”样式。

② 数据区域套用“表样式中等深浅 2”样式。

③“单价”列的格式为“会计专用”格式，不保留小数位；“数量”列显示千位分隔符；“订购额”列以“会计专用”格式显示，保留两位小数位。

任务实施

1. 美化“五一促销计划表”

1）计算直降和降幅

（1）选择 D2 单元格，输入公式“=B2–C2”，再用单元格填充功能计算其他产品的直降价格。选择 E2 单元格，输入公式“=D2/B2”，使用单元格填充功能计算其他商品的降幅，如图 3–106 所示。

	A	B	C	D	E	F
1	商品	原价	促销价格	直降	降幅	意见
2	电饭煲	1000	850	150	0.15	
3	热水器	2560	2199	361	0.141015625	
4	微波炉	799	499	300	0.375469337	
5	空调	2680	2299	381	0.142164179	
6	洗衣机	4890	4590	300	0.061349693	
7	电视机	8899	7180	1719	0.193167772	
8	冰箱	6350	6150	200	0.031496063	
9						
10					上报日期：	2015/4/18

图 3–106 计算结果

（2）选择单元格区域 E2:E8，切换到“开始”选项卡，单击图 3–107 所示的“数字”分组中的“百分比样式”按钮 %，设置效果如图 3–108 所示，再单击两次“数字”分组的“增加小数位数”按钮，即可保留两位小数，如图 3–109 所示。

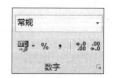

图 3–107 “数字”分组

	A	B	C	D	E
1	商品	原价	促销价格	直降	降幅
2	电饭煲	1000	850	150	15%
3	热水器	2560	2199	361	14%
4	微波炉	799	499	300	38%
5	空调	2680	2299	381	14%
6	洗衣机	4890	4590	300	6%
7	电视机	8899	7180	1719	19%
8	冰箱	6350	6150	200	3%

图 3–108 百分比样式的应用

	A	B	C	D	E
1	商品	原价	促销价格	直降	降幅
2	电饭煲	1000	850	150	15.00%
3	热水器	2560	2199	361	14.10%
4	微波炉	799	499	300	37.55%
5	空调	2680	2299	381	14.22%
6	洗衣机	4890	4590	300	6.13%
7	电视机	8899	7180	1719	19.32%
8	冰箱	6350	6150	200	3.15%

图 3–109 保留两位小数的效果

2）设置“原价”列和“促销价格”列的显示格式

（1）选择单元格区域 B2:B8，单击“开始”选项卡“数字”分组的“下拉”按钮，从弹出的下拉菜单中选择“货币”选项，如图 3–110 所示。

（2）选择单元格区域 C2:C8，单击“数字”分组中的“会计数字格式”按钮或者从图 3–110 所示的数字格式列表中选择“会计专用”选项。

其中,"货币"格式和"会计专用"格式只有货币符号的显示形式不同,其他均相同。"货币"格式中货币符号紧挨着数字显示,"会计专用"格式中货币符号显示在最左侧,与数字的长短无关。

3)设置"直降"列数据的显示格式

(1)选择单元格区域D2:D8,单击"数字"分组右下角的 按钮,打开"设置单元格格式"对话框。

(2)在对话框中,在"数字"选项卡的"分类"列表框中选择"自定义"选项,在"类型"文本框中输入""RMB"#,##0.00",如图3-111所示。单击"确定"按钮完成设置。

图3-110 数字格式列表

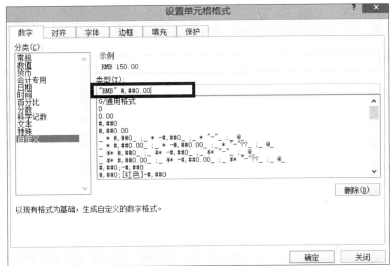

图3-111 "设置单元格格式"对话框

4)设置F10单元格的日期格式

选择F10单元格,在"数字"分组的下拉列表中选择"长日期"选项即可。

5)插入列

(1)选择A列的任意一个单元格,单击"单元格"分组中的"插入"按钮,再从下拉菜单中选择"插入工作表列"命令,此时工作表中插入一个新列,如图3-112所示。

图3-112 插入新列的效果

（2）选择单元格区域 A2 : A4，单击“开始”选项卡“对齐方式”分组中的“合并后居中”按钮，如图 3–113 所示。使用同样的方法合并单元格区域 A5 : A8，合并效果如图 3–114 所示。

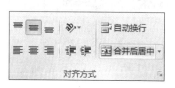

图 3–113 “对齐方式”分组

	A	B	C	D
1		商品	原价	促销价格
2		电饭煲	¥1,000.00	¥ 850.00
3		热水器	¥2,560.00	¥2,199.00
4		微波炉	¥799.00	¥ 499.00
5		空调	¥2,680.00	¥2,299.00
6		洗衣机	¥4,890.00	¥4,590.00
7		电视机	¥8,899.00	¥7,180.00
8		冰箱	¥6,350.00	¥6,150.00

图 3–114 合并单元格效果

（3）输入 A 列的数据。

（4）选择单元格区域 A2 : A8，单击“开始”选项卡“对齐方式”分组中的“方向”按钮，从下拉菜单中选择“竖排文字”选项，如图 3–115 所示，竖排效果如图 3–116 所示。

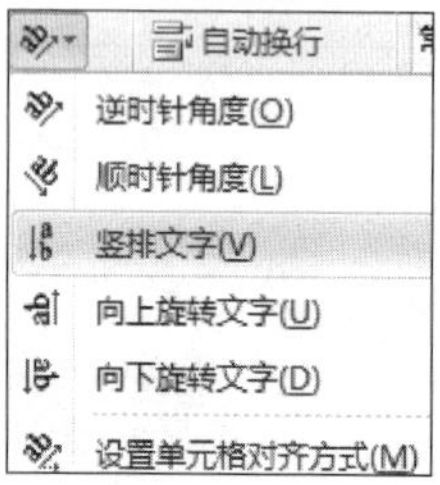

图 3–115 “方向”下拉菜单

	A	B	C	D	E	F	G
1	类型	商品	原价	促销价格	直降	降幅	意见
2	小家电	电饭煲	¥1,000.00	¥ 850.00	RMB 150.00	15.00%	
3		热水器	¥2,560.00	¥ 2,199.00	RMB 361.00	14.10%	
4		微波炉	¥799.00	¥ 499.00	RMB 300.00	37.55%	
5	大家电	空调	¥2,680.00	¥ 2,299.00	RMB 381.00	14.22%	
6		洗衣机	¥4,890.00	¥ 4,590.00	RMB 300.00	6.13%	
7		电视机	¥8,899.00	¥ 7,180.00	RMB 1,719.00	19.32%	
8		冰箱	¥6,350.00	¥ 6,150.00	RMB 200.00	3.15%	

图 3–116 竖排效果

6）插入标题和设置格式

（1）选择第一行的任意单元格，选择“开始”选项卡“单元格”分组中的“插入”→“插入工作表行”选项即可插入一个空行。

（2）在 A1 单元格中输入“五一促销计划表”，选择单元格区域 A1 : G1，单击“合并后居中”按钮。

（3）选择标题单元格，从“开始”选项卡“字体”分组的字体列表中选择“黑体”，从字号列表中选择“18”，从“字体颜色”列表中选择“深蓝，文字 2，深色 50%”，设置效果如图 3–117 所示。

	A	B	C	D	E	F	G
1	五一促销计划表						
2	类型	商品	原价	促销价格	直降	降幅	意见
3	小家电	电饭煲	¥1,000.00	¥ 850.00	RMB 150.00	15.00%	
4		热水器	¥2,560.00	¥2,199.00	RMB 361.00	14.10%	
5		微波炉	¥799.00	¥ 499.00	RMB 300.00	37.55%	
6		空调	¥2,680.00	¥2,299.00	RMB 381.00	14.22%	

图 3–117 插入标题的效果

7）设置单元格数据的格式和对齐方式

（1）选择单元格区域 A2 : G11，单击“开始”选项卡“对齐方式”分组中的“水平居中"按钮 ≡ 和"垂直居中"按钮 ≡，从"字体"分组的"字号"列表中选择"12"。

（2）选择单元格区域 B3：B9，单击"对齐方式"分组右下角的 按钮，打开"设置单元格格式"对话框，单击"对齐"选项卡，从"水平对齐"列表中选择"分散对齐"选项，将缩进设置为"1"，如图 3-118 所示，单击"确定"按钮即可完成设置。

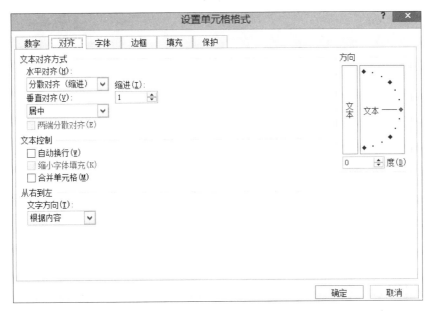

图 3-118 "设置单元格格式"对话框

8）列标题行的填充颜色为"深色 25% 的橙色"；其他行为"淡色 80% 的橙色"

（1）选择单元格区域 A2：G2，单击"字体"分组中的"填充颜色"下拉按钮，从下拉菜单中选择"橙色，强调文字颜色6，深色25%"选项。

（2）选择单元格区域 A3：G9，从"填充颜色"列表中选择"橙色，强调文字颜色6，淡色80%"，设置效果如图 3-119 所示。

图 3-119 填充颜色的设置效果

9）设置字体颜色和字形效果

选择单元格区域 A2：G2，单击"字体"分组中"字体颜色"下拉按钮 ，从下菜单中表选择"白色"选项，再单击"加粗"按钮 ；选择单元格区域 A3：G9，从字体列表中选择"深蓝色"选项即可，设置效果如图 3-120 所示。

信息技术基础

	A	B	C	D	E	F	G
1				五一促销计划表			
2	类型	商品	原价	促销价格	直降	降幅	意见
3	小家电	电饭煲	¥1,000.00	¥ 850.00	RMB 150.00	15.00%	
4		热水器	¥2,560.00	¥2,199.00	RMB 361.00	14.10%	
5		微波炉	¥799.00	¥ 499.00	RMB 300.00	37.55%	
6	大家电	空调	¥2,680.00	¥2,299.00	RMB 381.00	14.22%	
7		洗衣机	¥4,890.00	¥4,590.00	RMB 300.00	6.13%	
8		电视机	¥8,899.00	¥7,180.00	RMB 1,719.00	19.32%	
9		冰箱	¥6,350.00	¥6,150.00	RMB 200.00	3.15%	
10							
11					上报日期:	2015年4月18日	

图 3-120　字体颜色和字形设置效果

10）设置边框效果

（1）选择单元格区域 A2：G9，单击"字体"分组中的"边框"下拉按钮，从下拉菜单中选择"其它边框"选项，打开"设置单元格格式"对话框。

（2）在"边框"选项卡中，先从"颜色"列表中选择"橙色，强调文字颜色 6 淡色 40%"选项，再从"样式"中列表选择"粗线"选项，在"预置"区域选择"外边框"选项，如图 3-121 所示。

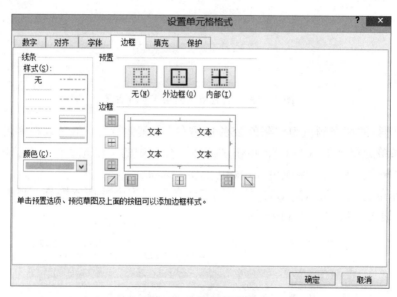

图 3-121　设置外边框

（3）在"样式"列表中选择"细线"选项，在"边框"区域选择"内部竖边框"选项，如图 3-122 所示。

（4）从"样式"列表中选择"点划线"选项，在"边框"区域选择"内部横线"选项，如图 3-123 所示，单击"确定"按钮即可完成设置。

2. 美化"产品订购表"

1）设置标题格式

（1）选择单元格区域 A1：F1，单击"对齐方式"分组中的"合并后居中"按钮。

（2）单击标题单元格，选择"开始"选项卡"样式"分组中的"单元格样式"按钮，从下拉菜单中选择"标题"→"标题 1"样式，如图 3-124 所示，标题设置效果如图 3-125 所示。

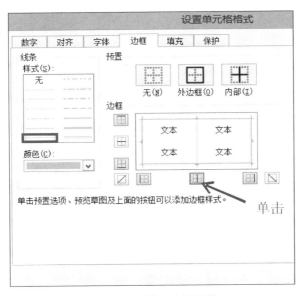

图 3-122　设置内部竖线

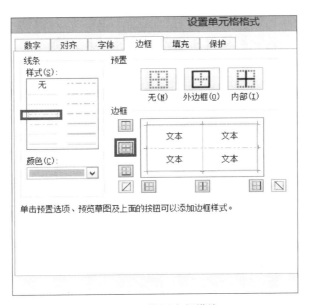

图 3-123　设置内部横线

2）设置数据区域的格式

（1）选择单元格区域 A2：F16，单击"开始"选项卡"样式"分组中的"套用表格格式"按钮，从下拉菜单中选择"表样式中等深浅 2"选项，如图 3-126 所示，打开"套用表格式"对话框，如图 3-127 所示，确认"表数据的来源"无误后单击"确定"按钮，效果如图 3-128 所示。

（2）选择数据区域中的一个单元格，单击"表格工具 – 设计"选项卡，选择"表格样式选项"分组中的"最后一列"复选框，如图 3-129 所示，此时最后一列数据加粗显示。

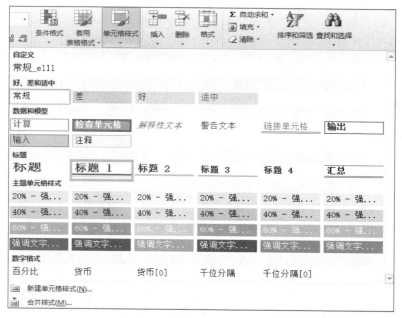

图 3-124　单元格样式列表

图 3-125　标题设置效果

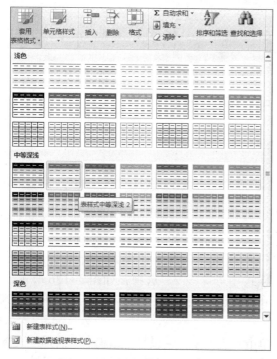

图 3-126　套用表格格式列表

图 3-127　"套用表格式"对话框

图 3-128 套用表格式的效果　　　　　　图 3-129 表格样式选项

3）设置单元格数据格式

（1）选择单元格区域 D3：D16，单击"样式"分组中的"单元格样式"按钮，从图 3-124 所示的下拉菜单中选择"数字格式"→"货币［0］"样式。

（2）选择单元格区域 E3：E16，从图 3-124 所示的"单元格样式"下拉菜单中选择"数字格式"→"千位分隔"样式。

（3）选择单元格区域 F3：F16，单击"样式"分组中的"单元格样式"按钮，从下拉菜单中选择"数字格式"→"货币"样式。

4）取消筛选按钮

单击"开始"选项卡"编辑"分组中的"排序和筛选"按钮，从下拉菜单中选择"筛选"命令。

拓展知识

1."字体"分组

通过"字体"分组中的按钮可以设置字体、字号、字形、文字颜色及单元格填充颜色和边框样式，如图 3-130 所示。

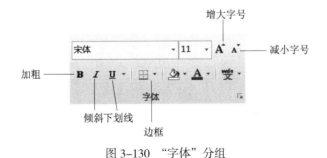

图 3-130 "字体"分组

（1）：增大字号，增大活动单元格区域中数据的字号。

（2）：减小字号，减小活动单元格区域中数据的字号。

（3）：设置单元格内容的显示颜色。

（4）⬛：设置单元格的背景颜色，即填充颜色。

（5）⬛：给选定的单元格区域的数据设置下划线，下划线有单线和双线两种。

如果取消字形效果，再单击相关的"加粗""倾斜""下划线"按钮即可。

2."对齐方式"分组

（1）⬛：设置单元格数据的文字方向。

（2）⬛ 增加缩进量：增加单元格内容的缩进程度。

（3）⬛ 减小缩进量：减小单元格内容的缩进程度。

（4）⬛ 自动换行：当单元格内容超出单元格宽度时，内容将自动换行。

（5）⬛ 合并后居中：该按钮的下拉菜单中包括4个命令，具体功能如下：

① 合并后居中：合并选定区域的单元格，并居中显示单元格中的数据。

② 跨越合并：按行合并选定的单元格。

③ 合并单元格：合并选定区域的单元格，保留数值原有的对齐方式。

④ 取消单元格合并：取消单元格的合并效果。

3."数字"分组

Excel 2010 对常用的数字格式进行了设置并分类，其中包括"常规""数值""货币""会计专用""日期""时间""百分比""分数""科学记数""文本""特殊"以及"自定义"数字格式。

单元格中的数据类型不同，其单元格的对齐方式也不相同，"文本"数字格式默认为左对齐，而"数值"数字格式默认为右对齐。

任务 3.4　使用条件格式标识 5 月份的销售业绩

任务描述

（1）打开图 3-131 所示的工作簿"5月份销售业绩表.xlsx"，按照以下要求标识单元格数据，设置效果如图 3-132 所示。

	A	B	C	D	E	F
1		5月份销售业绩表				
2	姓名	第一周	第二周	第三周	第四周	月销售额
3	陈鹏	2400	2500	2600	2700	10200
4	王卫平	2050	2065	2080	2095	8290
5	张晓寰	2055	2070	2085	2100	8310
6	杨宝春	1839	800	380	1851	4870
7	许晓张	2400	1500	1600	2600	8100
8	王川	950	780	1904	1911	5545
9	张克	2500	2800	2900	3000	11200
10	艾芳	2155	2210	2265	2320	8950
11	王小明	1280	437	654	932	3303
12	胡海涛	2537	2937	3237	3095	11806
13	沈奇峰	2235	1456	3390	680	7761
14	王小明	1933	3000	4500	1560	10993
15	岳晋生	800	500	290	1680	3270
16	庄凤仪	2839	2821	2803	2785	11248
17						

图 3-131　"5月份销售业绩表"

① 用浅红色填充第一周的销售额在 1 000 元以下的数据单元格。

② 用蓝色字体标识同名的员工。

项目三　Excel 2010 电子表格入门与应用

图 3-132　条件格式的设置结果

③ 用橙色填充所有姓张的员工的"姓名"单元格。
④ 用黑底红字标识第一周销售额排在前 10% 的数据。
⑤ 用"红色加粗的字体"显示月销售额排在最后 3 名的职工。
⑥ 用浅蓝色渐变数据条显示第二周的销售额。
⑦ 用"白红色阶"显示第三周的销售额数据。
⑧ 用"三个星形"图标集显示第四周的销售额。
（2）编辑工作簿"5 月份销售业绩表.xlsx"中的以下条件格式：
① 将销售额排在最后的 3 名职工标识改为 5 名职工标识。
② 修改星形所表示的数据区间：☆ 表示大于 70% 以上的数据，☆ 表示 40%～70% 的数据，☆ 表示 40% 以下的数据。
③ 清除相同姓名的标识。

任务分析

在大型数据表的统计分析中，为了便于区别和查看，可以使用条件格式对内容进行突出显示，让数据变得更加直观，以便在统计分析时能够轻松查询与分析数据。可以使用"突出显示单元格规则""项目选取规则""数据条""色阶"和"图标集"5 种形式为单元格的数据设置格式。

通过"管理规则"命令，可以更改现有的条件格式。

任务实施

1. 在"5 月份销售业绩表"中设置条件格式

（1）用浅红色填充第一周的销售额在 1 000 元以下的数据单元格。
① 选择单元格区域 B3：B16，单击"开始"选项卡"样式"分组的"条件格式"按钮，如图 3-133 所示。
② 从"条件格式"下拉菜单中，选择"突出显示单元格规则"选项，并从子菜单中选择"小于"命令，如图 3-134 所示。
③ 此时弹出"小于"对话框，在文本框中输入"1 000"，从"设置为"下拉列表中选择"浅红色填充"选项，如图 3-135 所示。

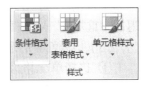

图 3-133　"样式"分组

图 3-134 "突出显示单元格规则"选项

④ 单击"确定"按钮完成,效果如图 3-136 所示。

(2)用蓝色字体标识同名的员工。

① 选择单元格区域 A3:A16 后,选项"条件格式"→"突出显示单元格规则"→"重复值"选项,打开"重复值"对话框,从"设置为"下拉列表中选择"自定义格式"选项,如图 3-137 所示。

图 3-136 设置效果

图 3-135 "小于"对话框

② 打开"设置单元格格式"对话框,设置字体颜色为"蓝色",字形为"加粗",单击"确定"按钮,返回"重复值"对话框,单击"确定"按钮完成。

(3)用橙色填充所有姓张的员工的"姓名"单元格。

① 选择单元格区域 A3:A16 后,执行"条件格式"→"新建规则"命令,打开"新建格式规则"对

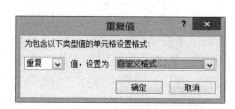

图 3-137 "重复值"对话框

话框。

② 在对话框中，选择"只为包含以下内容和单元格设置格式"规则类型，在"编辑规则说明"区域依次选择"特定文本""始于"，在文本框中输入"张"，如图 3-138 所示。

图 3-138 "新建格式规则"对话框

③ 单击"格式"按钮，打开"设置单元格格式"对话框，在"填充"选项卡中选择"橙色"，如图 3-139 所示，单击"确定"按钮，返回"新建格式规则"对话框。

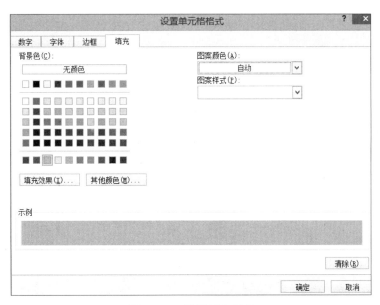

图 3-139 设置填充颜色

④ 单击"确定"按钮完成。

（4）用黑底红字标识第一周销售额排在前 10% 的数据。

① 选择单元格区域 B3：B16，选择"项目选取规则"→"值最大的 10% 项"选项，如图 3-140 所示。

② 在"10%最大的值"对话框中,在百分号前输入"15%",在"设置为"下拉列表中选择"自定义格式"选项,如图 3-141 所示,此时打开"设置单元格格式"对话框。

图 3-140 "项目选取规则"菜单　　　　图 3-141 "10%最大的值"对话框

③ 在"设置单元格格式"对话框中,设置字体颜色为"红色",填充颜色为"黑色",返回"10%最大的值"对话框,单击"确定"按钮完成。

(5)"红色加粗的字体"显示月销售额排在最后 3 名的职工。

① 选择单元格区域 F3:F16,选择"项目选取规则"→"值最小的 10 项"选项。

② 在"10 个最小项"对话框中,输入"3",在"设置为"下拉列表中选择"自定义格式"选项,如图 3-142 所示。

③ 在"设置单元格格式"对话框中,设置字体颜色为"红色",字形为"加粗"。

④ 单击"确定"按钮。

(6)用浅蓝色渐变数据条显示第二周的销售额。

选择单元格区域 C3:C16,选择"条件格式"→"数据条"→"渐变填充"→"浅蓝色"选项,如图 3-143 所示。

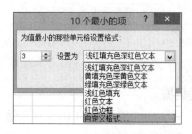
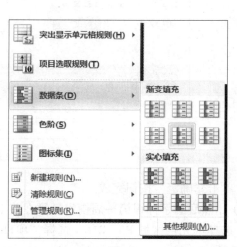

图 3-142 "10 个最小的项"对话框　　　　图 3-143 "数据条"菜单

（7）用"白红色阶"显示第三周的销售额数据。

选择单元格区域 D3：D16，选择"条件格式"→"色阶"→"白红色阶"选项即可，如图 3-144 所示。

（8）用"三个星形"图标集显示第四周的销售额。

选择单元格区域 E3：E16，选择"条件格式"→"图标集"→"三个星形"选项即可，如图 3-145 所示。

图 3-144 "色阶"菜单

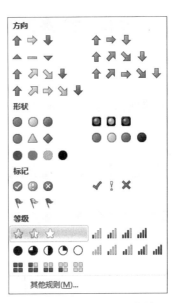

图 3-145 "图标集"菜单

2．编辑条件格式

（1）将销售额排在最后的 3 名职工标识改为 5 名职工。

① 选择单元格区域 F3：F16，选择"开始"选项卡"样式"分组中的"条件格式"→"管理规则"选项，打开"条件格式规则管理器"对话框。

② 在对话框中，单击"后 3 个"规则，然后单击"编辑规则"按钮，如图 3-146 所示。此时打开"编辑格式规则"对话框，如图 3-147 所示。

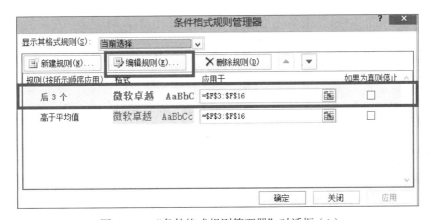

图 3-146 "条件格式规则管理器"对话框（1）

③ 在对话框中，将文本框中的数字"3"改为"5"，单击"确定"按钮，返回"条件格式规则管理器"对话框，单击"确定"按钮后效果如图 3-148 所示。

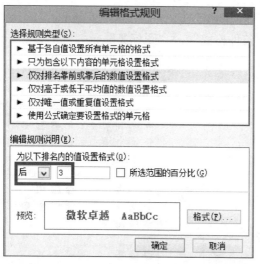

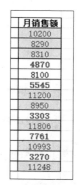

图 3-147 "编辑格式规则"对话框　　　　图 3-148 设置效果

（2）修改单元格区域星形图标所表示的数据区间：☆ 表示大于 70% 以上的数据，☆ 表示 40%～70% 的数据，☆ 表示 40% 以下的数据。

① 选择单元格区域 E3∶E16，选择"条件格式"→"管理规则"选项，打开"条件格式规则管理器"对话框，如图 3-149 所示。

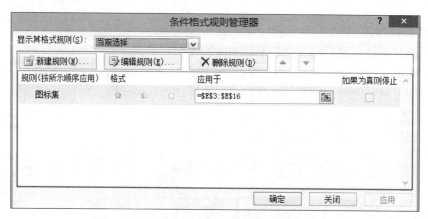

图 3-149 "条件格式规则管理器"对话框（2）

② 在图 3-149 所示的对话框中，从"规则"列表中选择"图标集"，单击"编辑规则"按钮，打开"编辑格式规则"对话框。

③ 将图标"☆"运算符改为">"将"值"文本框中的"67"改为"70"；将图标"☆""值"文本框的值改为"40"，如图 3-150 所示。

④ 单击"确定"按钮，返回"条件格式规则管理器"对话框。

⑤ 单击"确定"按钮完成设置。

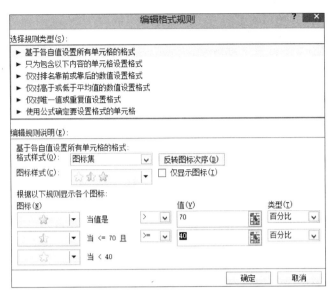

图 3-150 规则的修改

（3）清除相同姓名的标识。

① 选择单元格区域 A3：A16，选择"条件格式"→"管理规则"选项，打开"条件格式规则管理器"对话框，如图 3-151 所示。

图 3-151 "条件格式规则管理器"对话框（3）

② 在对话框中，选择"规则"列表中的"单元格值包含"选项，然后单击"删除规则"按钮。

③ 此时"重复值"规则已被删除，单击"确定"按钮即可删除规则。

拓展知识

1. 新建规则

当系统提供的 5 种规则不符合要求时，可以根据需要新建条件规则。执行"条件格式"→"新建规则"命令，打开"新建格式规则"对话框，新建规则类型有 6 类，如图 3-152 所示。

（1）基于各自设置所有单元格的格式：格式样式包括双色刻度、三色刻度、数据条和图标集，并且可以为每种样式类型设置具体的值和对应的颜色和图标。

（2）只为包含以下内容的单元格设置格式：为单元格的数值、文本和日期满足条件的单元格以及空值、无空值、有错误和无错误的单元格设置格式。

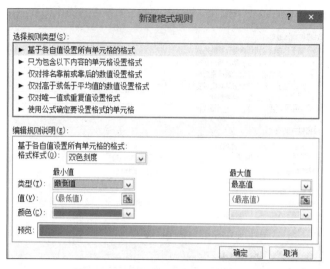

图 3-152 "新建格式规则"对话框

（3）仅对排名靠前或靠后的数值设置格式：为单元格数值排名靠前的几项（百分比）或靠后的几项（百分比）的单元格设置格式。

（4）仅对高于或低于平均值的数值设置格式：除了为高于或低于平均值的单元格设置格式以外，还可以对等于或高于平均值、等于或低于平均值、标准偏差高于或低于1(或2、3)的单元格设置格式。

（5）仅对唯一值或重复值设置格式：为单元格区域中唯一的值或重复的值设置格式。

（6）使用公式确定要设置格式的单元格：在单元格区域中对符合公式值的单元格设置格式。

2. 管理规则

对工作表中已有的条件格式规则可以进行编辑和删除。

（1）编辑规则。选择设置条件格式的单元格区域或单元格，选择"条件格式"→"管理规则"选项，打开"条件格式规则管理器"对话框，然后选择要编辑的规则，单击"编辑规则"按钮，打开"编辑格式规则"对话框，根据需要进行修改。

（2）删除规则。选择设置条件格式的单元格区域或单元格，选择"条件格式"→"管理规则"选项，打开"条件格式规则管理器"对话框，然后选择要删除的规则，单击"删除规则"按钮即可。

3. 清除规则

如果需要批量删除条件规则，选择"条件格式"→"清除规则"菜单列表中的"清除所选单元格的规则"或"清除整个工作表的规则"选项，即可清除选定单元格区域的所有规则或整个工作表中的所有规则。

任务 3.5　图表的创建与编辑

用户很难在单元格数据中发现某些重要的关系或规律，若将这些烦琐的数据转换为清晰易懂的图表，则很容易发现数据的某些规律或趋势。Excel 2010 提供了强大的图表功能，可以将数据创建为不同类型的图表,以便于分析和显示数据。

预备知识

图表能形象地反映出数据的对比关系变化趋势,分析数据间一些不容易发现的联系,可以将抽象的数据形象化。

1. 图表的类型

Excel 2010 包含 11 种图表——柱形图、条形图、折线图、XY 散点图、饼图、圆环图、面积图、曲面图、气泡图、股价图和雷达图,并且每种图表类型还包括若干个子类。

(1) 柱形图:用于显示一段时间内的数据变化情况或数据之间的比较情况。柱形图分为二维柱形图、三维柱形图、圆柱图、圆锥图、棱锥图。

(2) 条形图:显示各项数据的比较情况。条形图分为二维条形图、三维条形图、圆柱图、圆锥图、棱锥图。

(3) 折线图:用于显示随时间而变化的数据关系。

(4) XY 散点图:用来比较多个数据系列中的数值,也可将两组数值显示为 XY 坐标系中的一个系列。

(5) 饼图:用于显示数据的所占比例,通常只包括一个数据系列。

(6) 圆环图:用来显示部分与整体的关系,与饼图很相似,但是圆环图可以包括多个数据系列,每个环代表一个数据系列。

(7) 面积图:体现数据随时间变化的程度,同时强调数据总值情况。

(8) 曲面图:使用不同的颜色和图案显示同一取值范围内的区域。

(9) 汽泡图:数据标记的大小标示出数据组中的第三个变量的值,是 XY 散点图的扩展。在组织数据时,应将 X 值旋转于一行或列中,由输入值确定气泡大小。

(10) 股价图:使用股票价格走势表示数据的变化。

(11) 雷达图:用于显示独立数据系列之间的关系,包括数据点雷达图、填充雷达图等。

2. 图表的组成元素

一个图表可以由很多部分组成,如图 3-153 所示。

图 3-153 图表的组成部分

（1）图表区：整个图表显示区域，包含了图表中的所有元素。
（2）绘图区：在图表区中显示绘制出的数据图表。
（3）图表标题：用来说明图表内容的文字。
（4）横坐标轴：也称分类轴（X轴）。
（5）纵坐标轴：也称数据轴（Y轴）。
（6）图例：表示图表中的符号、颜色或形状定义的数据系列所代表的内容。
（7）坐标轴标题：显示横坐标及纵坐标的内容。
（8）网格线：用于估算数据系列所示值的标准，分为纵向和横向网络线。

任务 3.5.1 创建 2013 年和 2014 年员工业绩对照图

任务描述

打开工作簿"员工业绩表"，如图 3-154 所示，创建员工业绩对照图，如图 3-155 所示。

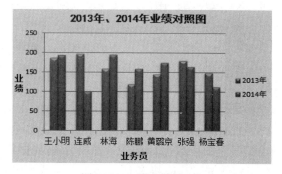

图 3-154 "员工业绩表"　　　　图 3-155 图表效果

任务分析

图表类型为二维柱形图，图表中包括图表标题、坐标轴标题和图例。图表区背景为"深蓝、文字2、淡色80%"；绘图区背景为"白色、背景1、深色15%"；图表的样式采用"样式26"；图表标题的格式为"宋体、14、加粗、居中显示"；坐标轴标题的格式为"宋体、11、加粗"；图例的格式为"宋体、10"。

任务实施

（1）选择单元格区域 A1：A9，C1：D9，如图 3-156 所示，单击"插入"选项卡"图表"分组中的"柱形图"按钮，如图 3-157 所示。

（2）从图 3-158 所示的"柱形图"下拉列表中选择"二维柱形图"→"簇状柱形图"选项，此时工作表中创建了对应的"簇状柱形图"，如图 3-159 所示。

（3）选择图表的样式。选择要编辑的图表，选择"图表工具－设计"选项卡中"图表样式"分组的样式列表中选择"样式26"（图 3-110），此时图表的样式已被更改，如图 3-161 所示。

项目三　Excel 2010 电子表格入门与应用

图 3-156　选择数据区域

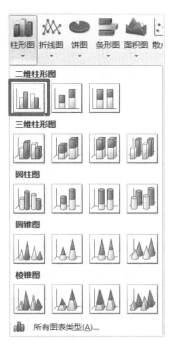

图 3-158　柱形图子类型

图 3-157　"图表"分组

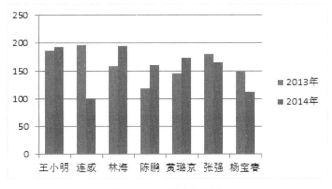

图 3-159　创建的图表

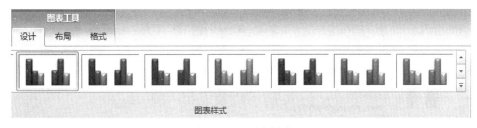

图 3-160　图表样式

（4）设置图表的标题。选择图表，选择"图表工具－布局"选项卡的"标签"分组，单击"图表标题"按钮，从下拉列表中选择"图表上方"选项，如图 3-162 所示，此时在图表的上方显示"图表标题"文本框，在文本框中输入要显示的标题即可，如图 3-163 所示。

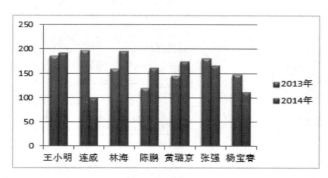

图 3-161　更改图表样式后的效果　　　　　图 3-162　图表标题列表

（5）设置图表的坐标轴标题。在"标签"分组中选择"坐标轴标题"→"主要横坐标轴标题"→"坐标轴下方标题"选项，如图 3-164 所示，此时图表上添加了横坐标文本框，在文本框中输入"业务员"；选择"主要纵坐标轴标题"→"竖排标题"选项，如图 3-165 所示，输入数据轴标题，即 Y 轴标题，设置效果如图 3-166 所示。

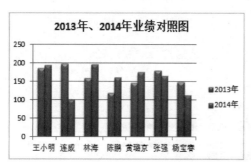

图 3-163　图表标题的添加效果　　　　　图 3-164　"主要横坐标轴标题"菜单

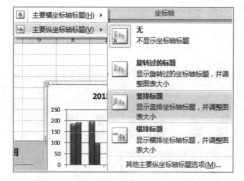
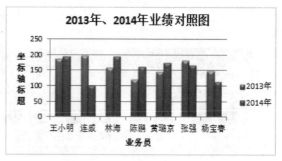

图 3-165　"主要纵坐标轴标题"菜单　　　图 3-166　坐标轴标题设置效果

单击"图表工具－设计"选项卡，从图 3-167 所示的"图表布局"分组中选择"布局 9"选项即可添加图表标题、坐标轴标题文本框，如图 3-168 所示，再将文本框的内容更改为具体显示的标题内容，同样也可以设置图表的标题和坐标轴的标题。

项目三 Excel 2010 电子表格入门与应用

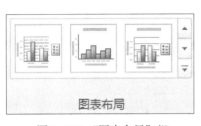

图 3-167 "图表布局"组

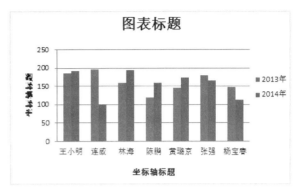

图 3-168 设置图表布局后的效果

（6）设置图表区和绘图区的背景。选择图表区，单击"图表工具–格式"选项卡，单击"形状样式组"→"形状填充"按钮，在下拉列表中选择"主题颜色"→"深蓝，文字 2，淡色 80%"选项，如图 3-169 所示。绘图区的背景设置方法相同，选择绘图区后，单击"形状填充"按钮，在下拉列表中选择"白色，背景 1，深色 15%"选项即可。

图表区的背景还可以通过"设置图表区格式"对话框来设置。在图表区的空白处单击鼠标右键，在快捷菜单中选择"设置图表区域格式"命令即可打开"设置图表区格式"对话框，如图 3-170 所示。在对话框的"填充"选项卡中进行设置。

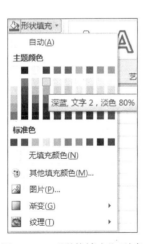

图 3-169 "形状填充"列表

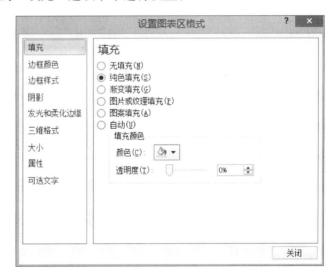

图 3-170 "设置图表区格式"对话框

任务 3.5.2 创建 2014 年产品销量比重图

任务描述

打开"2014 年产品销售表"，如图 3-171 所示，根据产品的总销量，创建一个展示不同产品销售比例的图表，如图 3-172 所示。

- 215 -

	A	B
1	产品类别	销量
2	电视	34320
3	冰箱	23700
4	电脑	56000
5	厨具	12000
6	电子产品	57900
7	洗衣机	8100

图 3-171 "2014 年产品销售表"

图 3-172 销量比重图

任务分析

图表的类型为"三维分离型饼图",图表中显示标题和数据标签,不显示图例,其中标题为"2014 年各产品销售比重",数据标签中显示类别名称和百分比,标题格式为"宋体,加粗,16",数据标签为"宋体,10.5",图表的背景为"细微效果-紫色,强调颜色 4",图表样式采用"样式 27"。

任务实施

(1)选择单元格区域 A1:B7,单击"插入"选项卡"图表"分组→"饼图"按钮,从子类型中选择"三维分离型饼图"选项,如图 3-173 所示,此时工作表中创建了图 3-174 所示的三维饼图。

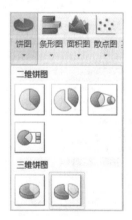

图 3-173 饼图子类型

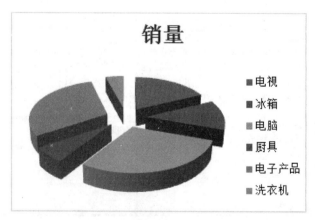

图 3-174 创建的三维分离型饼图

(2)设置图表标题。将图中的标题"销量"改为"2014 年各产品销售比重"。

(3)删除图例。单击选择图例,按 Delete 键或单击鼠标右键选择"删除"命令或者单击"标签"分组→"图例"按钮,弹出图 3-175 所示的列表,从列表选择"无"选项即可删除图例,如图 3-176 所示。

(4)设置图表样式。选择图表,单击"图表工具-设计"选项卡,在"图表样式"分组中选择"样式 27"选项即可,设置效果如图 3-177 所示。

（5）显示数据标签。

① 单击"图表工具–布局"选项卡，选择"标签"分组中的"数据标签"按钮，在下拉列表中选择"其他数据标签选项"选项，打开"设置数据标签格式"对话框。

② 在对话框的"数据标签"选项卡中，在"标签包括"选项区中选择"类别名称""百分比""显示引导线"复选框，在"标签位置"选项区选择"数据标签外"选项，"分隔符"选择"分号"，如图3-178所示。可以根据具体情况调整数据标签的位置，效果如图3-179所示。

图 3-175 "图例"列表

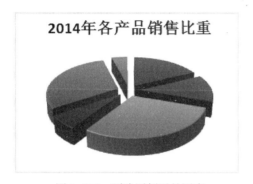

图 3-176 删除图例后的图表

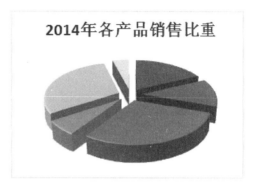

图 3-177 图表样式的设置效果

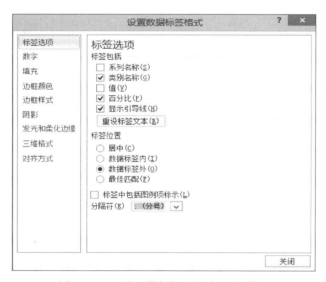

图 3-178 "设置数据标签格式"对话框

（6）设置图表的背景。

单击"图表工具–格式"选项卡，在"形状样式"分组中选择"外观样式"→"细微效果–紫色，强调颜色4"选项，如图3-180所示。

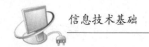

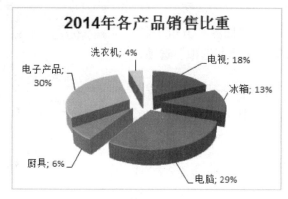

图 3-179 数据标签的设置效果

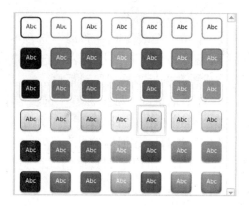

图 3-180 样式列表

任务 3.5.3 创建迷你图表现每个月业务员的业绩

任务描述

打开工作簿“一季度业绩表”，分别在 B6、C6 和 D6 单元格中创建表现每个月业务员业绩的迷你图，如图 3-181 所示。

	A	B	C	D
1	业务员	1月	2月	3月
2	张燕	30	41	37
3	王强	29	40	44
4	刘军	42	29	36
5	陈好	47	38	48
6				

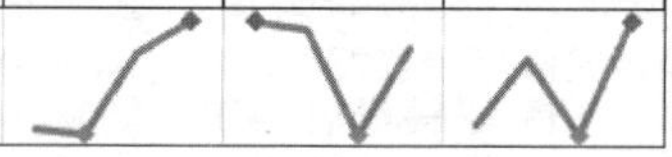

图 3-181 一季度业绩迷你图表

任务分析

创建的迷你图的类型是折线图，折线的颜色为“橙色、淡色 25%”，线型为 2.25 磅，红点表示高点，绿点表示低点。

任务实施

1. 创建迷你图

（1）选择 B6 单元格，切换至“插入”选项卡，单击“迷你图”分组的“折线图”按钮，如图 3-182 所示。

图 3-182 “迷你图”分组

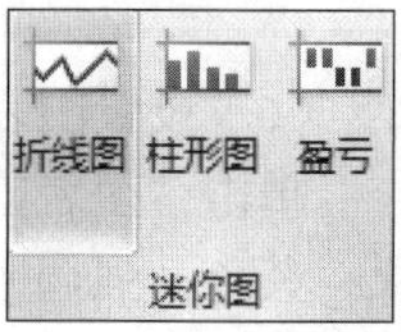

（2）打开“创建迷你图”对话框，在“数据范围”文本框中选择单元格区域 B2 : B5，如图 3-183 所示。

（3）单击“确定”按钮即可在 B6 单元格中创建折线迷你图。使用相同的方法在 C6、D6 单元格中分别创建 2 月和 3 月份数据的迷你图，如图 3-184 所示。

图 3-183　"创建迷你图"对话框　　　　图 3-184　迷你图的创建效果

2. 设置迷你图的样式

（1）设置折线的颜色。选择单元格区域 B6：D6，切换至"迷你图工具－设计"选项卡，在"样式"分组中的"外观样式"列表中选择"强调文字颜色 6，深色 25%"或者单击"迷你图颜色"按钮选择折线的颜色，如图 3-185 所示。设置效果如图 3-186 所示。

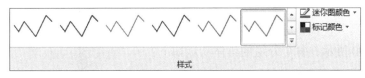

图 3-185　迷你图样式的设置

图 3-186　迷你图样式的设置效果

（2）设置折线的粗细度。单击"样式"分组中的"粗细"按钮，从子菜单中选择"2.25 磅"选项即可。

（3）显示折线图的高低点。选择迷你图，在"显示"分组中选择"高点""低点"复选框，如图 3-187 所示，设置效果如图 3-188 所示。

图 3-187　"显示"分组　　　　图 3-188　高点、低点设置效果

（4）设置高点和低点的颜色。单击"样式"分组中的"标记颜色"按钮，从下拉菜单中选择"高点"选项，从子菜单中选择"红色"选项；用同样的方法将低点的颜色设置为绿色，设置效果如图 3-189 所示。

业务员	1月	2月	3月
张燕	30	41	37
王强	29	40	44
刘军	42	29	36
陈好	47	38	48

图 3-189　高、低点颜色的设置效果

拓展知识

1．"图表工具 – 设计"选项卡

在"图表工具 – 设计"选项卡中包括"类型""数据""图表布局""图表样式"和"位置"分组，如图 3-190 所示，每个分组的具体功能如下：

图 3-190　"图表工具 – 设计"选项卡

（1）类型：更改已创建图表的类型或者将图表保存为模板。
（2）数据：设置图表的源数据和数据的显示形式。
（3）图表布局：设置图表中各组成部分的显示布局，共有 11 种布局。
（4）图表样式：设置图表中系列的样式，共有 48 种样式。
（5）位置：设置放置图表的位置，图表可以在工作表中显示或者以独立工作表的形式放置。

例 3-1　将任务 3.5.1 中的图表设置成图 3-191 所示的效果。

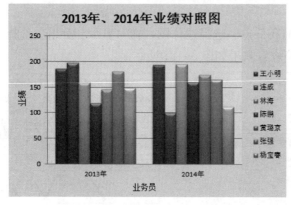

图 3-191　图表的设置效果

具体操作方法：单击"图表工具-设计"选项卡"数据"分组的"切换行/列"按钮即可。

2."图表工具-布局"选项卡

通过"图表工具-布局"选项卡可以设计图表的布局，包括"当前所选内容""插入""标签""坐标轴""背景""分析"和"属性"分组，如图3-192所示。

图3-192　"图表工具-布局"选项卡

例3-2　模拟运算表是显示在X轴下方的图表数据，如图3-193所示。显示模拟运算表的方法如下：

选择图表，切换至"图表工具-布局"选项卡，单击"标签"分组中的"模拟运算表"按钮，在下拉列表中选择"显示模拟运算表"选项即可，如图3-194所示。如果要隐藏模拟运算表，则从"模拟运算表"列表中选择"无"选项即可。

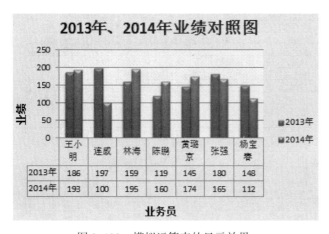

图3-193　模拟运算表的显示效果

图3-194　"模拟运算表"列表

3."图表工具-设计"选项卡

该选项卡中包括"形状样式""艺术字样式""排列"和"大小"等分组，如图3-195所示。每个组的具体功能如下：

图3-195　"图表工具-设计"选项卡

（1）形状样式：设置所选对象的外观样式，包括边框和填充颜色。
（2）艺术字样式：将图表中文字的样式设置为艺术字样式。
（3）排列：设置图表与其他对象的层叠次序和对齐方式。
（4）大小：设置图表的大小。

4. 删除迷你图

选择迷你图所在的单元格,切换至"迷你图工具-设计"选项卡,单击"清除"按钮,从下拉列表中选择"清除所选的迷你图"选项或"清除所选的迷你图组"选项即可,如图 3-196 所示。

图 3-196 "清除"列表

任务 3.6 学生基本信息表的数据分析和管理

在工作和学习中,经常需要对已有的记录进行排列,或者从工作表中查找符合指定条件的数据,又或者对数据进行某种汇总分析。Excel 2010 提供了排序、筛选和分类汇总等数据管理工具,可方便快捷地完成数据的排序、筛选及分类汇总等操作。

打开"学生基本信息表",如图 3-197 所示,完成对数据的排序、筛选和分类汇总操作。

图 3-197 "学生基本信息表"

任务 3.6.1 学生基本信息的排序

任务描述

(1)按"姓名"的升序排列。
(2)按"系部"的升序排列,同一系的学生按"入学分数"的降序排列。
(3)"籍贯"列中,填充黄色的单元格排在底端。
(4)"入学分数"列中,带绿箭头的单元格排在顶端。

任务分析

在查看工作表数据时,需要让工作表中的数据按一定的顺序排列,以便对数据进行查看和分析。按一列数据排序时，使用"升序"或"降序"命令按钮；当两个或以上列排序时使用自定义排序，按颜色或图案排序时也用自定义排序。

任务实施

（1）按"姓名"的升序排列数据。

① 选择"姓名"列的任意一个单元格。

② 选择"开始"选项卡"编辑"分组中的"排序和筛选"按钮，如图 3-198 所示，并从"排序和筛选"下拉列表中选择"升序"选项即可，如图 3-199 所示。或者单击"数据"选项卡"排序和筛选"分组中的"升序"按钮 ，如图 3-200 所示。

  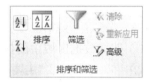

图 3-198 "编辑"分组　　图 3-199 "排序和筛选"下拉列表　　图 3-200 "排序和筛选"分组

文本数据的排序方法有字母排序和笔画排序，默认排序方法为字母排序。按列排序时，首先要选定列的某个单元格数据，不能选择空单元格

（2）按"系部"的升序排列，同一个系的学生按"入学分数"的降序排列。

① 选择数据区域中的任意一个单元格。

② 选择"开始"选项卡"编辑"分组中的"排序和筛选"→"自定义排序"选项，或者单击"数据"选项卡"排序和筛选"分组的"排序"按钮 ，打开"排序"对话框。

③ "主要关键字"选择"系部"，"排序依据"选择"数值"，"次序"选择"升序"，单击"添加条件"按钮，在"次要关键字"部分，依次选择"入学分数""数值"和"降序"选项，如图 3-201 所示。

④ 单击"确定"按钮，排序效果如图 3-202 所示。

图 3-201　次要关键字的设置

	A	B	C	D	E	F	G	H	I	J
1	学号	姓名	性别	民族	出生日期	政治面貌	籍贯	系部	入学时间	入学分数
2	201321170209	沈克	女	满族	1994/7/19	团员	辽宁辽中	化学系	2013/9/1	↑ 615
3	201421170202	任水滨	女	汉族	1995/8/11	中共党员	内蒙古包头	化学系	2014/9/1	↑ 609
4	201321170210	王小明	男	汉族	1995/6/19	团员	湖北恩施	化学系	2013/9/1	→ 540
5	201421170199	刘学燕	女	汉族	1997/11/17	团员	山东高青	化学系	2014/9/1	→ 480
6	201421170197	林海	女	汉族	1994/12/6	团员	浙江绍兴	化学系	2014/9/1	↓ 460
7	201321170207	连威	男	汉族	1994/2/16	团员	湖南南县	化学系	2013/9/1	↓ 429
8	201421170201	王卫平	男	回族	1995/8/10	团员	宁夏永宁	数学系	2014/9/1	↓ 530
9	201321170208	高琳	女	汉族	1992/6/25	预备党员	河北文安	数学系	2013/9/1	↓ 491
10	201421170200	黄璐京	女	汉族	1994/12/6	团员	山东济南	数学系	2014/9/1	→ 490
11	201321170214	金星	女	汉族	1993/6/23	团员	江苏南通	数学系	2013/9/1	→ 468
12	201421170198	陈鹏	男	回族	1993/6/3	团员	陕西蒲城	数学系	2014/9/1	↓ 457
13	201321170217	陈宁	男	汉族	1995/1/5	团员	内蒙古通辽	数学系	2013/9/1	↓ 436
14	201321170211	胡海涛	男	汉族	1993/10/5	团员	北京市	数学系	2013/9/1	↓ 422
15	201421170205	许东东	男	汉族	1994/1/20	团员	江苏沛县	物理系	2014/9/1	↑ 560
16	201421170203	张晓寰	男	蒙族	1996/11/25	团员	内蒙古乌海	物理系	2014/9/1	→ 528
17	201421170206	王川	男	汉族	1994/8/15	团员	山东历城	物理系	2014/9/1	→ 479
18	201321170212	庄凤仪	男	汉族	1993/10/6	团员	安徽太湖	物理系	2013/9/1	→ 469
19	201321170215	岳晋生	男	藏族	1995/4/16	中共党员	四川遂宁	物理系	2013/9/1	↓ 458
20	201321170204	王宝春	男	汉族	1994/9/19	团员	河北南宫	物理系	2013/9/1	↓ 448
21	201321170216	张英	女	汉族	1996/9/22	团员	江苏沛县	物理系	2013/9/1	↓ 395

图 3-202　排序效果

（3）"籍贯"列中，填充黄色的单元格排在底端。

① 选择数据区域中的任意一个单元格，打开"排序"对话框。

② 在对话框中，"主要关键字"选择"籍贯"，"排序依据"选择"单元格颜色"，"次序"选择"黄色""在底端"，如图 3-203 所示。单击"确定"按钮，排序效果如图 3-204 所示。

图 3-203　"排序"对话框

	A	B	C	D	E	F	G	H
1	学号	姓名	性别	民族	出生日期	政治面貌	籍贯	系部
2	201421170202	任水滨	女	汉族	1995/8/11	中共党员	内蒙古包头	化学系
3	201321170210	王小明	男	汉族	1995/6/19	团员	湖北恩施	化学系
4	201421170197	林海	女	汉族	1994/12/6	团员	浙江绍兴	化学系
5	201321170207	连威	男	汉族	1994/2/16	团员	湖南南县	化学系
6	201421170201	王卫平	男	回族	1995/8/10	团员	宁夏永宁	数学系
7	201321170208	高琳	女	汉族	1992/6/25	预备党员	河北文安	数学系
8	201421170200	黄璐京	女	汉族	1994/12/6	团员	山东济南	数学系
9	201321170214	金星	女	汉族	1993/6/23	团员	江苏南通	数学系
10	201421170198	陈鹏	男	回族	1993/6/3	团员	陕西蒲城	数学系
11	201321170217	陈宁	男	汉族	1995/1/5	团员	内蒙古通辽	数学系
12	201321170211	胡海涛	男	汉族	1993/10/5	团员	北京市	数学系
13	201421170205	许东东	男	汉族	1994/1/20	团员	江苏沛县	物理系
14	201421170203	张晓寰	男	蒙族	1996/11/25	团员	内蒙古乌海	物理系
15	201421170206	王川	男	汉族	1994/8/15	团员	山东历城	物理系
16	201321170212	庄凤仪	男	汉族	1993/10/6	团员	安徽太湖	物理系
17	201321170215	岳晋生	男	藏族	1995/4/16	中共党员	四川遂宁	物理系
18	201321170204	王宝春	男	汉族	1994/9/19	团员	河北南宫	物理系
19	201321170216	张英	女	汉族	1996/9/22	团员	江苏沛县	物理系
20	201321170209	沈克	女	满族	1994/7/19	团员	辽宁辽中	化学系
21	201421170199	刘学燕	女	汉族	1997/11/17	团员	山东高青	化学系

图 3-204　排序效果

（4）"入学分数"列中，带绿箭头的单元格排在顶端。

① 选择数据区域中的任意一个单元格，打开"排序"对话框。

② 在对话框中，"主要关键字"选择"入学分数"，"排序依据"选择"单元格图标"，"次序"选择"绿色箭头""在顶端"，如图 3-205 所示。

图 3-205　主要关键字的设置

③ 单击"确定"按钮，排序效果如图 3-206 所示。

	A	B	C	D	E	F	G	H	I	J
1	学号	姓名	性别	民族	出生日期	政治面貌	籍贯	系部	入学时间	入学分数
2	201421170202	任水滨	女	汉族	1995/8/11	中共党员	内蒙古包头	化学系	2014/9/1	↑ 609
3	201421170205	许东东	男	汉族	1994/1/20	团员	江苏沛县	物理系	2014/9/1	↑ 560
4	201321170209	沈克	女	满族	1994/7/19	团员	辽宁辽中	化学系	2013/9/1	↑ 615
5	201321170210	王小明	男	汉族	1995/6/19	团员	湖北恩施	化学系	2013/9/1	⇒ 540
6	201421170197	林海	女	汉族	1994/12/6	团员	浙江绍兴	化学系	2014/9/1	↓ 460
7	201321170207	连威	男	汉族	1995/1/5	团员	湖南南县	化学系	2013/9/1	↓ 429
8	201421170201	王卫平	男	回族	1995/8/10	团员	宁夏永宁	数学系	2014/9/1	⇒ 530
9	201321170208	高琳	女	汉族	1992/6/25	预备党员	河北文安	数学系	2013/9/1	⇒ 491
10	201421170200	黄璐京	女	汉族	1994/12/6	团员	山东济南	数学系	2014/9/1	⇒ 490
11	201321170214	金星	女	汉族	1993/6/23	团员	江苏南通	数学系	2013/9/1	⇒ 468
12	201421170198	陈鹏	男	回族	1993/6/3	团员	陕西蒲城	数学系	2014/9/1	↓ 457
13	201421170217	陈宁	男	汉族	1995/1/5	团员	内蒙古通辽	数学系	2014/9/1	↓ 436
14	201321170211	胡海涛	男	汉族	1993/10/5	团员	北京市	数学系	2013/9/1	↓ 422

图 3-206　排序效果

任务 3.6.2　学生记录的筛选

任务描述

（1）筛选入学分数为 500 ～ 600 分的学生。

（2）筛选入学分数低于平均分的学生。

（3）筛选入学分数排在前 5 名的学生。

（4）筛选数学系和化学系的学生。

（5）筛选少数民族学生。

（6）筛选籍贯是内蒙古的学生。

（7）筛选在 1995 年 1 月 1 日之前出生的学生。

（8）筛选"籍贯"列中用黄色填充的单元格。

（9）筛选入学分数在 500 分以上和 300 分以下的学生。

（10）筛选化学系和物理系的男生，并将筛选结果显示在单元格开始的区域。

任务分析

要根据单元格数据的类型筛选工作表中的数据。若筛选数字类型的数据，则使用数字筛选；若筛选日期类型的数据，则使用日期筛选；若筛选数据为文本类型，则使用文本筛选；若按单元格的颜色或图形进行筛选，则使用颜色筛选。

当筛选的条件比较多时，可以使用高级筛选。进行高级筛选之前必须先建立一个条件区域，就是指定筛选条件的单元格区域。条件区域中包含筛选的字段名（列标题）和对应的筛选条件，筛选条件写在字段名下方。

任务实施

（1）显示筛选按钮。

① 选择筛选的单元格区域或在数据区域中选择一个活动单元格。

② 选择"开始"选项卡→"编辑"分组→"排序和筛选"→"筛选"选项或单击"数据"选项卡→"排序和筛选"分组→"筛选"按钮 ▼，此时每个列标题旁边显示一个下拉按钮（称为筛选按钮），如图 3-207 所示。

图 3-207 筛选按钮的显示效果

（2）筛选入学分数为 500～600 分的学生。

① 单击"入学分数"旁边的筛选按钮，从下拉列表中选择"数字筛选"→"介于"选项，如图 3-208 所示。

② 在弹出的"自定义自动筛选方式"对话框中，输入"500"和"600"，如图 3-209 所示。

③ 单击"确定"按钮，即可看到筛选结果，如图 3-210 所示。

（3）筛选入学分数低于平均分的学生。

① 首先取消上一个筛选结果。单击"入学成绩"旁边的筛选按钮，在下拉列表中，选择"全选"复选框。或者单击"排序和筛选"分组中的"清除"按钮 ，可以取消数据区域中所有的筛选结果。

② 单击"入学分数"旁边的筛选按钮，从下拉列表中选择"数字筛选"→"低于平均值"选项即可。

项目三　Excel 2010 电子表格入门与应用

图 3-208　"数字筛选"下拉列表　　　图 3-209　"自定义自动筛选方式"对话框

	A	B	C	D	E	F	G	H	I	J
1	学号	姓名	性别	民族	出生日期	政治面貌	籍贯	系部	入学时间	入学分数
6	201421170201	王卫平	男	回族	1995/8/10	团员	宁夏永宁	数学系	2014/9/1	530
8	201421170203	张晓寰	男	蒙族	1996/11/25	团员	北京长辛店	物理系	2014/9/1	528
10	201421170205	许东东	男	汉族	1994/1/20	团员	江苏沛县	物理系	2014/9/1	560
15	201321170210	王小明	男	汉族	1995/6/19	团员	湖北恩施	化学系	2013/9/1	540
22										

图 3-210　筛选结果（1）

（4）筛选入学分数排在前 5 名的学生。

① 单击"入学分数"旁边的筛选按钮，从下拉列表中选择"数字筛选"→"10 个最大的值"选项，打开"自动筛选前 10 个"对话框。

② 将对话框中的"10"改为"5"，如图 3-211 所示。

③ 单击"确定"按钮，筛选结果如图 3-212 所示。

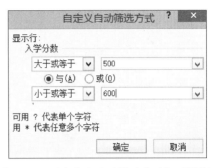

图 3-211　"自动筛选前 10 个"对话框

图 3-212　筛选结果（2）

（5）筛选数学系和化学系的学生。

① 单击"系部"旁边的筛选按钮，从下拉列表中选择"文本筛选"→"等于"选项，打开"自定义自动筛选方式"对话框。

② 在对话框中设置筛选条件，如图 3-213 所示。

③ 单击"确定"按钮完成。

用户也可以单击"系部"旁边的筛选按钮，从下拉列表中选择"化学系"和"数学系"两个复选框完成筛选，如图 3-214 所示。

- 227 -

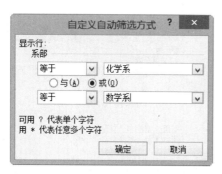

图 3-213 "自定义自动筛选方式"对话框(1)

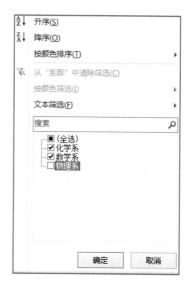

图 3-214 筛选列表

(6) 筛选出少数民族学生。

① 单击"民族"旁边的筛选按钮,从下拉列表中选择"文本筛选"→"不等于"选项,打开"自定义自动筛选方式"对话框。

② 在对话框中,在"不等于"后边的文本框中输入"汉族",如图 3-215 所示。

③ 单击"确定"按钮,完成筛选。

(7) 筛选籍贯是内蒙古的学生。

① 单击"籍贯"旁边的筛选按钮,从下拉列表中选择"文本筛选"→"开头是"选项,打开"自定义自动筛选方式"对话框。

② 在对话框中,在"开头是"后边的文本框中输入"内蒙古",如图 3-216 所示。

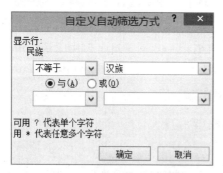

图 3-215 少数民族学生的筛选

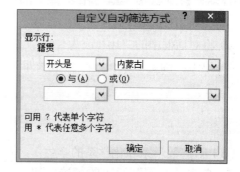

图 3-216 "自定义自动筛选方式"对话框(2)

③ 单击"确定"按钮,完成筛选。

(8) 筛选在 1995 年 1 月 1 日之前出生的学生。

① 单击"出生日期"旁边的筛选按钮,从下拉列表中选择"日期筛选"→"之前"选项,如图 3-217 所示。

② 在弹出的对话框中,在"在以下日期之前"后边的文本框中输入"1995-1-1",如

图3-218所示。单击"确定"按钮完成,筛选结果如图3-219所示。

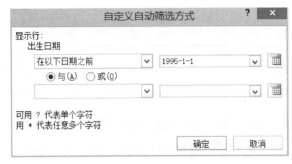

图3-218 筛选条件的设置(1)

图3-217 日期筛选菜单

图3-219 筛选结果(3)

(9)筛选"籍贯"列中用黄色填充的单元格。

单击"籍贯"旁边的筛选按钮,从下拉列表中选择"颜色筛选"→"按单击格颜色筛选"→"黄色"选项即可,如图3-220所示。

(10)筛选入学分数在500分以上和300分以下的学生。

① 在工作表的空白处输入图3-221所示的筛选条件。当条件的值在同一行时,表示"与"的关系;当条件的值不在同一行时,表示"或"的关系。

② 在数据区域选择任意一个单元格,单击"数据"选项卡"排序筛选"分组中的"高级"按钮,打开"高级筛选"对话框。

③ 在"高级筛选"对话框中,选择列表区域和条件区域,如图3-222所示。

图3-220 筛选条件的设置(2)

图 3-221 条件区域的设置（1）

图 3-222 "高级筛选"对话框（1）

④ 单击"确定"按钮完成筛选。

（11）筛选化学系和物理系的男生，并将筛选结果显示在 A25 单元格开始的区域。

① 设置条件区域：在工作表的空白处，输入如图 3-223 所示的筛选条件。

② 在数据区域选择任意一个单元格，单击"排序筛选"组中的"高级"按钮，打开"高级筛选"对话框。

③ 在对话框中，选择方式下方的"将筛选结果复制到其他位置"单选按钮，"列表区域"设置为"\$A\$1：\$J\$21"、条件区域设置为"\$P\$1：\$Q\$3"、"复制到"设置为"\$A\$25"，如图 3-224 所示。

④ 单击"确定"按钮完成。

图 3-223 条件区域的设置（2）

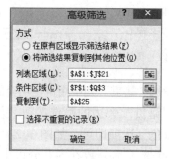

图 3-224 "高级筛选"对话框（2）

任务 3.6.3　学生基本信息的分类汇总

任务描述

（1）汇总各系部的人数，并分页显示各系部的数据。
（2）汇总各系部的平均年龄和平均入学成绩。
（3）汇总各系部每个年级入学成绩的最高分。

任务分析

（1）汇总各系部的人数就是按系分类，统计每组人数，并将汇总的每一类数据单独地列在一页中。
（2）按系部分类，并对"年龄"和"入学分数"两列数据进行平均。

（3）根据题目要求首选按系部分类，再按年级分类，即按"系部"和"入学时间"两列排序，再汇总入学成绩的最高分。

在分类汇总之前，必须要对分类的字段进行排序。

任务实施

（1）汇总各系部的人数，并分页显示各系部的数据。

① 按"系部"排列学生信息。在第 I 列选择一个单元格，单击"排序和筛选"分组中的"升序"按钮。

② 在数据区域选择任意一个单元格，单击"数据"选项卡"分级显示"分组中的"分类汇总"按钮，如图 3-225 所示。

③ 在"分类汇总"对话框中，设置分类字段、汇总方式和选定汇总项。在"分类字段"下拉列表中选择"系部"选项；在"汇总方式"下拉列表中选择"计数"选项；在"选定汇总项"列表框中选择"系部"复选框，选择"每组数据分页"复选框，如图 3-226 所示。

图 3-225　分级显示组

图 3-226　"分类汇总"对话框的设置（1）

④ 单击"确定"按钮，分类汇总结果如图 3-227 所示。

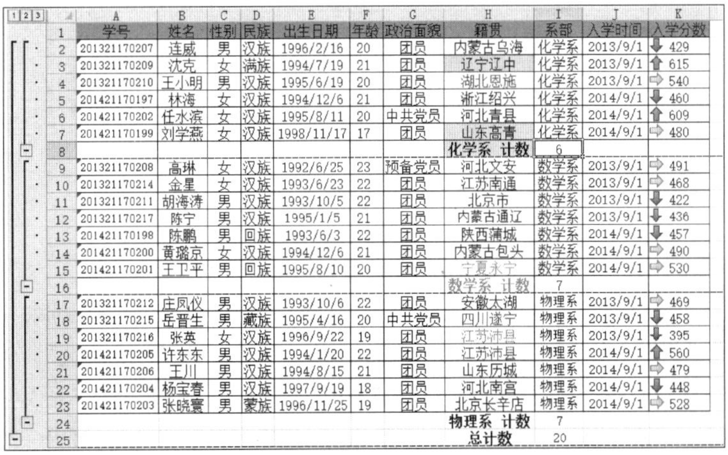

图 3-227　分类汇总结果（1）

（2）汇总各系部的平均年龄和平均入学成绩。

① 在数据区域选择任意一个单元格，单击"分级显示"分组中的"分类汇总"按钮。

② 在"分类汇总"对话框中，设置分类字段、汇总方式和选定汇总项。在"分类字段"下拉列表中选择"系部"选项；在"汇总方式"下拉列表中选择"平均值"选项；在"选定汇总项"列表框中选择"年龄"和"入学分数"复选框，如图3-228所示。

图3-228 "分类汇总"对话框的设置（2）

③ 单击选择"替换当前分类汇总"复选框，单击"确定"按钮，分类汇总结果如图3-229所示。

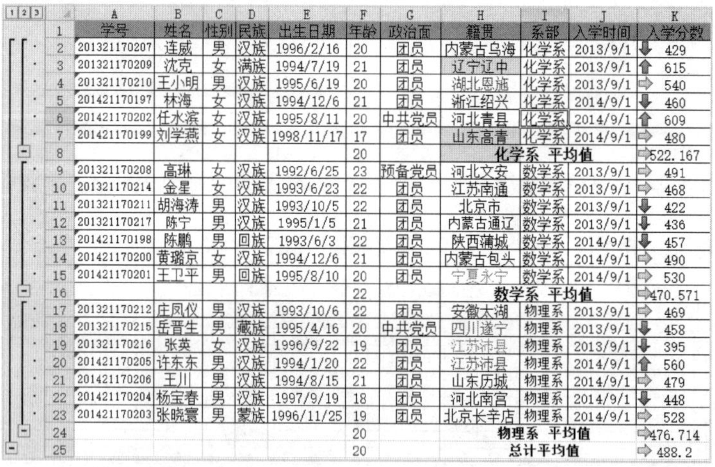

图3-229 分类汇总结果（2）

（3）汇总各系部每个年级入学成绩的最高分。

① 删除当前的分类汇总。打开"分类汇总"对话框，单击"全部删除"按钮即可。

② 按"系部"和"入学时间"排列学生信息。单击"排序和筛选"分组中的"排序"按钮，打开"排序"对话框，设置排序条件，如图3-230所示，单击"确定"按钮。

③ 在数据区域选择任意一个单元格，单击"分类汇总"命令，打开"分类汇总"对话框。在对话框中，设置分类字段、汇总方式和选定汇总项。在"分类字段"下拉列表中选择

"系部"选项;在"汇总方式"下拉列表中选择"最大值"选项;在"选定汇总项"列表框中选择"入学分数"复选框,如图3-231所示。

图3-230 "排序"对话框的设置　　　　图3-231 "分类汇总"对话框的设置(3)

④ 单击"确定"按钮,分类汇总结果如图3-232所示。

图3-232 分类汇总结果(3)

⑤ 在分类汇总的结果中,选择任意一个单元格,打开"分类汇总"对话框。

⑥ 在"分类汇总"对话框中,在"分类字段"下拉列表中选择"入学时间"选项,在"汇总方式"下拉列表中选择"最大值"选项,在"选定汇总项"列表框中选择"入学分数"复选框,取消"替换当前分类汇总"复选框的选择,如图3-233所示,单击"确定"按钮完成,分类汇总最终效果如图3-234所示。

图3-233 "分类汇总"对话框的设置(4)

	A	B	C	D	E	F	G	H	I	J	K
1	学号	姓名	性	民	出生日期	年龄	政治面	籍贯	系部	入学时间	入学分数
2	201321170207	连威	男	汉族	1996/2/16	20	团员	内蒙古乌海	化学系	2013/9/1	↓ 429
3	201321170209	沈克	女	满族	1994/7/19	21	团员	辽宁辽中	化学系	2013/9/1	↑ 615
4	201321170210	王小明	男	汉族	1995/6/19	20	团员	湖北恩施	化学系	2013/9/1	→ 540
5										**2013/9/1 最大值**	↑ 615
6	201421170197	林海	女	汉族	1994/12/6	21	团员	浙江绍兴	化学系	2014/9/1	↓ 460
7	201421170202	任水滨	女	汉族	1995/8/11	20	中共党员	河北青县	化学系	2014/9/1	↑ 609
8	201421170199	刘学燕	女	汉族	1998/11/17	17	团员	山东高青	化学系	2014/9/1	→ 480
9										**2014/9/1 最大值**	↑ 609
10									**化学系 最大值**		↑ 615
11	201321170208	高琳	女	汉族	1992/6/25	23	预备党员	河北文安	数学系	2013/9/1	→ 491
12	201321170214	金星	女	汉族	1993/6/23	22	团员	江苏南通	数学系	2013/9/1	→ 468
13	201321170211	胡海涛	男	汉族	1993/10/5	22	团员	北京市	数学系	2013/9/1	↓ 422
14	201321170217	陈宁	男	汉族	1995/1/5	21	团员	内蒙古通辽	数学系	2013/9/1	↓ 436
15										**2013/9/1 最大值**	→ 491
16	201421170198	陈鹏	男	回族	1993/6/3	22	团员	陕西蒲城	数学系	2014/9/1	↓ 457
17	201421170200	黄璐京	女	汉族	1994/12/6	21	团员	内蒙古包头	数学系	2014/9/1	→ 490
18	201421170201	王卫平	男	回族	1995/8/10	20	团员	宁夏永宁	数学系	2014/9/1	→ 530
19										**2014/9/1 最大值**	→ 530
20									**数学系 最大值**		→ 530
21	201321170212	庄凤仪	男	汉族	1993/10/6	22	团员	安徽太湖	物理系	2013/9/1	→ 469
22	201321170215	岳晋生	男	藏族	1995/4/16	20	中共党员	四川遂宁	物理系	2013/9/1	↓ 458
23	201321170216	张英	女	汉族	1996/9/22	19	团员	江苏沛县	物理系	2013/9/1	↓ 395
24										**2013/9/1 最大值**	→ 469
25	201421170205	许东东	男	汉族	1994/1/20	22	团员	江苏沛县	物理系	2014/9/1	↑ 560
26	201421170206	王川	男	汉族	1994/8/15	21	团员	山东历城	物理系	2014/9/1	→ 479
27	201421170204	杨宝春	男	汉族	1997/9/19	18	团员	河北南宫	物理系	2014/9/1	↓ 448
28	201421170203	张晓寰	男	蒙族	1996/11/25	19	团员	北京长辛店	物理系	2014/9/1	→ 528
29										**2014/9/1 最大值**	↑ 560
30									**物理系 最大值**		↑ 560
31									**总计最大值**		↑ 615

图 3-234　分类汇总最终结果

习　　题

1. 在 Excel 2010 中，什么是工作簿？什么是工作表？什么是单元格？三者有何联系？

2. 在 Excel 2010 中，如何在单元格中输入日期和身份证、邮政编码等信息？

3. 在 Excel 2010 中，如何实现以 2 为基数、以 5 为增量的等差序列？写出具体的步骤。

4. 在 Excel 2010 中，如何移动和复制单元格中的数据？

5. 简述 Excel 2010 中删除与清除的区别。

6. 在 Excel 2010 中，分别用公式和函数两种方法，求出 A1 ~ B2 矩形区域所有数字的和（要求在单元格内输入完整的内容）。

7. 在 Excel 2010 中，图表由哪些部分组成？

8. 在 Excel 2010 中，怎样在图表中增加数据和删除数据？

9. 数据筛选和分类汇总的目的是什么？如何进行数据筛选和分类汇总？

10. 简述完成 Excel 2010 电子表格打印的一般步骤。

实　　训

实训 3.1　制作“学生成绩表”。

（1）将下列学生成绩建立一个数据表格。

序号	姓名	数学	外语	政治	政治选修成绩	平均成绩	总分
001	张丽	85	79	79			
002	李红	90	84	81			
003	王艳	81	95	73			
004	李欣	73	69	52			
005	周康	93	82	69			
006	赵军	67	79	92			
最高分							
最低分							

（2）计算每位学生的平均成绩和总分（分别使用公式和函数），其数据表格保存在"Sheet1"工作表中。

（3）将工作表 Sheet1 更名为"学生成绩表"。

（4）利用函数完成每科成绩最高分、最低分的计算。

（5）假设政治是选修课，最后成绩评定以成绩在 90 分以上为"优"，80～89 分为"良"，70～79 分为"中等"，60～69 分为"及格"，60 分以下为"不及格"，用 IF 函数完成政治成绩的评定。

实训 3.2 制作销售统计表，进行编辑修改，使用函数计算各项指标的合计值、格式设置。

（1）新建一个空白工作簿，如图 3-235 所示，在相应单元格输入表格内容，销售额为数字，其他为文本格式。

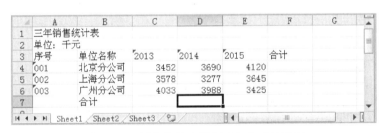

图 3-235 销售统计表的创建和公式的运用

（2）通过函数计算每个公司三年的销售合计（显示在 F 列）。

（3）通过函数计算每年三个公司的销售额合计（显示在第 7 行）。

（4）将标题中的"三年"改为"四年"，将表头中的"2013""2014""2015"改为"2013""2014""2015"。

（5）在 B 列和 C 列之间插入一个新列，输入 2012 年销售额，北京分公司为 3 011，上海分公司为 3 400，广州分公司为 3 700。

（6）将销售统计表左侧序号列中的 A3：A7 单元格区域删除，其他内容依次左移。

（7）将标题文字"四年销售统计表"设为字体楷体、字号 16、深蓝色字，将数据区中的所有数字设为英文 Arial 字体。

（8）将销售统计表的行、列表头文字格式设置为加粗。

（9）将 C4：C7 数据设为货币格式，且不带货币符号。在单元格区域 D4：D7 的数据前加 RMB 字样作为人民币符号。

（10）将标题文字改为白色并加深蓝色底纹。为行、列表头加浅绿色底纹。

（11）为销售数据区（A3：F7）加双线外边框，内部用单线分隔。

实训 3.3 打开工作簿“学生成绩表”，如图 3–236 所示，按照要求设置图 3–237 所示的格式。设置要求如下：

	A	B	C	D	E	F	G	H	I	J	K
1	学号	姓名	数学	语文	英语	计算机基础	数据库	铁道概论	体育	总分	平均分
2	201421170201	王卫平	60	70	84	52	97	76	90	529	75.57
3	201421170202	连威	87	69	93	89	85	55	87	565	80.71
4	201421170203	林海	88	67	85	78	91	88	65	562	80.29
5	201421170204	陈鹏	69	75	84	93	78	96	88	583	83.29
6	201421170205	黄璐京	77	84	92	84	58	81	60	536	76.57
7	201421170206	任水滨	83	78	73	85	91	82	55	547	78.14
8	201421170207	张晓蓝	83	87	92	68	76	87	95	588	84.00
9	201421170208	杨宝春	84	79	68	96	78	84	91	580	82.86
10	201421170209	许东东	75	89	77	85	81	92	83	582	83.14
11	201421170210	高琳	95	89	93	92	97	94	85	645	92.14

图 3–236 “学生成绩表”

	A	B	C	D	E	F	G	H	I	J	K
1	学号	姓名	数学	语文	英语	体育	计算机基础	数据库	铁道概论	总分	平均分
2	201421170201	王卫平	60	70	84	90	52	97	76	529	75.57
3	201421170202	连威	87	满分	93	87	89	85	55	596	85.14
4	201421170203	林海	88	67	85	65	78	91	88	562	80.29
5	201421170204	陈鹏	69	75	84	88	93	78	96	583	83.29
6	201421170205	黄璐京	77	84	92	60	84	58	81	536	76.57
7	201421170206	任水滨	83	70	73	55	85	91	82	547	78.14
8	201421170207	张晓寰	83	87	92	95	70	76	87	590	84.29
9	201421170208	杨宝春	84	79	68	91	96	78	84	580	82.86
10	201421170209	许东东	75	89	77	84	85	81	92	583	83.29
11	201421170210	高琳	95	89	93	86	92	97	94	646	92.29
12	201421170211	沈克	58	50	47	53	52	55	59	374	53.43

图 3–237 条件格式的设置效果

（1）计算总分和平均分。

（2）用橙色填充数学成绩为 70 ~ 80 分的单元格。

（3）用蓝字标记姓王的学生姓名。

（4）用深绿色文本标记总分相同的学生。

（5）用红色字体、黄色底纹标记英语成绩在平均分以下的分数。

（6）用浅红色填充总分排在前 20% 的单元格。

（7）使用蓝色实心数据条表示数据库成绩。

（8）语文成绩 100 分的显示为满分，并且字号加粗，颜色为红色。

（9）使用无边框的三色交通灯显示体育课成绩，绿灯表示 85 分以上的分数，黄灯表示 60 ~ 85 分的分数，红灯表示 60 分以下的分数。

（10）使用“白 – 红色阶”显示计算机基础课。

实训 3.4 创建图表

（1）打开工作簿“部门销售表”，如图 3–238 所示，计算每个部门的利润，并在当前工作表中创建“各部门利润比例”图表，如图 3–239 所示。

（2）在工作簿“学生成绩表”中，创建图 3–240 所示的图表。

项目三　Excel 2010 电子表格入门与应用

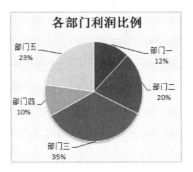

图 3-238 "部门销售表"　　　　图 3-239 "各部门利润比例"图表

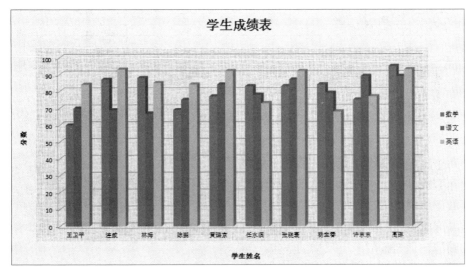

图 3-240 "学生成绩表"图表

（3）打开工作簿"一季度业绩表"，创建迷你图表现每个业务员三个月业绩的变化，如图 3-241 所示。其中，红色柱子表示低点，橙色柱子表示高点。

	A	B	C	D	E
1	业务员	1月	2月	3月	
2	张燕	30	41	37	
3	王强	29	40	44	
4	刘军	42	29	36	
5	陈好	47	38	48	

图 3-241　表现业务员三个月业绩变化的迷你图

- 237 -

实训 3.5 打开"学生成绩表",如图 3-242 所示,完成数据的排序和筛选操作。

	A	B	C	D	E	F	G	H	I	J	K	L
1	班级	学号	姓名	高等数学	大学语文	大学英语	计算机基础	数据库	铁道概论	体育	总分	平均分
2	铁工1班	201421170201	王卫平	60	70	84	52	● 97	76	90	529	75.57
3	铁工1班	201421170202	连威	87	69	93	89	● 85	55	87	565	80.71
4	铁工1班	201421170203	林海	88	67	85	78	● 91	88	65	562	80.29
5	铁工1班	201421170204	陈鹏	69	75	84	93	○ 78	96	88	583	83.29
6	铁工1班	201421170205	黄璐京	77	84	92	84	● 58	81	60	536	76.57
7	铁工1班	201421170206	任水滨	83	78	73	85	● 91	82	55	547	78.14
8	铁工1班	201421170207	张晓寰	83	87	92	68	○ 76	87	95	588	84.00
9	铁工1班	201421170208	杨宝春	84	79	68	96	○ 78	84	91	580	82.86
10	铁工1班	201421170209	许东东	75	89	77	85	○ 81	92	83	582	83.14
11	铁工1班	201421170210	高琳	95	89	93	92	● 97	94	86	646	92.29
12	铁工1班	201421170211	沈克	58	50	47	52	● 55	59	53	374	53.43
13	铁工2班	201421170241	王小明	86	69	93	89	● 85	55	75	552	78.86
14	铁工2班	201421170242	胡海涛	89	67	85	78	● 91	88	92	590	84.29
15	铁工2班	201421170243	庄凤仪	63	75	84	75	● 78	96	95	566	80.86
16	铁工2班	20142117044	沈奇峰	77	84	92	84	● 58	81	78	554	79.14
17	铁工2班	20142117045	金星	83	81	73	85	○ 84	80	86	572	81.71
18	铁工2班	201421170246	岳晋生	75	87	93	70	○ 77	87	80	569	81.29
19	铁工2班	201421170247	张英	84	79	68	95	○ 82	84	50	542	77.43
20	铁工2班	201421170248	陈宁	89	86	77	85	○ 81	92	70	580	82.86
21	铁工2班	201421170249	吴小亮	95	89	90	87	● 97	94	92	644	92.00
22	铁工2班	201421170250	杨娜	82	86	79	90	○ 72	69	88	566	80.86

图 3-242 "学生成绩表"

1. 排序

(1)按"学号"的升序排列学生记录。

(2)每个班的学生按"总分"的降序排序。

(3)体育成绩以红色标注的显示在底端。

(4)数据库成绩以绿灯标识的显示在顶端。

2. 数据的筛选

(1)筛选铁道概论成绩不及格的学生。

(2)筛选高等数学成绩低于平均分的学生。

(3)筛选总分排在全班前 10% 的学生。

(4)筛选学号最后两位数为 42 的学生。

(5)筛选"数据库"单元格中有绿色交通灯的学生的成绩。

(6)筛选体育成绩用红色标注的学生的信息。

(7)筛选所有课程成绩在 85 分以上的学生,并将筛选结果显示在 A25 单元格开始的区域。

(8)筛选"铁工 1 班"总分在 580 分以上的学生。

实训 3.6 分类汇总

1. 打开"学生成绩表",如图 3-242 所示,完成下面的数据汇总操作:

(1)汇总显示每个班的人数。

(2)汇总每个班每门课程的平均分,并分页显示每个班的学生记录。

2. 打开"一季度销售表",如图 3-243 所示,完成下面的数据汇总操作:

	A	B	C	D	E	F
1	一季度销售情况表					
2	月份	日期	产品	数量	单价	金额
3	1月	6日	冰箱	9	2000	18000
4	1月	15日	冰箱	3	2000	6000
5	1月	3日	电视	8	3000	24000
6	1月	11日	电视	1	3000	3000
7	1月	23日	电视	5	3000	15000
8	1月	3日	洗衣机	2	2600	5200
9	2月	9日	冰箱	2	2000	4000
10	2月	13日	电视	6	3000	18000
11	2月	14日	电视	6	3000	18000
12	2月	9日	电视	1	3000	3000
13	2月	1日	洗衣机	3	2600	7800
14	2月	4日	洗衣机	2	2600	5200
15	3月	23日	冰箱	8	2000	16000
16	3月	18日	冰箱	8	2000	16000
17	3月	10日	电视	3	3000	9000
18	3月	21日	电视	4	3000	12000
19	3月	15日	电视	10	3000	30000
20	3月	19日	洗衣机	7	2600	18200
21	3月	17日	洗衣机	2	2600	5200
22	3月	21日	洗衣机	4	2600	10400

图 3-243 "一季度销售表"

（1）汇总不同产品的一个季度销售数量和金额的总和。
（2）按月汇总不同产品的销售总金额，并且分页显示每个月的数据。

项目四
PowerPoint 2010 演示文稿

  PowerPoint 2010 是微软办公系列软件 Office 2010 中的重要组成部分，它集文字、图形、图像、多媒体对象于一体，用户可以在这个软件平台上充分发挥自己的想象力和创造力，轻松快捷地制作各种具有专业风格、生动美观的演示文稿，并可将其应用于演讲、论文答辩、商业和电视节目制作、广告产品发布、商业展示等。

  PowerPoint 2010 与以前的版本相比在功能上有了非常明显的改进和更新，新增的视频和图片编辑功能是 PowerPoint 2010 的新亮点。图像编辑和艺术过滤器使图片更加鲜艳；可以同时与不同地域的人共同合作演示同一个文稿；增加了全新的动态切换，使切换效果更自然；可以快速访问常用命令，创建自定义选项卡；此外还改进了图表、绘图、图片、文本等方面的功能，从而使演示文稿的制作和演示更加完美。

项目描述

  使用 PowerPoint 2010 创建一个名为"大众汽车简介"的介绍性课件，并将其存入个人文件夹中。

教学目标

◇知识目标

（1）熟悉演示文稿的创建与编辑方法。
（2）掌握演示文稿母版、模板、配色方案的应用。
（3）掌握在幻灯片中插入对象的方法。
（4）掌握演示文稿放映方式的设置方法。
（5）掌握为演示文稿中的对象设置动画效果的方法。
（6）了解演示文稿的打印输出。

◇能力目标

（1）能够熟练制作各种题材的演示文稿。
（2）能够对演示文稿的放映进行操作。

任务 4.1 "大众汽车简介"演示文稿的制作

任务描述

（1）学习 PowerPoint 2010 演示文稿的基础知识。

（2）掌握编辑演示文稿的方法。

（3）掌握为演示文稿插入各类对象的方法。

（4）掌握演示文稿版式、超链接的应用。

任务分析

通过"大众汽车简介"演示文稿的制作，了解编辑制作演示文稿的方法；通过声音、视频、动画的插入、编辑进一步完善每一页幻灯片；了解演示文稿版式和超链接的应用；最后完成演示文稿的完整制作过程。

预备知识

1. PowerPoint 2010 的启动与退出

1）启动 PowerPoint 2010

（1）从"开始"菜单启动：单击"开始"菜单，选择"所有程序"→"Microsoft Office"→"Microsoft Office PowerPoint 2010"选项，即可启动 PowerPoint 2010。

（2）在桌面上将鼠标移动到 PowerPoint 2010 的快捷图标 上，直接双击即可 PowerPoint 2010。

2）退出 PowerPoint 2010

通常使用"关闭"按钮退出 PowerPoint 2010。如果文档在退出前或修改后没有保存，则在退出 PowerPoint 2010 之前，会弹出图 4-1 所示的对话框，提示用户保存该文档。单击"是"按钮将保存文档，单击"否"按钮则不保存文档，单击"取消"按钮则退出，操作被中止。

图 4-1 PowerPoint 2010 退出询问界面

3）创建演示文稿

启动 PowerPoint 2010 后即可创建一篇空演示文稿，如图 4-2 所示。如果需要再创建一篇新的演示文稿，则选择"文件"→"新建"选项，打开图 4-3 所示界面，根据所需选择，单击"创建"按钮即可生成另一篇演示文稿。

4）保存演示文稿

在 PowerPoint 2010 中创建了演示文稿或在编辑演示文稿的过程中，为防止意外丢失和保存编辑结果，应在工作过程中随时保存文档。其操作方法与 Word 2010、Excel 2010 一样，分为"保存"和"另存为"两种。在 PowerPoint 2010 中保存文件的类型为"演示文稿"，默认扩展名为".pptx"。

5）打开演示文稿

打开演示文稿的操作同在 Windows 界面中打开其他文件的操作一样。

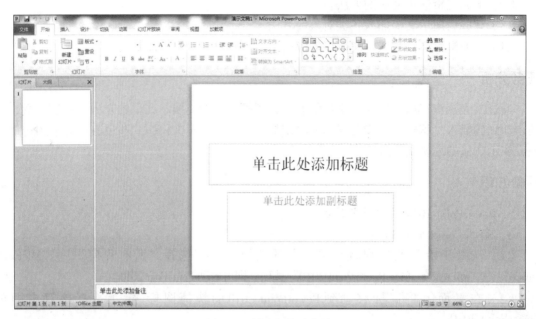

图 4-2 创建空演示文稿

图 4-3 新建演示文稿界面

2. 了解 PowerPoint 2010 的工作界面

启动 PowerPoint 2010 后，屏幕上就会出现 PowerPoint 2010 窗口，如图 4-2 所示。PowerPoint 2010 的主要窗口元素有标题栏、快速访问工具栏、功能区、大纲/幻灯片视图区、幻灯片编辑区、备注编辑区和状态栏。

1）标题栏

标题栏位于工作界面的上方，用于显示演示文稿的名称和程序名称，右边有"最小化""还原/最大化""关闭"3个按钮。

2）快速访问工具栏

快速访问工具栏提供了"保存""撤销""恢复"等常用的快捷使用按钮，单击对应的按钮即可执行相应的操作。如需在快捷访问工具栏中添加其他快捷按钮，可单击后面的 按钮，在弹出的下拉列表中选择所需的选项。

3）功能区

功能区是功能选项卡中的命令集合，其中放置了与相应选项卡相关的大部分功能按钮或列表框。

4）大纲/幻灯片视图区

大纲/幻灯片视图区用于显示演示文稿的幻灯片数量及位置，通过它可以方便地掌握演示文稿的结构。

5）幻灯片编辑区

幻灯片编辑区是整个工作界面的核心区域，用于显示和编辑幻灯片，在其中可以输入文字内容、插入图片表格或设置动画效果等。

6）备注编辑区

备注编辑区位于幻灯片编辑区的下方，在其中可以添加幻灯片的说明和注释，以便幻灯片的制作者或演讲者查阅。

7）状态栏

状态栏位于工作界面的最下方，用于显示演示文稿中当前所选幻灯片、幻灯片总张数以及幻灯片所选用的模板类型、视图切换按钮和页面显示比例等内容。

3. 幻灯片的制作布局原则

1）风格简明，观点突出

幻灯片首要的布局原则就是"简明"：以尽量少的文字、尽量多的图表，突出要表达的核心问题。最大的忌讳是满屏文字而没有突出的内容。

2）逻辑清晰，条理分明

幻灯片的内容要有清晰分明的逻辑顺序，一般最好用"并列"或"递进"这两种逻辑关系。通常要用不同层次的标题来表明整个幻灯片的逻辑关系，这样也便于逻辑顺序转换时的自然过渡。

3）格式统一，搭配协调

整个幻灯片应采用统一的文本格式，文字、图像的位置以及幻灯片内容的配色应保持一致协调。幻灯片的主要色彩一般不宜超过3种，且建议多采用同一个色调的颜色。在制作过程中，文字和模板颜色要形成强烈的对比，应该有足够的空白以突显重点文字和图表。

4）设计新颖，动静结合

幻灯片的制作应注重文本、图像、图表、多媒体等元素的有机结合，但一个页面内的元素不能过于复杂，以免冲淡想要表达的主题。

5）形象生动，便于记忆

描述方式应形象生动，以便于观众记忆，切记生硬呆板。

4. 演示文稿的视图方式

一篇 PowerPoint 2010 演示文稿可以包含多张幻灯片，为了便于演示文稿的创建、编辑和演示，PowerPoint 2010 提供了普通视图、幻灯片浏览视图、阅读视图、幻灯片放映视图和备注页视图等视图方式。各视图方式可通过任务栏右侧"视图切换标签"或"视图"选项卡中的按钮切换。

1）普通视图

在普通视图下，除任务窗格外可以看到 3 个窗格，如图 4-4 所示，左边的窗格以大纲方式或以一组小幻灯片的方式显示演示文稿的内容，右上部分的幻灯片窗格显示当前幻灯片中的所有内容和设计元素，右边下部分是备注窗格，显示当前幻灯片的备注。

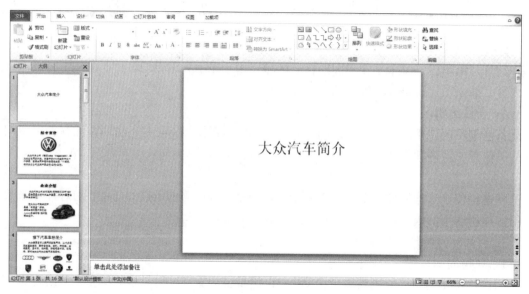

图 4-4　普通视图

在普通视图下，在左边的窗格中可以使用鼠标拖动缩略图改变幻灯片的顺序，也可以对选定的对象使用编辑菜单或者鼠标右键快捷键命令，实现对选定对象的删除、复制、移动，并且在幻灯片标签下可以隐藏选定对象，如图 4-5 所示。

2）幻灯片浏览视图

幻灯片浏览视图如图 4-6 所示，它将整个演示文稿的幻灯片按编号排列在窗口中。在此视图下可以对幻灯片进行复制、删除、隐藏和改变顺序等操作，但不能改变幻灯片的具体内容。

3）阅读视图

阅读视图仅显示标题栏、阅读区和状态栏，主要用于浏览幻灯片的内容。在该视图下演示文稿中的幻灯片将以窗口大小进行放映。

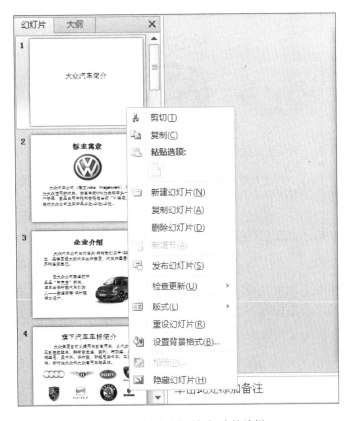

图 4-5 普通视图下幻灯片的编辑

图 4-6 幻灯片浏览视图

4) 幻灯片放映视图

幻灯片放映视图如图 4-7 所示,在该视图下可以将当前幻灯片屏幕自动转到全屏幕显示,用户可以通过鼠标操作或设置自动播放方式,浏览整个演示文稿。该视图主要用于预览幻灯片在制作完成后的放映效果,以便及时对放映过程中不满意的地方进行修改,测试插入的动画、声音等效果,还可以在放映过程中标注出重点、观察每张幻灯片的切换效果等。

图 4-7 幻灯片放映视图

若在放映过程中想退出放映模式,可在当前放映屏幕内单击鼠标右键,在弹出的快捷菜单中选择"结束放映"命令即可,也可以按 Esc 键退出放映。

任务实施

任务 4.1.1 编辑演示文稿

1. 为幻灯片添加文本内容

通过单击文本占位符添加文本内容:在建立的首张空白演示文稿中,单击"单击此处添加标题",输入文本"大众汽车简介",在副标题位置输入"——车之道,为大众",调整字体大小及位置,如图 4-8 所示。

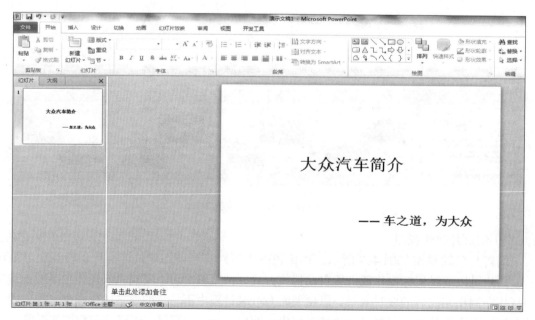

图 4-8 第一张幻灯片

2. 为演示文稿插入幻灯片

通常一篇演示文稿由多张幻灯片组成，新建的演示文稿默认只提供一张"标题幻灯片"，其他幻灯片需由用户手动添加，在"大纲"或者"幻灯片"选项卡中选定一张幻灯片后按 Enter 键或者按"Ctrl+M"组合键，其后将产生一张新幻灯片，如图 4-9 所示。

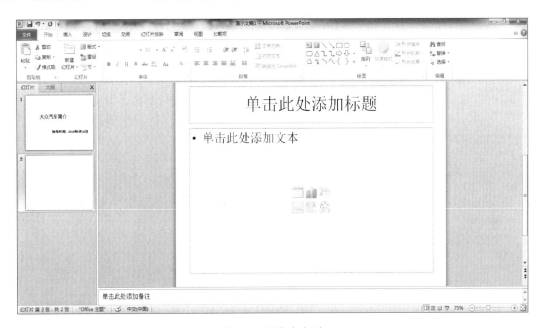

图 4-9 添加幻灯片

插入多张幻灯片，把该项目的所有文本内容精练地输入，如图 4-10 所示。

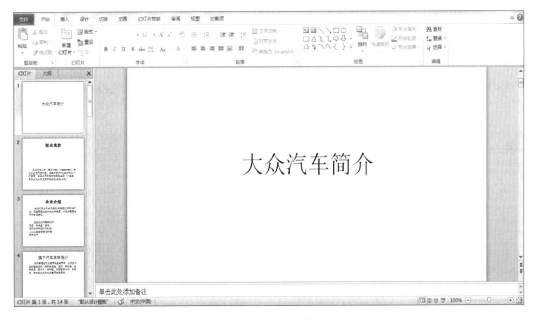

图 4-10 输入幻灯片文本

新插入幻灯片后，在"幻灯片"选项卡窗格中会看到带有编号并按顺序竖向排列的幻灯片略图，在"大纲"选项卡窗格中会看到以大纲形式显示的幻灯片的标题和主要文本信息，如图 4-11 所示。当用户编辑包含多个幻灯片的演示文稿时，可以通过这两个选项卡快速了解幻灯片概况并用单击图标的方法快速选择幻灯片。

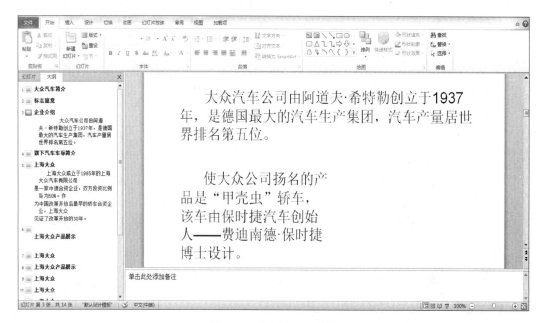

图 4-11 "大纲"选项卡

3. 为演示文稿插入图片

在该项目中有大量的图片展示，所以要插入图片。在当前幻灯片中单击"插入"选项卡，随之出现一行可插入对象，单击"图片"按钮，选择所需图片，再单击"插入"按钮，完成图片的插入操作。关于插入图片的类型，除了静态图片外，动态 GIF 格式的图片也可以应用。

选择插入图片，单击标题栏上的"图片工具"按钮，工具栏状态变换为图 4-12 所示，利用该工具栏对图片进行位置、大小、对齐方式、旋转等的调整。

图 4-12 "图片工具"功能区

（1）删除背景：单击"删除背景"按钮，自动删除不需要的图片部分，如图 4-13 所示。

（2）更正：改善图片的亮度、对比度或清晰度，如图 4-14 所示。

（3）颜色：更改图片颜色以提高质量或匹配文档内容，如图 4-15 所示。

（4）艺术效果：将艺术效果添加到图片以使其更像草图或油画，如图 4-16 所示。

图 4-13　删除背景

图 4-14　更正图片色调

（5）重设图片：放弃对此图所作的全部格式修改。

（6）图片边框：为图片给定的轮廓添加颜色、宽度和线型。

（7）图片效果：为图片应用某种视觉效果，如阴影、发光、映像、三维旋转等。

（8）图片版式：将所选的图片转化为 SmartArt 图形，可以轻松地排列、添加标题并调整图片的大小。

图 4-15 更改图片颜色

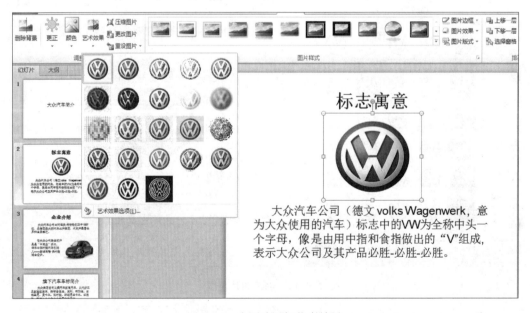

图 4-16 为图片添加艺术效果

根据插入图片的方法,把项目中所用到的图片陆续插入幻灯片中,并且把没有用到的默认占位符文本框删除,大体效果如图 4-17 所示。

项目四　PowerPoint 2010 演示文稿

图 4-17　项目插入图片后的效果

拓展知识

1. 了解幻灯片版式

在新建的演示文稿的幻灯片中经常会看到标有"单击此处添加标题""单击此处添加文本"或"单击图标添加内容"等内容的虚线矩形框，如图 4-18 所示，它们称为文本占位符或图形占位符，这是 PowerPoint 2010 为新建的演示文稿提供的某种版式文字或图形的插入位置标识。幻灯片中的文本和图形占位符是承载文本或图形的工具，当用户单击文本占位符时，该占位符中原有的提示就会自动消失并同时显示输入文本的光标待用户输入文本。当用户单击图形占位符中的某个图形按钮时，就会打开相应的插入对象窗口。

幻灯片版式就是文本和图形占位符的组织安排，新建演示文稿的默认版式是"标题幻灯片"，其中有两个占位符：一个是标题占位符，另一个是副标题占位符。其余再增加的幻灯片默认的版式是"标题和文本"，其中也有两个占位符：一个是顶部标题占位符，另一个是下部文本占位符。

其中默认的文本或图形占位符只是提供一种参考的输入文本和其他对象的版式，它是可以移动、缩放和删除的，如用户想按自己的安排组织文本和图形等对象，可以利用 PowerPoint 2010 提供的相应工具插入新对象进行格式的变化。

2. 为幻灯片添加文本内容

文本是演示文稿中的重要组成部分，它是表达用户观点和感受的最常用的形式，文

图 4-18　文本和图形占位符

本的输入方法如下：

（1）单击【插入】选项卡中【文本框】按钮在幻灯片上进行拖放操作，此时会在幻灯片上产生一个文本框，然后向文本框内输入文本即可。

（2）在大纲选项卡窗格中进行文本的输入和修改。

对输入后的文本再编辑与 Word 中文本的编辑类似。

3. 把 Word 文档转换为演示文稿

（1）打开 Word 2010，单击"文件"菜单，找到"选项"功能，然后在"选项"对话框中选择"快速访问工具栏"选项，如图 4-19 所示。

图 4-19 "Word 选项"窗口

（2）在"从以下位置选择命令"下拉框中选择"不在功能区的命令"，然后找到"发送到 Microsoft PowerPoint"这个功能，单击"添加"按钮，将它添加到快速访问栏中。

这时可以看到，Word 2010 的快速访问工具栏中多了一个"发送到 Microsoft PowerPoint"按钮，如图 4-20 所示。

图 4-20 Word 2010 的快速访问工具栏

（3）接下来在当前文档中切换到大纲视图，把要转换为演示文稿大标题的内容设置为一级标题，把主要内容设置为二级标题。这里要注意，图片和表格等媒体元素不能参与转换。

（4）设置好后单击快速访问工具栏上的"发送到 Microsoft Office PowerPoint"按钮，稍等一会儿，演示文稿软件启动，Word 2010 文档的内容就转换过来了。重新调节文本位置和大小，添加合适的媒体对象就可以了。

任务 4.1.2　设置幻灯片模板

创建演示文稿时应用的都是空白版面，为了使幻灯片更加生动，可以为演示文稿添加设计模板。

（1）单击"设计"选项卡后功能区中将显示幻灯片设计的多种样式，如图 4-21 所示。

图 4-21　"设计"功能区

（2）在"设计"功能区的"主题"分组中选择"波形"模板，单击后所有的幻灯片均更换为所选择的模板，应用模板的效果如图 4-22 所示。

图 4-22　应用模板的效果

拓展知识

1. 更改模板

为幻灯片设置某个模板作为背景后，如果想改变幻灯片的背景，可以重新选择模板样式。在其他模板上单击鼠标右键会弹出下拉菜单，如图 4-23 所示。选择此菜单中的"应用于所有幻灯片"命令可以同时为整个演示文稿更换模板；选择"应用于选定幻灯片"命令便将该模板只应用于选定的幻灯片，而其他的幻灯片模板不变。

信息技术基础

图 4-23 系统模板菜单

2. 设置当前幻灯片的主题颜色

幻灯片模板的颜色通常是在创建幻灯片时由所选模板确定，但是可以单击"颜色"按钮对幻灯片的主题颜色进行更改，如图 4-24 所示，选择"字体"按钮可以更换、编辑主题字体。

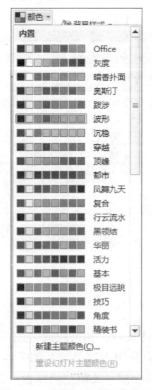

图 4-24 幻灯片主题颜色选区

任务 4.1.3 设置幻灯片切换效果

演示文稿放映过程中由一张幻灯片进入另一张幻灯片就是幻灯片之间的切换,为了使幻灯片放映更具有趣味性,在幻灯片切换时可以使用不同的技巧和效果。PowerPoint 2010 提供了多种幻灯片的切换效果,下面介绍设置切换效果的方法。

(1)打开演示文稿,选择"切换"选项卡,在"切换到此幻灯片"分组中选择需要的切换效果,如图 4-25 所示。如果所有幻灯片都用同一个切换效果,选择好切换效果后单击"全部应用"按钮即可。

图 4-25 "切换到此幻灯片"分组

(2)如果想让不同的幻灯片的切换效果不一样,就要进行单独设置,为每张幻灯片选择需要的切换效果,重复第(1)步的选择方法。

(3)设置了切换效果以后,还可以对其效果选项进行具体调整。

① 在"效果选项"部分,根据不同的切换效果,有对应的切换方向的设置。

② 在"声音"部分,可以为幻灯片切换时提供声音效果。

③ 在"持续时间"部分,可以设置不同的时间来控制幻灯片切换的速度。

④ 在"切换方式"部分,有"单击鼠标"和"设置自动换片时间"两个复选框,它们是用来控制幻灯片的播放方式的。选择"单击鼠标"复选框,这张幻灯片播放完毕要进入下一张幻灯片时必须单击鼠标;而选择"设置自动换片时间"复选框,在这张幻灯片换片设置的时间到达后会自动切换到下一张。

在设置完成后,要随时进行预览或幻灯片浏览,观察其使用效果,选择更合适的参数设置。

任务 4.1.4 为幻灯片插入添加媒体元素

1. 插入 SmartArt 图形

SmartArt 图形是信息和观点的视觉表示形式。可以选择不同的布局创建 SmartArt 图形,从而快速、轻松、有效地传达信息。

创建 SmartArt 图形时,系统将提示用户选择一种 SmartArt 图形类型,例如"流程""层次结构""循环"或"关系"。类型类似于 SmartArt 图形类别,每种类型包含几个不同的布局。SmartArt 图形十分精美,可以把现有的幻灯片文本转换为 SmartArt 形式,这样毫无疑问会给幻灯片增色,提高用户体验。

(1)在第 5 张幻灯片中需要一个表示层级的结构图,所以单击"插入"选项卡"插图"分组中的"SmartArt"按钮,弹出"选择 SmartArt 图形"对话框,如图 4-26 所示,单击选择所需的类型和布局。

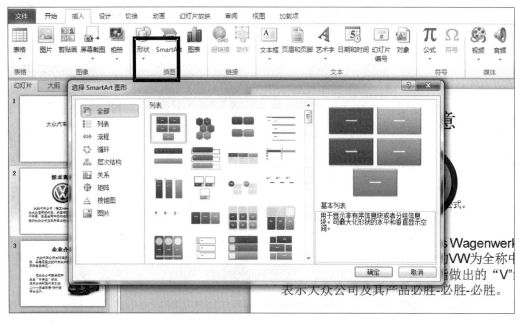

图 4-26 "选择 SmartArt 图形"对话框

（2）选择"层次结构"选区中的"组织结构图"样式，然后输入所需的文本，得到简单的结构图，如图 4-27 所示。

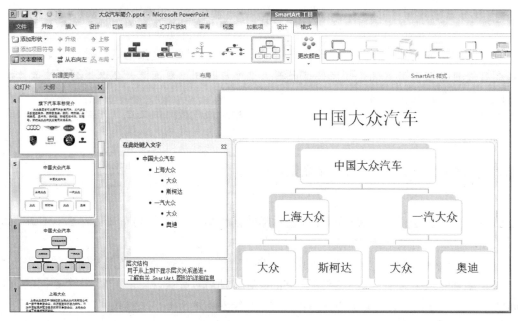

图 4-27 组织结构图样式

应用组织结构图工具栏可以对组织结构图中的文字、布局、样式及颜色进行相应的修改。如果所给现有层级不够，在文本输入处所要添加的分支层级上按回车键即可增加新分支。

2. 插入表格

项目中第 16 张幻灯片由表格组成,插入表格的操作方法如下:

(1)选择"插入"选项卡,单击"表格"按钮,出现"插入表格"缩略窗格,选择要输入的行列数,即可在幻灯片中显示所创建的表格,如图 4-28 所示。

图 4-28 插入表格

(2)向表格中输入相应的文本内容。

(3)若要编辑已创建的表格,只需选择表格,单击"表格工具"选项卡后,根据实际情况在"设计"标签对表格的样式、边框、底纹等进行修饰,如图 4-29 所示;在"布局"标签可对表格进行插入、删除、合并、拆分等基本编辑,如图 4-30 所示。

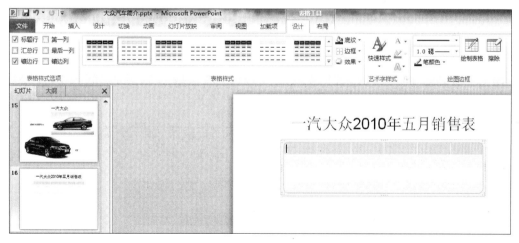

图 4-29 "设计"标签

3. 插入图表

在幻灯片中使用图表,可以有效地显示数据对比状况。在项目中有一张 3—5 月汽车销量表格,可以把这张表格转化成图表,从而更直观地展示每月各型号汽车的销量对比。

图 4-30 "布局"标签

（1）选择一张放置图表的幻灯片（第 17 张）。

（2）单击"插入"选项卡中的"图表"按钮，打开"插入图表"对话框，如图 4-31 所示。

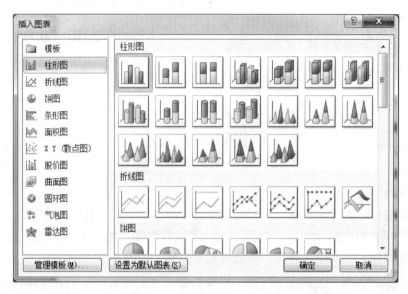

图 4-31 "插入图表"对话框

（3）根据需要选择图表样式，打开图 4-32 所示的窗格。根据第 16 张幻灯片中表格的数据修改图表编辑窗口中的 Excel 数据表的布局，复制数据粘贴，替换原有默认数据，数据粘贴后的效果如图 4-33 所示。

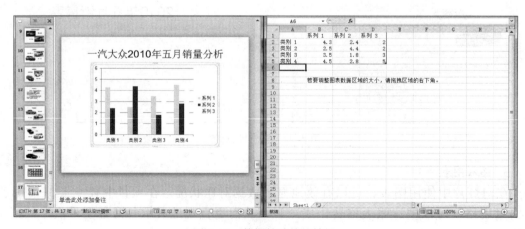

图 4-32 数据粘贴前的效果

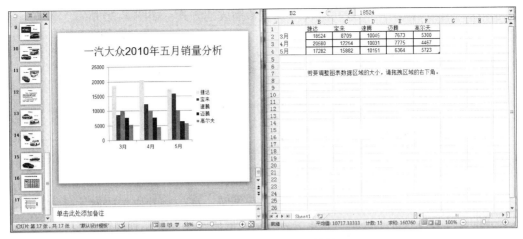

图 4-33 数据粘贴后的效果

（4）关闭表格后，生成与表格数据对应的图表显示于幻灯片。

如果要修改或格式化图表，只需选择图表后再选择"设计""布局""格式"标签，具体操作与 Excel 中修改和格式化图表操作相同。

也可以将 Excel 工作表中作为对象插入的图表导入 PowerPoint 中，只需要将 Excel 的图表复制然后粘贴到幻灯片中即可。

4．插入声音

在播放演示文稿时从第一张到最后一张幻灯片都有背景音乐，插入声音的操作方法如下：

（1）选中第一张幻灯片，单击"插入"选项卡中的"音频"按钮，打开"插入音频"对话框，从中选择一种声音，单击"确定"按钮。此时，幻灯片窗格中会出现代表声音的"小喇叭"图标，如图 4-34 所示。

图 4-34 声音播放询问窗口

（2）选择"小喇叭"图标，单击"音频工具"按钮，在此"格式"标签中可以设置"小喇叭"图标的显示效果，通过"播放"标签可以根据需要对声音作更多设置。

在播放演示文稿时，可以设定触发声音开始播放的方式，如图 4-35 所示，根据需求选择"自动""单击时""跨幻灯片播放"选项。

图 4-35　声音播放控制窗口

在默认情况下插入的这个声音只在演示文稿的第一张幻灯片中单击时才播放，而切换到第二张幻灯片后声音停止。如果想在全篇演示文稿播放过程中都有背景音乐，就需要选择"跨幻灯片播放"选项。

如果放映幻灯片时不想显示"小喇叭"图标，就需要选择"放映时隐藏"复选框。

5．插入视频对象

在 PowerPoint 2010 中可以添加视频图像，其支持的视频文件扩展名包括".avi"".mpg"".mpeg"".mov"".qt"等。

（1）在普通视图下选中一张幻灯片。

（2）单击"插入"选项卡中的"视频"按钮，打开"插入视频文件"对话框，如图 4-36 所示。

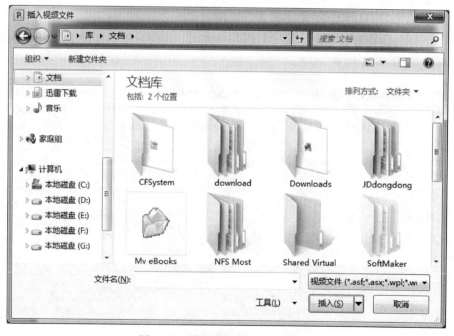

图 4-36　"插入视频文件"对话框

选择要插入的视频对象，单击"确定"按钮，视频对象就会插入到幻灯片中，然后单击"视频工具"按钮，在"格式"标签中可以设置视频的显示效果，设置方法与图片编辑一样。

1)调整视频的亮度、对比度、颜色

双击插入的视频,在"格式"标签中可以调整视频的亮度、对比度、颜色、大小等。

2)给视频添加边框

双击插入的视频,在"格式"标签中有很多默认的边框模板供选择。

双击插入的视频后,在"播放"标签里可以根据需要对视频作更多设置,如图4-37所示。

图4-37 "标签"标签

双击插入的视频,切换到"播放"标签,单击"剪裁视频"按钮,在弹出的剪辑对话框中可以调整剪辑时间段。在"视频选项"里可以控制视频的音量以及播放的方式等。

任务4.1.5 为幻灯片中的对象设置超级链接

在PowerPoint 2010中设置超级链接只能在普通视图下操作,可以为幻灯片、文本、图片等对象设置超级链接,从而实现从这一个对象到另一个文件的转换。在本项目中为第5张幻灯片中文本设置超级链接。

1. 设置超级链接

(1)选中第5张幻灯片中的"一汽大众"文本对象,单击"插入"选项卡中的"超链接"按钮,打开"插入超链接"对话框,如图4-38所示。在"链接到"选区中选择相应的文件位置,本项目选择"本文档中的位置"选项。

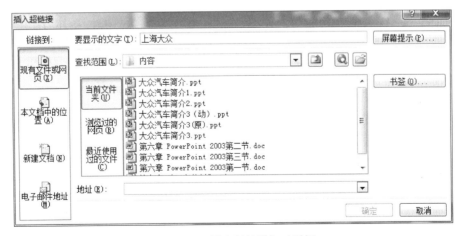

图4-38 "插入超链接"对话框

（2）在"请选择文档中的位置"列表中选择链接到的目标位置（第12张幻灯片），单击"确定"按钮，如图4-39所示。

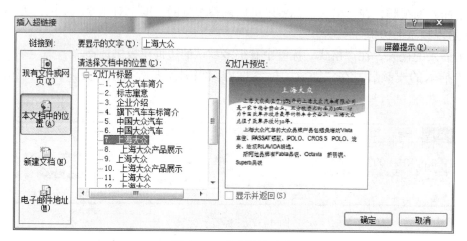

图4-39 确定链接对象

同理，任务中的其他超级链接也使用上述的方法添加。

2. 添加动作按钮

系统提供了一组常用的动作按钮，这些按钮是预先定义好动作的。用户还可以自己完成动作按钮的外观和动作设置。

在本项目的第11张幻灯片中插入"返回动作"按钮。应用自绘图形工具在工作窗口右下角绘制代表返回的图形。选中该图形，单击"插入"选项卡中的"超链接"按钮，打开"插入超链接"对话框。在"链接到"选区中选择"本文档中的位置"选项，本按钮选择链接到第5张幻灯片。

选中设置好的按钮，可以把这个按钮的样式和属性复制到需要设置返回第15张幻灯片的页面。

任务4.2 "大众汽车简介"演示文稿的优化

任务描述

（1）掌握幻灯片的自定义动画效果设置方法。
（2）掌握幻灯片母版的应用。
（3）掌握幻灯片的放映效果设置。
（4）掌握幻灯片演示文稿的打印输出。

任务分析

对幻灯片母版的灵活应用可达到统一的视图效果；每一页幻灯片对象的自定义动画使整个演示文稿更生动；根据不同的需求设置不同的播放、打印效果。

任务实施

任务 4.2.1 为幻灯片中的对象设置动画效果

动画效果是 PowerPoint 2010 中可以应用于幻灯片中不同对象上的非常有特色的效果，PowerPoint 2010 提供了很多种幻灯片动画方案，其功能主要是为幻灯片内容设置进入和退出的动画效果组合，若想让动画更自由和具有特色，还可以使用自定义动画功能。

1. 使用动画方案

动画方案在普通视图和幻灯片浏览视图下都可以操作。

PowerPoint 2010 的动画方案分为三类：细微型、温和型和华丽型。

（1）打开项目中的第 2 张幻灯片，选择对象，单击"动画"选项卡，随之出现幻灯片对象动画设计功能区，如图 4-40 所示，在此功能区中进行方案设置。

图 4-40 动画设计窗格

（2）把鼠标指针移动到各个动画效果上可以预览对应的动画效果，如果没有合适的，还可以单击动画设计窗格右下角，打开级联菜单选项，如图 4-41 所示，选择"更多进入效果"选项，打开图 4-42 所示窗口，选择"温和型"→"典雅"方案，观察播放效果。

（3）根据需要，可以选择"更多强调效果""更多退出效果"等选项，依次选择不同的幻灯片对象，重复操作步骤（1）和（2）即可。添加好动作后单击"效果选项"按钮，可以设置动画的动作方向，如图 4-43 所示。

2. 使用自定义动画

项目中所有的幻灯片都应用了动画效果，但是如果想为同一个对象添加多个动作，则可以应用"添加动画"按钮。

（1）将演示文稿切换到普通视图下，在第 1 张幻灯片中选中"大众汽车简介"文本框。

（2）单击"动画"选项卡中的"添加动画"按钮，弹出自定义动画窗格，选择进入、强调、退出动作，如图 4-44 所示。

（3）已经为选定文本框选择了"进入"动画效果，接着选择"强调"→"彩色波纹"效果，接着再为这个对象选择"动作路径"→"向上"动画效果，修改运动路径，显示效果如图 4-45 所示。

（4）单击"动画窗格"按钮可以显示当前这个对象所设置的动画样式，如图 4-46 所示。

（5）在第 1 张幻灯片中绘制矩形长条，添加颜色，添加文本框输入"车之道，为大众"。选定矩形对象后在"添加动画"窗格内选择"进入"→"飞入"动画效果，方向为从左到右；为文本框也添加"飞入"动画效果，只是方向为从右到左。最终动画窗格显示如图 4-47 所示。

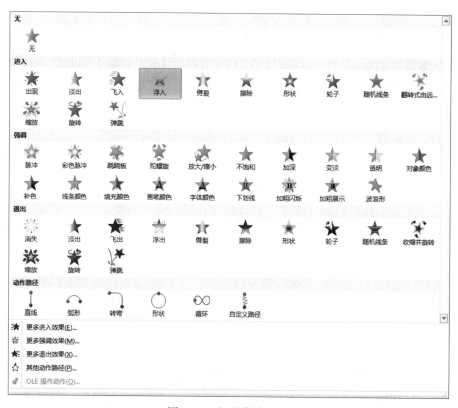

图 4-41 级联菜单选项

图 4-42 更多进入动画效果

图 4-43 效果选项设置

图 4-44　自定义动画窗格

图 4-45　自定义动画之动作路径

当前这些动作默认是单击时开始，所以按顺序播放，如果想调整顺序，可选择这个动作后按动画窗格底端"重新排序"上、下按钮完成。如果不想让这些动画按顺序播放而想令其同时进行的话就要对这些动画进行参数设置，如图 4-48 所示。分别选择这几个动画，把"开始"属性都设置成"与上一动画同时"，这样所有动画效果将同时展现。其中各动画的持续时间也可在这个窗口中设置。

图 4-46 动画窗格　　　图 4-47 第1张幻灯片的所有动画效果　　　图 4-48 动画启动设置

拓展知识

动作路径是一种不可见的轨迹，可以将幻灯片上的图片、文本行或形状等项目放在动作路径上，使它们沿着动作路径运动。例如，可以将文本从幻灯片上的一个位置移动到另一个位置；为图片创建一个手绘的进入或退出效果；或放置一个路径，使箭头可以跟随陈述中的关键点移动，以便突出显示进度。

对已添加的动画效果在任务窗格中单击鼠标右键，还可以进行"删除""播放"等属性的设置，如图 4-49 所示。

图 4-49 动画属性设置

任务 4.2.2　设置幻灯片母版

在 PowerPoint 2010 中幻灯片母版是一种特殊的幻灯片，是幻灯片层次结构中的顶级幻灯片，它包含了有关演示文稿的主题和幻灯片版式的所有信息，用来制作统一标志和自定义背景的内容。幻灯片母版可以为所有幻灯片设置默认版式和格式。简单地说，制作母版就是创建新的模板，如果不愿意套用系统提供的现成模板，就可以自己设计制作一个模板，以创建与众不同的演示文稿。幻灯片母版定义的内容大多是被应用于多张幻灯片中显示统一信息的场合，比如公司的徽标和名称，如果要求每张幻灯片都要显示，就可以将它们放在母版中，只需编辑一次就行了。母版一般在做演示文稿之初就要设置，母版的好坏对整个演示文稿起着至关重要的作用，一个好的母版会使演示文稿变得很整齐，演示文稿文件会小很多，而且修改方便。

1. 认识母版编辑状态

单击"视图"选项卡中的"幻灯片母版"按钮，进入幻灯片母版编辑状态，此时"幻灯片母版视图"工具条也随之展开，如图 4-50 所示。在母版编辑状态下，第一个母版页面设计是对主题幻灯片页面进行设计，统一幻灯片子页面内容；下面一个母版页面是对幻灯片标题页面进行设计；后面其他显示的版式是为子页面中存在的不同类型的页面显示格式设定准备的。

2. 统一项目中的背景

在幻灯片母版编辑状态下，首先设置幻灯片首页背景。单击"背景样式"按钮即可打开图 4-51 所示的下拉菜单，如果单击"设置背景格式"按钮，就可以打开图 4-52 所示对话框，

项目四　PowerPoint 2010 演示文稿

图 4-50　幻灯片母版视图

在这里可以对幻灯片的背景进行各种自定义设置。本项目应用自选图片作为背景，先给母版编辑状态下第 1 页主题幻灯片设置图片背景，所有版式都应用这个背景，包括第 2 页的标题幻灯片母版。如果想把标题幻灯片背景图片区别于其他版式，则在标题幻灯片上再重新给其设置不同的图片背景。幻灯片首页和各子页设置的效果如图 4-53 所示。

图 4-51　母版背景样式设置

图 4-52　"设置背景格式"对话框

图 4-53 设置背景格式窗口

3. 统一项目中的 logo 和字体样式

在本项目中所有子幻灯片的标题字号、字体颜色都是统一的，所以在第 1 个母版页即主题母版页上单击"单击此处编辑母版标题样式"文本框，在"开始"标签中设置"宋体 38 号，加粗，居中显示"，同样，选中正文文本框，进行字号、字体、颜色等的设置。这个母版页面是对主体幻灯片页面进行的统一格式设置，第 2 个母版页面主要是针对幻灯片标题页进行首页设置，包括背景、字体大小、颜色和动画设置等。

本项目中每页都显示统一的 logo "追求卓越，永争第一"和大众汽车图标，也需要在第 1 张主题母版页中添加设置。

在第 1 张主题母版编辑页面，单击"插入"选项卡中的"艺术字"按钮添加艺术字，输入标头内容"追求卓越，永争第一"，艺术字编辑方法与 Word 相同，调整好艺术字的大小和位置。再利用插入图形命令把准备好的 logo 图片插入母版中，调整好大小和位置，如图 4-54 所示。

一般情况下，首页幻灯片不显示标头和 logo，所以必须把"幻灯片母版"菜单中的"隐藏背景图形"复选框选中，如图 4-55 所示。

母版编辑状态下其他版式可以根据需要定义不同样式，在演示文稿编辑时若需要应用，则直接从"开始"选项卡中的"版式"下拉列表中直接选择应用样式，如图 4-56 所示。

在设置背景时一定要注意图片的颜色，图片颜色不宜太浓，否则会与前景中的对象冲突。母版对象设置完成后，单击母版上的"关闭"按钮，回到当前的幻灯片视图，这时会发现每插入一张新的幻灯片的内容样式都是统一的，而且图标和 logo 在每个子页都自动显示。

图 4-54　母版中定义的标头和 logo

图 4-55　首页隐藏背景图形

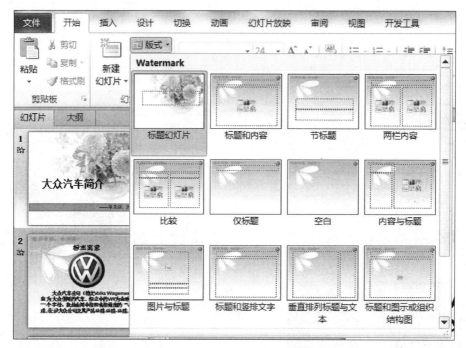

图 4-56 母版版式的选择

任务 4.2.3 设置幻灯片切换效果

幻灯片切换是指演示文稿从一张幻灯片转到另一张幻灯片。如果希望放映的幻灯片带有特殊的放映效果，可以在放映之前设置每张幻灯片的切换效果。

系统默认的是手动切换方式，若需要自动切换，则必须设置幻灯片的切换时间。设置幻灯片切换可以同时为所有幻灯片设定相同的切换效果，也可以为单张幻灯片设定单独的切换效果。在普通视图和幻灯片浏览视图下都可以进行幻灯片切换。

（1）选中要设置切换效果的幻灯片，选择"切换"选项卡，随后会出现一系列系统提供的切换方法，如图 4-57 所示，利用"效果选项"按钮可以设置切换方向。

图 4-57 "切换"功能区

（2）在选定好切换效果后，就可以在"计时"属性框中设置切换效果的持续时间以及添加切换声音，并且只有当前选中幻灯片才应用该效果，如果想把这个效果应用到所有幻灯片，则只需单击"全部应用"按钮即可。

（3）在"换片方式"区域中有两个复选框，若选择"单击鼠标时"选项，则进行手动切换；若选择"设置自动换片时间"选项，则进行每隔多少秒自动切换的设置。

项目中的所有幻灯片根据需求选择切换效果。

拓展知识

1. 在 PowerPoint 2010 中放映幻灯片的方法

（1）单击"幻灯片放映"选项卡，如图 4-58 所示，根据需求选择"从头开始""从当前幻灯片开始""广播幻灯片""自定义幻灯片放映"等选项。

图 4-58 "幻灯片放映"功能区

① "从头开始"：从第一张幻灯片开始放映幻灯片。

② "从当前幻灯片开始"：从当前显示的幻灯片页放映幻灯片，快捷键是"Shift+F5"。

③ "广播幻灯片"：向可以在 Web 浏览器中观看的远程观众广播幻灯片。

④ "自定义幻灯片"：创建或播放自定义的幻灯片，用户可以根据需要选择指定的幻灯片放映。

（2）单击当前演示文稿右下角的"幻灯片放映"按钮，即可从当前选定的幻灯片页开始放映。

（3）按 F5 键，可进行当前演示文稿的顺序放映。

2. 幻灯片的播放控制

在幻灯片放映时，鼠标隐藏了，但只要移动鼠标指针即可显现。在放映时屏幕左下角隐藏了 4 个控制按钮，这 4 个按钮功能从左向右依次为"向前""画笔""快捷菜单"和"向后"，单击各按钮可实现相应操作。

在放映时也可以随时单击鼠标右键，弹出与按钮对应的快捷菜单，如图 4-59 所示。其中利用"上一张"和"下一张"命令可以在幻灯片放映时实现幻灯片的控制；利用"画笔"按钮可以在放映的同时在屏幕上书写内容，而且画笔的类型和颜色都可以改变。

图 4-59 幻灯片放映时的鼠标右键菜单

3. 设置幻灯片放映方式

通过设置幻灯片放映方式，用户可以随心所欲地控制幻灯片的放映过程。

单击"幻灯片放映"选项卡中的"设置放映方式"按钮，打开"设置放映方式"对话框，如图 4-60 所示，此对话框提供了 6 个选项区，分别完成不同的设置功能。

（1）"放映类型"选项区：

① "演讲者放映（全屏幕）"——系统默认的放映方式。可以连续放映幻灯片或者采用人工方式进行放映。演讲者可以根据需要随时切换到其他幻灯片放映，也可以控制幻灯片的放映节奏，甚至可以使放映暂停。这是最常用的放映类型。

图 4-60 "设置放映方式"对话框

②"观众自行浏览(窗口)"——在放映窗口中会出现菜单栏和 Web 工具栏,可以通过这些命令和按钮实现浏览放映和打印等功能,类似于网页的浏览。这种模式主要用于小规模的演示。

③"在展台浏览(全屏幕)"——一般设置为该放映类型前必须把幻灯片切换方式设置成连续放映,不能是手动放映,否则在放映过程中会停留,不能向下进行播放。一般应用这种类型放映的幻灯片无须人工干预,当放映完最后一张幻灯片后会自动返回放映第 1 张,这样一直循环下去,直到按 Esc 键停止。这种模式主要用于无人管理的宣传广告等。

(2)"放映选项"选项区:

①"循环放映,按 ESC 键终止"——选中该选项后,放映完最后一张幻灯片后,继续放映第 1 张幻灯片进行重复放映,直到按 Esc 键才终止放映,返回"普通"视图。放映类型中"在展台浏览"默认情况下为此放映方式,所以为灰色选中状态。

②"放映时不加旁白"——选中该选项后,放映幻灯片时录制的旁白不进行播放。

③"放映时不加动画"——选中该选项后,放映幻灯片时不播放动画。

(3)"放映幻灯片"选项区:

①"全部"——从第 1 张幻灯片开始放映,直到最后一张幻灯片。

②"从……到……"——指定开始放映和结束放映的幻灯片编号。

③"自定义放映"——从下拉列表中选择某个演示文稿进行播放。如果当前演示文稿中没有自定义放映,则此项为灰色不可用。

(4)"换片方式"选项区:

①"手动"——选中后,在放映幻灯片时只能人为进行换片。

②"如果存在排练时间,则使用它"——选中后,如果幻灯片设置了"排练计时",按照排练的时间进行放映;如果没有设置,则只能手动换片。

1)自定义放映方式

使用这种放映方式,用户可以根据实际情况调整演示文稿中幻灯片的播放顺序。

(1)单击"幻灯片放映"选项卡中的"自定义放映"按钮,打开"自定义放映"对话框,如图 4-61 所示。

图 4-61 "自定义放映"对话框（1）

（2）单击"新建"按钮，打开"定义自定义放映"对话框，如图 4-62 所示。

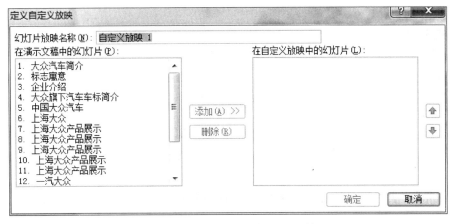

图 4-62 "定义自定义放映"对话框

（3）在"幻灯片放映名称"中输入自定义放映名称。在左侧的"在演示文稿中的幻灯片"列表中单击要在右侧"在自定义放映中的幻灯片"区域显示的幻灯片，单击"添加"按钮，将选中的幻灯片复制到右侧区域。

（4）重复第（3）步可以添加多张幻灯片，可单击右侧的上、下箭头可调整幻灯片的播放顺序。

（5）单击"确定"按钮，新建的自定义放映自动出现在"自定义放映"对话框中，如图 4-63 所示。若要测试，则单击"放映"按钮即可。

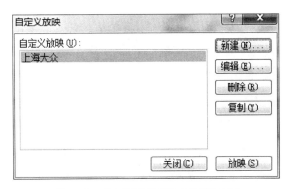

图 4-63 "自定义放映"对话框（2）

2）设置幻灯片放映时间

在用户设计幻灯片的动画和声音时，可以实现动画和声音的自动播放。在演示文稿放映时，PowerPoint 2010 也可以实现各个幻灯片的自动播放。由于每张幻灯片中的文本和对象的容量不尽相同，所以每张幻灯片的放映时间也不尽相同，此时可以使用"排练计时"功能。使用此功能，用户可以根据每张幻灯片的不同内容准确地记录下每张幻灯片放映的时间，做到详略得当，层次分明。

单击"幻灯片放映"选项卡中的"排练计时"按钮，同时系统切换到幻灯片放映视图并在屏幕左上角自动弹出"录制"工具栏，如图 4-64 所示。

单击"录制"工具栏中的"下一项"按钮可以人为控制每张幻灯片的放映时间，单击"重复"按钮可以重新排练当前幻灯片的放映时间。关闭"录制"工具栏结束排练计时，同时系统会弹出一个对话框，询问是否保存时间，如图 4-65 所示，单击"是"按钮即可保留该演示时间。

图 4-64 "录制"工具栏

图 4-65 排练计时结束询问对话框

任务 4.2.4 设置并打印输出演示文稿中的幻灯片

PowerPoint 2010 为演示文稿提供了强大的打印功能，用户可以根据需要将演示文稿制作成投影胶片或书面文稿等，可以选择黑白方式或彩色方式打印整份演示文稿。

1. 幻灯片的页面设置

单击"设计"选项卡中的"页面设置"按钮，打开图 4-66 所示的"页面设置"对话框。可以在对话框中设置打印幻灯片的大小、方向等，备注、讲义和大纲的打印方向可以设置为与幻灯片方向不同。如果选择了自定义幻灯片大小，那么在下面的"宽度"和"高度"栏目中输入幻灯片的宽度和高度。

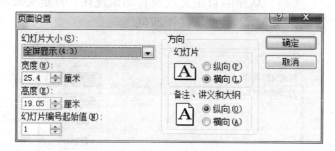

图 4-66 "页面设置"对话框

2. 打印演示文稿

完成页面设置后，选择"文件"菜单中的"打印"选项，打开图 4-67 所示的"打印"对话框，在对话框中可设置打印的范围、内容和份数等。

项目四　PowerPoint 2010 演示文稿

图 4-67　"打印"对话框

在"设置"→"打印全部幻灯片"下拉列表中有许多可选项，如图 4-68 所示，用户可以根据需要选择。

图 4-68　打印范围选项

在"整页幻灯片"下拉列表中可以选择"幻灯片""讲义""备注页"和"大纲视图"选项。如果选择"讲义"选项，可以设置在单张纸上打印多少张幻灯片，如图 4-69 所示。

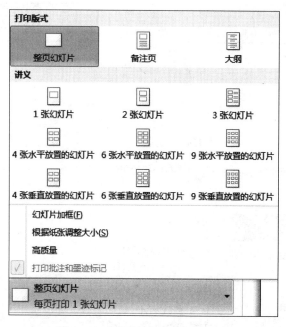

图 4-69 "整页幻灯片"下拉列表

习 题

1. 幻灯片有哪些布局原则?
2. 在 PowerPoint 2010 中有哪几种视图方式?
3. 简述在 PowerPoint 2010 中插入声音的方法。
4. 简述在 PowerPoint 2010 中制作超级链接的方法。
5. 简述设置母版的意义。
6. 怎样为幻灯片设置自定义动画效果?
7. 简述幻灯片切换效果的设置方法。
8. 幻灯片放映方式有哪些?
9. 简述排练计时的应用方法。
10. 简述幻灯片的打印方法。

实 训

实训 4.1 利用 PowerPoint 2010 的创建空演示文稿功能完成一个以"中国传统节日"为主题的演示文稿。

(1) 按要求,本演示文稿由 10 张幻灯片组成,如图 4-70 所示。
(2) 每页对象的具体编辑要求如下:

① 图片的插入：每个页面都有图片插入，根据显示要求调整图片的大小、位置和层级关系。

② 自绘图形包括第 1 张幻灯片的红色渐变矩形、第 7 张幻灯片中的组合心图，渐变颜色要求自定义编辑。

③ 艺术字：第 3、4、5 张幻灯片标题为自定义艺术字。

（3）为每张幻灯片设置相互呼应的切换效果。

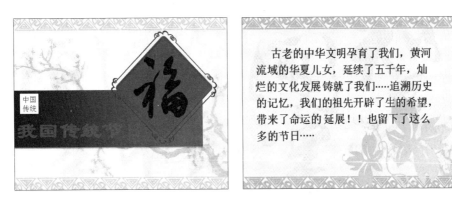

图 4-70　实训 4.1 图

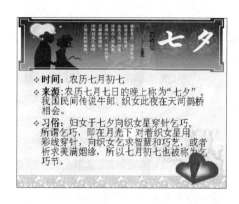

图 4-70　实训 4.1 图（续）

（4）为幻灯片添加通篇的背景音乐。

（5）版式设置：

所有页面背景版式应用的是系统自带的"诗情画意"样式。

（6）动画效果：

首页动画要求矩形框和"福"字同时从左、右两端飞入，然后矩形框上的文字设置淡出效果。

其他页面动画首先要先出现标题文字或者图片，效果设置为"缩放"；其余整体文字的动画效果设置为"浮入"；最后点缀的图片以"旋转"的效果出现。

（7）保存幻灯片。

实训 4.2　创建一个以"求职准备"为主题的演示文稿。

（1）按要求本演示文稿由 12 张幻灯片组成，如图 4-71 所示。

（2）创建如图 4-71 所示的首页母版和子页母版样式。

首页母版插入背景图片，调整大小和位置，置于底层，把主标题设置为"54 号宋体，加粗"，字体颜色与背景整体颜色呼应，居中放置；副标题设置为"24 号宋体，加粗"，字体颜色与背景颜色呼应，放置在右下角。两个标题的动画效果选择左、右同时飞入即可。

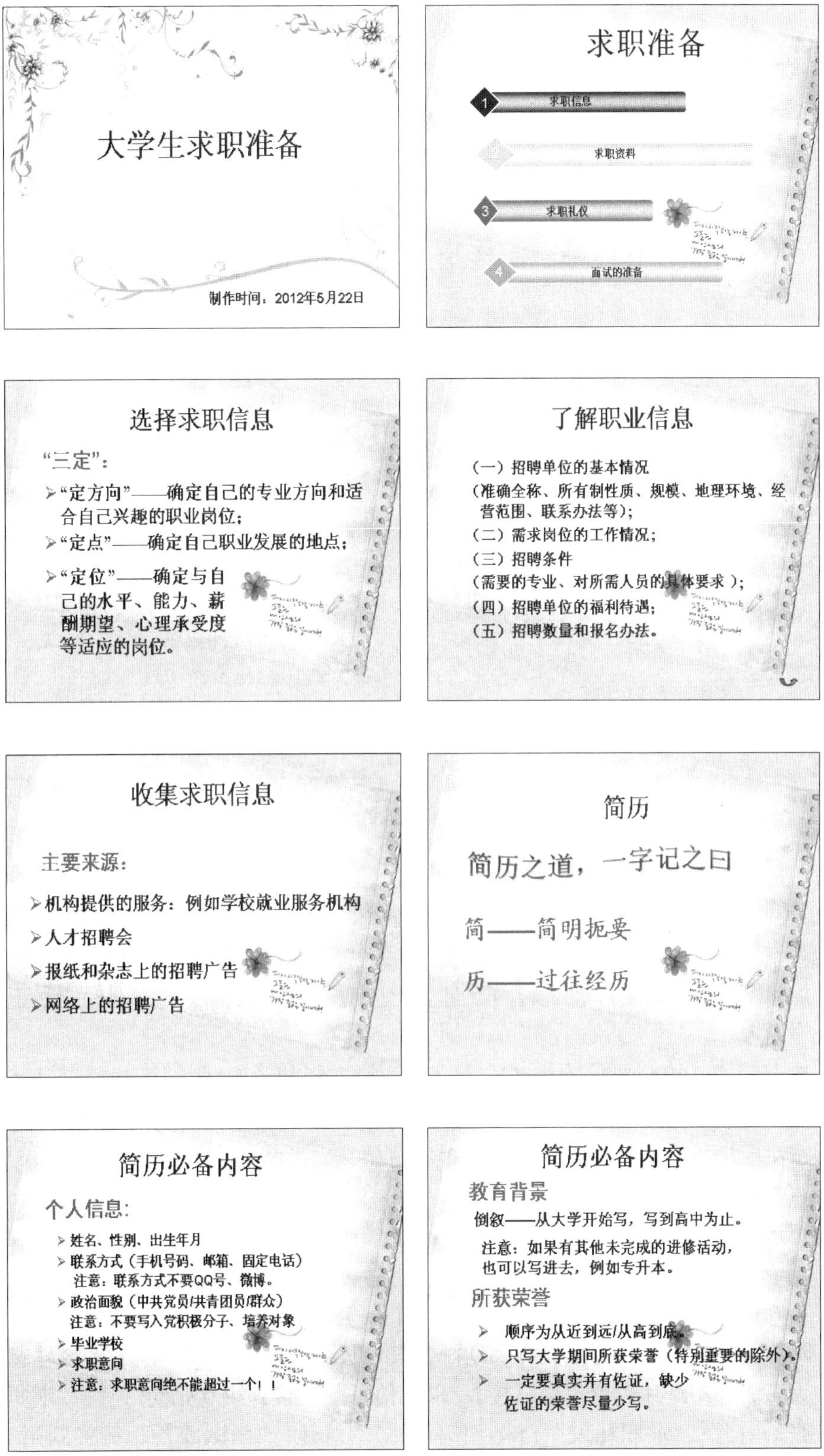
大学生求职准备
制作时间：2012年5月22日
求职准备
1 求职信息
2 求职资料
3 求职礼仪
4 面试的准备
选择求职信息
“三定”：
➢“定方向”——确定自己的专业方向和适合自己兴趣的职业岗位；
➢“定点”——确定自己职业发展的地点；
➢“定位”——确定与自己的水平、能力、薪酬期望、心理承受度等适应的岗位。
了解职业信息
（一）招聘单位的基本情况
（准确全称、所有制性质、规模、地理环境、经营范围、联系办法等）；
（二）需求岗位的工作情况；
（三）招聘条件
（需要的专业、对所需人员的具体要求）；
（四）招聘单位的福利待遇；
（五）招聘数量和报名办法。
收集求职信息
主要来源：
➢机构提供的服务：例如学校就业服务机构
➢人才招聘会
➢报纸和杂志上的招聘广告
➢网络上的招聘广告
简历
简历之道，一字记之曰
简——简明扼要
历——过往经历
简历必备内容
个人信息：
➢姓名、性别、出生年月
➢联系方式（手机号码、邮箱、固定电话）
注意：联系方式不要QQ号、微博。
➢政治面貌（中共党员/共青团员/群众）
注意：不要写入党积极分子、培养对象
➢毕业学校
➢求职意向
➢注意：求职意向绝不能超过一个！！
简历必备内容
教育背景
倒叙——从大学开始写，写到高中为止。
注意：如果有其他未完成的进修活动，也可以写进去，例如专升本。
所获荣誉
➢ 顺序为从近到远/从高到底。
➢ 只写大学期间所获荣誉（特别重要的除外）。
➢ 一定要真实并有佐证，缺少佐证的荣誉尽量少写。

图 4-71 实训 4.2 图

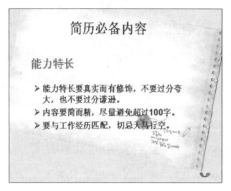
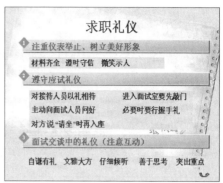

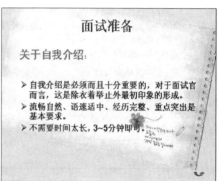

图 4-71　实训 4.2 图（续）

子页母版插入背景图片，调整大小和位置，置于底层。标题统一设置为"44 号宋体，加粗"，居中放置，要求字体颜色能突出显示并和背景颜色和谐，动画效果选择"淡出"；副标题也要统一设置为"36 号黑体，加粗"，颜色也要求突出显示；正文内容设置为"28 号宋体，加粗"，但在应用母版后若内容过多，应适当调小文字字号；副标题和正文动画不在母版统一设置。

（3）选定版式，按照要求的样式输入文字。第 2 张和第 10 张幻灯片要求自己定义自绘图形，下面以制作第 2 张幻灯片的按钮为例进行介绍：

菱形按钮应用菱形绘制工具绘制，选择实色填充，形状轮廓为白色，再用透明文本框输入数字，两个对象组合即可。

圆角矩形同理，绘制后填充自定义渐变色，再配以文字即可。颜色填充界面如图 4-72 所示。

（4）第 6 页"简历之道，一字记之曰"几个字是艺术字。

（5）除首页和各子页标题定义好了动画，其他页面动画效果和动画顺序合理安排。

（6）为第 2 张幻灯片设置超级链接。"求职信息"链接到第 3 张幻灯片，"求职资料"链接到第 6 张幻灯片；"求职礼仪"链接到第 10 张幻灯片；"面试准备"链接到第 11 张幻灯片；第 5 张、第 9 张、第 10 张、第 12 张幻灯片都利用按钮返回第 2 张幻灯片。